高等职业院校

学生职业综合素质和行动能力系列教程

U0884759

以职业特质为基础的行业素养训练指导

周生斌　王真文　李泳敏 / 主编

张诗诺　秦时月　罗子涵　黄俊秋　戴莉　陈文 / 副主编

大连理工大学出版社

图书在版编目(CIP)数据

以职业特质为基础的行业素养训练指导 / 周生斌，王真文，李泳敏主编. -- 大连 ：大连理工大学出版社，2024.5(2025.1 重印)
高等职业院校学生职业综合素质和行动能力系列教程
ISBN 978-7-5685-4951-6

Ⅰ. ①以… Ⅱ. ①周… ②王… ③李… Ⅲ. ①职业道德－高等职业教育－教材 Ⅳ. ①B822.9

中国国家版本馆 CIP 数据核字(2024)第 076874 号

大连理工大学出版社出版
地址:大连市软件园路 80 号　　邮政编码:116023
营销中心:0411-84707410　84708842　　邮购及零售:0411-84708943
E-mail:dutp@dutp.cn　　URL:https://www.dutp.cn
大连天骄彩色印刷有限公司印刷　　大连理工大学出版社发行

幅面尺寸:185mm×260mm　　印张:13.75　　字数:335 千字
2024 年 5 月第 1 版　　2025 年 1 月第 3 次印刷

责任编辑:姚春玲　　责任校对:刘俊如
封面设计:张　莹

ISBN 978-7-5685-4951-6　　定　价:47.80 元

前言 Preface

在当今这个日新月异、竞争激烈的社会中，行业素养对于即将进入职场的大学毕业生而言，显得尤为重要。他们不仅需要具备扎实的专业知识，更需要具备适应职场环境、应对职场挑战的能力。而这一切，都离不开行业素养的培养和提升。行业素养不仅是毕业生走向职场、融入社会的关键，更是他们未来职业生涯成功的基石。行业素养不仅涵盖专业知识与技能，更包括个人品质、职业操守以及面对挑战时的应对能力。

本教材是四川长江职业学院高等职业院校学生职业综合素质和行动能力系列教程之一，依托于学校建立的“三位一体”综合素质及行动能力育人体系，从职业特质的角度出发，深入分析了不同行业对人才的需求和期望，提出了有针对性的素养训练方法和策略。

本教材共分为四个部分，每一部分都紧扣行业素养训练的关键环节，从基础、心态、职场、出道四个层面帮助大学生实现从学生到职业人的快速转变。

第一部分“做事的基础”包含“认识行业”“了解专业”“学会学习”三个项目的内容，旨在帮助学生掌握行业发展分析方法、正确地对待所学专业，综合分析个人的学习能力，让学生能够更清晰地从个人的专业知识和技能、自身职业素养方面进行提升，从而成为具备适应行业发展变化能力、满足社会需要的真正职业人。

第二部分“做正确的事”包含“学会做人”“学会做事”“学会生存”三个项目的内容，旨在帮助学生树立正确的世界观、人生观和价值观，培养积极的心态，养成严格遵守规章制度的行为习惯，主动跳出舒适圈，勇敢面对并接受各种挑战，能够以良好的心态做正确的事，正确对待学习和工作中可能出现的各种状况。

第三部分“正确地做事”包含“学会合作”“习惯做成事”“习惯思考”三个项目的内容，旨在帮助学生掌握有效的沟通技巧和协作方法，养成勤于思考的习惯和将事情做到极致的习惯，帮助学生培养职业化的习惯和思维，使他们能够更高效、更专业地完成工作任务，确保他们在今后的工作中能够正确地做事并在职场中迅速脱颖而出。

第四部分“职业化地做正确的事”包含“做好求职准备”“角色转变”“珍惜岗位”三个项目的内容，旨在帮助学生掌握从求职到入职，再到职场适应的全方位技能，实现从学生到职业人的快速转变。

本教材具有以下三个突出特点：

1. 内容夯实、形式新颖。在内容方面，本教材注重知识的广度和深度，通过深入浅出的讲解，使大学生能够全面而深入地理解相关概念、原理和方法。在形式方面，把课堂活动和知识讲解结合起来，以活动思考和体会促进对新知识的理解。同时，增加了“职业课堂”和“职业故事”板块，其中“职业故事”以二维码形式展现。引入真实案例使学生了解所学知识，进一步拓宽思维视野。

2. 理论与实践相结合。本教材在编写过程中，始终坚持理论与实践相结合的原则。在阐述行业素养理论的同时，注重结合实际案例进行解读和分析。通过真实的案例，读者可以更好地理解行业素养在实际工作中的具体应用，提升自身的实践能力。

3. 注重逻辑性和系统性。本教材按照行业素养培养规范编写，循序渐进，适合大学生成长规律。

本教材由四川长江职业学院周生斌、王真文、李泳敏任主编，由张诗诺、秦时月、罗子涵、黄俊秋、戴莉、陈文任副主编。具体分工如下：周生斌负责明确教材的核心思想，提炼教材中的关键观点和理念，并指导运用；王真文负责构建教材的整体框架，确定教材结构、内容安排和逻辑关系，确保教材内容的系统性和连贯性；李泳敏编写项目一和项目二，并负责对各项目内容进行统筹安排和密切的协调、沟通，以及确定各项目的编写要求和进度安排，确保各项目之间内容的衔接；张诗诺编写项目三和项目九；秦时月编写项目四和项目五；罗子涵编写项目六和项目十二；黄俊秋编写项目七和项目八；戴莉编写项目十和项目十一；陈文负责教材审核及统稿工作。

在编写本教材的过程中，编者参考、引用和改编了国内外出版物中的相关资料以及网络资源，在此表示深深的谢意！相关著作权人看到本教材后，请与出版社联系，出版社将按照相关法律的规定支付稿酬。

我们衷心希望本教材能够成为即将步入职场的广大高校毕业生的良师益友，同时，我们也期待与各位读者共同探讨行业素养培养的新思路、新方法，为推动社会进步与发展贡献力量。

编　者

2024 年 5 月

所有意见和建议请发往：dutpgz@163.com

欢迎访问职教数字化服务平台：https://www.dutp.cn/sve/

联系电话：0411-84706672

目录 Contents

第三部分　正确地做事

第四部分　职业化地做正确的事

第一部分

做事的基础

项目一 认识行业

项目指南

正确的行业选择对个人职业发展至关重要。职业选择最重要的是选择行业，选择什么样的行业决定一个人走什么样的职业道路。

在本项目中，通过任务的实施和完成，大学生可以全面而深入地认识所选行业的环境和发展趋势，初步确定职业目标和职业发展路径，依据职业目标确定要取得的职业资格证书。同时，还可以从专业知识和技能、自身职业素养方面提高自己，使自己具备适应行业发展变化的能力，成为满足社会需要的合格职业人。

学习目标

1. 通过对行业和职业的认知，学会分析行业和职业环境，初步确定自己的职业目标。
2. 掌握快速了解一个行业的方法，能够收集到相关行业和职业的信息。
3. 正确认识职业资格证书的重要性，能够进行与自身专业相匹配的职业资格认证。

任务一 初步认知行业发展

任务知识点

一、产业的定义和分类

1. 产业的定义

产业是社会分工和生产力不断发展的产物。产业是由利益相互联系的、具有不同分工的、由各个相关行业所组成的业态总称，尽管它们的经营方式、经营形态、企业模式和流通环节有所不同，但是，它们的经营对象和经营范围都是围绕着共同产品展开的，并且可以在组成的业态里的各个行业内部完成各自的循环。

2. 产业的分类

在中国，产业的划分如下：

第一产业为农业，包括农、林、牧、渔各业。

第二产业为采矿业，制造业，电力、燃气及水的生产和供应业，以及建筑业。

第三产业为交通运输、仓储和邮政业，信息传输、计算机服务和软件业，批发和零售业，住宿和餐饮业，金融业，房地产业，租赁和商务服务业，科学研究、技术服务和地质勘查业，水利、环境和公共设施管理业，教育，卫生、社会保障和社会福利业，文化、体育和娱乐业，公共管理和社会组织，国际组织。

二、行业的定义和分类

1. 行业的定义

行业是指按生产同类产品或具有相同工艺过程或提供同类劳动服务划分的企业或组织群体的集合。如饮食行业、服装行业、机械行业等。

2. 行业的分类

行业分类是指从事国民经济中同性质的生产的企业、其他经济组织的经营单位或者个体的组织结构体系的详细划分，如林业、汽车业、银行业等。行业分类可以解释行业本身所处的发展阶段及其在国民经济中的地位。

国民经济行业分类是中华人民共和国国家标准，规定了全社会经济活动的分类与代码。1984 年，由国家统计局、原国家标准局、原国家计委、财政部联合制定的《国民经济行业分类与代码》(GB 4754—84)是国民经济行业分类国家标准的最初版本。1994 年、2002 年、2011 年和 2017 年，国民经济行业分类国家标准历经四次修订，并更名为《国民经济行业分类》。

现行《国民经济行业分类》(GB/T 4754—2017)于 2017 年 6 月 30 日由原国家质检总局和国家标准委联合发布，并于 2017 年 10 月 1 日起实施。考虑到 2018 年《中华人民共和国宪法修正案》在“国家机构”中增设了监察委员会，为满足标准的时效性，国家标准委于 2019 年 3 月发布并实施了国民经济行业分类第 1 号修改单。

分类采用经济活动的同质性原则划分，每一个行业类别按照同一种经济活动的性质划分。分类共分为门类、大类、中类和小类四个层次，共包含门类 20 个，大类 97 个，中类 473 个和小类 1382 个。

三、行业的五个维度

1. 行业的发展现状

进行行业发展现状分析，可以知晓这个行业当前发展到了什么阶段，是不是一个逐渐萎缩的行业。如同自然界的生命一般，行业也有自己的生命周期。行业的生命周期指行业从出现到完全退出社会经济活动所经历的时间。行业的生命发展周期主要包括四个发展阶段：

(1)形成期。形成期是指某一行业刚出现的阶段。

(2)成长期。进入成长期，行业的产品已较完善，顾客对产品已有认识，市场迅速扩大，企业的销售额和利润迅速增长。

(3)成熟期。进入成熟期后,市场已趋于饱和,企业的销售额已难以增长,行业内部竞争异常激烈,企业间的合并、兼并大量出现,许多小企业退出。

(4)衰退期。到了衰退期,市场萎缩,行业规模缩小,这一阶段的行业也称为“夕阳行业”。

2. 行业的业务生态

了解行业的业务生态主要是了解当前行业内比较典型的代表企业有哪些,它们的业务发展情况是否健康,与之相关的行业主要有哪些,上下游企业主要有哪些,它们是如何与本行业产生业务联系的。只有了解这些方面,才能判断一个行业目前处在一个什么样的发展水平,也才能清楚这个行业的业务运作模式和与之相关的上下游生态之间的产业关系,从而更好地判断这个行业的发展水平,正确判断自己是否能够选择这个行业、从事这个行业的工作。

3. 行业的人才需求

人才需求是指一个社会在一定时期和一定范围内的人才需要能力。当不知道选择什么专业,找工作没有方向时,可以参考各地人力资源和社会保障局发布的《紧缺人才开发目录》。

4. 行业的特点与形象

每一个行业或多或少都有一些特有的行业属性,比如互联网行业,我们可能会想到工作节奏快、工作压力大、办公室环境好、薪资高、程序员等诸多词。行业属性影响着一个人对行业的认知与选择。

5. 行业的发展潜力与趋势

行业的发展潜力与趋势确实较难判断,但是,一般可以借助一些工具做基础的判断,比如,借助 PEST 分析法进行宏观环境分析,这里的 P 是政治(politics),E 是经济(economy),S 是社会(society),T 是技术(technology)。在分析一个行业时,通常是通过这四个因素来分析其所处的状况。如果一个行业在政治、经济、社会、技术等四个大的方面都是利好的,那么它未来大概率会向利好的方向发展,反之亦然。

四、认知行业的方法

1. 善用搜索

如果想了解行业的概况或者入门知识,可以通过行业的垂直门户,或者行业论坛的置顶精华帖,了解相关信息。如果想要了解行业发展现状和趋势,可以查看官方数据报告或者趋势变化信息,如国家统计局数据、各部委网站信息等。了解行业岗位情况的最快途径,是去招聘网站、校招网站、招聘小程序等,通过这些网络信息,可以清楚地看到不同城市的岗位情况、薪资待遇、技能要求、学历要求等。各类校园招聘、专场招聘等信息时效性快、针对性强,在校生和应届生可充分利用学校的就业信息网和就业指导公众号了解相关就业信息。

2. 与业内人士交流

与行业内的人士沟通交流,能够让求职者更清楚地了解行业,常用的方法是生涯人物访谈法。生涯人物访谈法最早是由舒伯提出的。舒伯认为:职业生涯是人们生活中不同事件的共同演进过程,不仅包含了人们一生所有职业角色,体现出独特的个人发展形态,还包括所有生活角色,如婴儿、幼儿、学生、公民、退休人员等。由此可见,生涯人物访谈法可以看成是通过对目标职业者进行访谈，对自我的未来发展形态加以了解。可以选择两位或两位以上，正在或曾在某个领域工作三年以上的人士，通过与其沟通，获得该行业的相关资讯。访谈前，可以提前准备一份问题清单，例如：

(1)您是如何找到这份工作的？

(2)您从事这份工作多长时间了？

(3)本行业或者本职业需要什么样的人呢？

(4)就您所在的行业而言，您最喜欢什么工作？最不喜欢什么工作？您工作中最具挑战的部分是什么？

(5)本行业什么样的初级工作有利于学到更多的知识？

(6)本行业或者本职业需要什么样的教育背景或者培训背景？

(7)本行业或者本职业需要特别的知识、经验和技能吗？

以上问题可以根据自己的需要进行修改，可以采用面对面访谈、电话访谈、社交媒体访谈的形式。

3. 实习实践

想要快速了解一个行业，最好的方法就是去从事这个行业的工作。而大学生还未走上工作岗位，只能通过实习实践或者兼职的方式去了解一个行业。首先，实习可以帮助自己认识到这个行业的核心价值所在，了解进入这个行业需要哪些条件，它是如何运作的，每个岗位每天的工作状态如何。其次，实习可以帮助自己了解到该行业有哪些网站或者论坛、行业的精英人物有哪些，同时还可以获得参加业内展会或者培训的机会。最后，实习可以帮助自己积攒人脉，实习时，可能有幸遇到有经验的前辈给自己提出中肯的意见，甚至还可以接触到行业“大牛”和行业的精英。

职业课堂

未来产业发展焦点与趋势：从技术革命到产业变革

发展未来产业最直接的影响是对原有产业体系的冲击与改变，这需要从更宏大的技术经济周期视角来把握发展大势。从实践看，各国政府都希望在新的科技革命和产业变革中找到“根技术”，控制“根产业”，这就要求在探寻“执未来产业之‘牛耳’者”的过程中，牢牢把握技术革命与产业革命的潜在方向。

产业的本质是通过利用能量，实现对物质形态的改变，满足人类的发展需求。如果这个过程的三大要素——主导技术、物质及能源利用、生产方式都发生了根本变化，产业革命就会发生。从长波周期规律来看，我们仍然处于第五次技术革命时期，也就是信息技术革命的深度扩散融合时期。但是21世纪人类面临的资源环境约束更为严峻，人类追求健康生活的诉求更为迫切。新一轮长波周期的核心驱动力极有可能超越以往周期相对单一的主导技术牵引，转而表现为智能、健康、绿色三大主导技术群融合突破与协同支撑。一是信息技术对经济体系深入扩散与覆盖，人工智能向通用人工智能发展，将更多替代人类劳动力，扩充人类能力的边界。二是延长生命是推动人类进步、进化的重要动力，生物技术群在不断突破的基础上，与信息技术、脑科学、新材料等领域大融合，有望延长人类寿命，塑造生物经济这一新经济形态。三是能源革命是技术革命与产业革命的基础与先导，新能源、信息技术等的融合，不仅仅是替代以化石能源为基础的工业经济范式的基础底座，同时还将实现能源供需双方的动态高效匹配。总体来看，全球未来产业发展正紧密围绕这三大主导技术群，争夺空天海洋等战略空间，不断推动产业变革，拓展网络空间、生命空间与生存空间。

新一代信息技术产业

以人工智能、量子信息、未来网络与通信、物联网、区块链为代表的新一代信息技术加速突破应用，成为全球未来产业火热的赛道。在人工智能领域，专用智能走向通用智能，场景创新成为驱动人工智能创新的重要方式。超大规模预训练模型竞赛持续进行，生成式人工智能爆发式增长，人工智能加速向生产工具迈进。2022 年 11 月，OpenAI 推出的 ChatGPT 席卷了整个行业。2023 年 1 月，全球每天约有 1300 万独立访问者使用 ChatGPT。美、英、日、韩、法等主要国家都加快了人工智能产业的顶层设计与部署。例如，2018 年欧盟发布《人工智能协调计划》，提出了 7 项具体行动，2021 年 4 月，则进一步提出《人工智能法案》条例草案。我国近年人工智能产业已取得长足进展。中国信息通信研究院测算，截至 2022 年底，我国人工智能企业已达 4227 家。2022 年我国人工智能核心产业规模达 5080 亿元，同比增长 18%。在量子信息领域，量子计算机多种技术路线并行发展，量子密钥分发科研活跃。美国、英国、日本等均颁布了量子国家战略和系列举措，国际商业机器公司、谷歌、英特尔和微软等科技巨头持续布局，量子信息领域的投融资呈现爆发式增长。波士顿咨询公司(BCG)预测，到 2030 年，在制药行业，量子计算市场规模将达 200 亿美元，化学、材料科学等科技密集型产业的规模将达 70 亿美元。在未来网络与通信领域，人网物深度融合、架构开放化演变、连接巨量泛在化、空天地海立体化仍在延续，人类行为逐渐向网络空间迁移，万物互联成为新的发展趋势。2020 年 2 月，国际电信联盟(ITU)正式启动面向 2030 及 6G 的研究工作，美国、欧盟、日本、韩国等均建设了国家级的网络创新试验环境，并制定了大量战略和计划布局未来网络产业，美国的电话电报公司，谷歌、微软、亚马逊、思科等运营商，以及互联网公司和设备厂商均已在此方向加强布局。我国运营商、设备商依托各自技术优势也在开展 6G 技术、标准预研。2021 年 4 月，国家知识产权局公布的《6G 通信技术专利发展状况报告》显示，在全球申请专利的约 3.8 万项 6G 技术中，中国以 35%的占有率居首位。

生物技术产业

以基因编辑、脑科学、合成生物学、再生医学等为代表的生命科学领域孕育新的变革，生物技术与信息深度融合已成必然，精准医疗、智慧医疗等成为发展热点。在基因技术领域，第三代和第四代基因测序技术占据产业制高点，基因编辑技术催生了基因治疗方法和相关药物。以细胞系改造、遗传工程、诊断和治疗应用等为重点的基因编辑产业链逐步成形，主要企业总部均在美国。中国相关企业有几十家，多处于产业链的中游，以试剂盒开发和技术支持为主。但我国在基因检测服务方面快速发展，已经形成一定的国际竞争力。在类脑智能领域，神经网络模型正催生神经计算、类脑芯片、类脑智能机器人等技术和产品，神经科学利用认知计算等修复或增强大脑功能，加速脑机接口技术的发展。脑科学已成为美国、日本、欧盟等国家和地区的未来战略重点，这些发达经济体都推出了类似的“脑计划”。类脑智能目前整体处于实验室阶段，脑机接口技术是类脑领域目前唯一产业化的领域，产品主要用于恢复或替代肌萎缩性侧索硬化症、中风、脑瘫或脊髓损伤等疾病患者的功能。据 Strategic Market Research 估计，2030 年全球脑机接口（包括侵入式和非侵入式脑机接口）市场规模将达到 53 亿美元。我国产业界逐步推出产品，如科斗脑机、海天智能等公司研发生产出了植入式脑微电极、脑控智能康复机器人等产品。

绿色低碳产业

作为全球未来能源的重要支撑，氢能、储能、太阳能、核能和其他低碳能源的开发利用，结合智能电网技术等，正在改变能源结构。氢能技术主要在氢制备与储运、分布式加氢站网络建设、氢能安全性技术等方面进行突破。围绕氢能的全球竞争已然开始，美国制定了三步走的战略，规划到 2035 年氢能进入平价无补贴发展阶段。欧盟氢能战略的目标是到 2050 年在可再生氢能方面累计投资 2000 亿美元至 5000 亿美元。国际氢能委员会预计，到 2030 年全球燃料电池乘用车将达到 1000 万辆至 1500 万辆。丰田、本田的燃料电池汽车已经实现了商业化量产。我国已是世界上最大的制氢国，氢气年产量约 3300 万吨。“十四五”期间，各地规划氢燃料电池电堆的总产能已高达 3000 兆瓦，规划的燃料电池汽车总产能超过 10 万辆。先进储能方面，近年来电化学储能技术发展十分迅猛，主要集中在中长时间尺度储能技术、短时高频储能技术、超长时间储能技术等方向。根据中关村储能产业技术联盟数据，截至 2021 年底，全球已投运储能项目累计装机规模达到 209.4 吉瓦，同比增长 9.6%。随着固态电池和液流电池等关键技术实现商业化，储能行业的规模将大幅增加。国家发展改革委、国家能源局于 2022 年 3 月 21 日印发了《“十四五”新型储能发展实施方案》，明确提出，到 2025 年新型储能由商业化初期步入规模化发展阶段，具备大规模商业化应用条件；到 2030 年新型储能全面市场化发展。

战略空间产业

当代科技的重要方向就是朝深空、深海、深地进军，这些战略空间科技与产业发展逐步走向“整体统一”的地球系统时代。在空天领域，“太空＋互联网”跨界融合，新兴航天企业蓬勃发展，私有资本纷纷涌入，全球进入以全面商业化、军民融合为特征的新太空时代。各国纷纷布局卫星互联网产业，特别是利用低轨通信卫星星座为全球提供互联网接入服务，其中以 SpaceX 公司推出的“星链”计划进展最快。截至 2023 年 5 月，“星链”计划已有 4000 颗卫星在轨运行，该系统已向北美、欧洲、拉丁美洲等地区提供服务，正式进入商用阶段。在海洋领域，海洋资源能源开发利用、海洋工程装备制造、海洋生物医药是产业发展的重点。在海洋油气资源方面，美欧科技强国投入巨大，掌握全球最先进的勘探开发技术和装备，油气开发井最大水深已超过 3400 米，钻进深度超过 9000 米，形成巨大产能。美国是全世界唯一拥有体系化深海采矿（约 6000 米水深）技术、装备和经验的国家。我国海洋技术创新和产业综合水平快速提升，已具备浅海区常规油气开发能力，但深水深层油气勘探开发刚刚起步，仍处在第二梯队。

（资料来源：陈志. 未来产业发展焦点与趋势：从技术革命到产业革命. 北京日报. 2023-09-18.）

任务打卡

➤课堂讨论：四川省战略性新兴产业有哪些？

➤能力养成：收集并整理拟选择入职的行业发展现状以及趋势的资料，并分析职业环境。

任务二 探索职业和岗位

任务知识点

一、职业的定义

行业是按工作对象来划分的，比如计算机行业、保险行业。职业是按工作职能来划分的，比如企业家、科学家、老师。职业是性质相近的工作的总称，通常指个人服务社会并作为主要生活来源的工作，即参与社会分工，用专业的技能和知识创造物质或精神财富，获取合理报酬，丰富物质或精神生活的一项工作。职业包含以下五个方面的含义：

1. 职业的经济性

从事职业活动的就业者能够获得经济收入，并且相对稳定、持续。

2. 职业的知识技术性

从事职业活动的就业者需要具备相应的知识和技术。随着社会的进步和发展，各种职业对劳动者所具备的知识和技术水平的要求会越来越高。

3. 职业的社会性

人们的职业劳动不仅为个人谋生，同时也是尽社会义务。一个人通常只能从事一种或几种具体的劳动，不可能生产出个人所需要的所有生活资料，人和人之间是相互依存的，需要用自己的劳动成果与别人的劳动成果相交换。通过交换，在满足自己需要的同时，也满足其他人的需要，从而起到为他人服务的作用，对国家和社会也做出了贡献。

4. 职业的连续性

从事职业活动的就业者，其从事的劳动是稳定的、螺旋上升的，具有明显的连续性。

5. 职业的规范性

从事职业活动的就业者，其从事的每一种职业都有其特定的职业规范，有其应遵守的各种操作规则和章程。

二、我国职业发展变化的特点

1. 旧职业消失，新职业产生，职业总量大量增加

职业与经济、社会的发展水平密切相关。职业从其产生开始，随着生产力和社会分工的发展，一直处在不断的变化之中。近年来，在新职业不断产生的同时，传统职业的内容不断

发生变化，有些技术、手艺已经不再需要，一些传统职业在消失、萎缩，悄悄退出历史舞台。比如磨刀工、修表匠、补锅匠等一些传统行当，正逐渐淡出市场。新兴职业的产生是国家经济发展的结果，为人们提供了巨大的就业市场。例如“职业衣橱师”“酒店品评家”这类生动有趣的新职业，体现了社会经济的新动向，代表了职场新风向和人们的需求走势。新职业潜藏的就业空间让很多人十分看好，但是一种新职业的发布，只能说明目前的就业市场上这类职业已经具有一定的规模，而这种职业的收入、工作环境、前景、生命力，以及生命周期等都还是未知数。

2. 职业分工由简单到精细

职业的产生是社会分工的结果。社会分工具有三个层次，即一般分工、特殊分工、个别分工。一般分工区分出第一产业、第二产业、第三产业；特殊分工划分出不同行业；而个别分工划分出职业岗位。

如今，职业分类越来越细，导致社会分工越来越明确，对从业人员的专业程度要求也越来越高。比如，银行职员这一职业有了更进一步的划分，更加专业化，出现了资金交易员、资金结算人员、清算人员等一些过去没有的职业。职业的标准化程度不断提高，越来越与国际职业发展接轨。比如，我们把以前的促销员称为市场营销员；企业和公司负责人也不再笼统地被称为厂长或经理，而演变出不同层级的职业，如董事长、总经理（总裁）、总监；也出现了一些新的职业，如部门经理、项目经理、企业文化师、企业信息师、企业策划师等。

3. 职业活动的内容不断弃旧更新

同样的职业，在不同的时代，工作内容会有很大的变化。如今，职业正向着更加规范的轨道发展。例如，技工职业重发新枝，技工类职业的专业性变得突出、难以取代。职业活动内容的更新体现为：

（1）老职业新内容，职业没有变，但是内容和知识结构更新。

（2）老职业新名称，“厨师”变成了“烹调师”，“售楼员”变成了“房地产置业顾问”。

由此看出，职业的内涵发生了变化，该变化也反映了经济的发展和人们生活水平的提高。

4. 职业技能趋向综合化和多元化

随着科学技术的发展，有些职业的专业化程度越来越高，工作者若不具备一定的专业化水平，达不到职业的要求，就不能适应职业的需要。比如邮电行业，由于新技术的广泛应用，缺乏现代电子技术的人就难以适应工作的要求。职业除了专业性越来越强以外，开始向综合化、多元化方向发展，打破了以往每种职业都有相对固定范围的限制，不同职业之间相互交叉延伸，界限模糊。

5. 第三产业的职业数量大量增加

随着科学技术水平的提高，不少职业的寿命相对缩短，职业兴衰变迁不断加剧。新涌现出来的大批新职业，主要集中在第一、第二产业的高新技术产业和蓬勃发展的第三产业。从分布情况来看，新职业主要分布于基因工程、遗传工程、生态农业等高新技术领域；加工中心、环境监测、计算机辅助设计与制造、纳米材料等领域也涌现出大批新职业；第一、第二产业由于新技术、新成果的不断推广应用，又为传统行业提供了新的发展机遇。比如农业，由于新技术的应用，新的生产方法和发展思路给这一传统产业带来了前所未有的职业选择机会。

三、岗位的内涵

(一)岗位的定义

岗位指的是具体工作位置或职务。与职位不同,岗位更侧重于工作内容和任务,例如销售代表、技术支持和工程师等都是具体岗位,每个岗位都有特定的工作内容和要求。举例来说,如果一个公司有销售部,那么"销售经理"是一个职位,而在这个部门中的具体工作位置,如"销售代表"或"客服支持"则被视为不同的岗位。

(二)岗位的分类

根据岗位对于专业技能要求和所学专业限制的高低,岗位可以分为管理类岗位,专业类岗位,研发、技术类岗位,市场类岗位,事务类岗位,生产类岗位,党群类岗位七种。

1. 管理类岗位

管理类岗位是对企业经营与管理系统的高效运行和各项经营管理决策的正确性承担直接责任的相关岗位。

2. 专业类岗位

专业类岗位是对为行政管理系统提供专业管理资讯、参谋与管理支持服务的质量承担直接责任的相关岗位。

3. 研发、技术类岗位

研发、技术类岗位是对企业产品和技术在行业中的先进性与安全性承担直接责任的相关岗位。

4. 市场类岗位

市场类岗位是对企业产品品牌的认知度、忠诚度、美誉度以及市场占有率承担直接责任的相关岗位。

5. 事务类岗位

事务类岗位是对为公司生产经营提供基础性、程序性服务的质量承担直接责任的相关岗位。

6. 生产类岗位

生产类岗位是对产品产量、质量、生产成本与交货期承担直接责任的相关岗位。

7. 党群类岗位

党群类岗位是对为党工团管理系统提供专业管理资讯、参谋与管理支持服务的质量承担直接责任的相关岗位。

职位和岗位是组织中用语,是任务分工的两个概念,其定义和用途有所不同。职位是指按规定担任的工作职责,通常与组织结构有关。例如一个公司的CEO、CFO或部门经理等都是特定的职位,他们代表了在公司内部的特定角色和应承担的责任。

职业课堂

国家职业分类大典标注 134 个绿色职业

2022 年 9 月，人力资源和社会保障部、市场监督管理总局颁布了《中华人民共和国职业分类大典(2022 年版)》(以下简称《职业分类大典(2022 年版)》)，《职业分类大典(2022 年版)》延续了《中华人民共和国职业分类大典(2015 年版)》(以下简称《职业分类大典(2015 年版)》标示绿色职业的做法，共标示 134 个绿色职业，约占职业总数的 8%。

据悉，1999 年，我国颁布第一部《中华人民共和国职业分类大典》，对社会职业进行系统划分与归类。野生植物保护员、废气处理工等绿色领域的职业被列入大典，但未做职业标识。

《职业分类大典(2015 年版)》在充分考虑我国社会转型期社会分工的特点，借鉴国际先进经验的基础上，对具有“环保、低碳、循环”特征的职业活动进行了研究分析，将部分社会认知度较高、具有显著绿色特征的职业标示为绿色职业(标识为 L)，这是我国职业分类的首次尝试。2021 年，我国启动《职业分类大典(2015 年版)》第二次修订工作，并于 2022 年 9 月颁布了《职业分类大典(2022 年版)》。

《职业分类大典(2022 年版)》结合社会职业发展实际状况，对绿色职业进行了进一步丰富和完善。《职业分类大典(2022 年版)》中绿色职业涉及节能环保领域 17 个，清洁生产领域 6 个，清洁能源领域 12 个，生态环境领域 29 个，基础设施绿色升级领域 25 个，绿色服务领域 45 个，基本覆盖了绿色生产、生活与生态环境可持续发展各个方面。

有关专家表示，绿色职业体系的构建与完善，反映了我国绿色发展政策实践向纵深的推进，对于增强绿色职业从业人员的社会认同度、促进就业创业、引领职业教育培训改革、推动经济高质量发展等，都具有重要意义。

(资料来源：王维砚. 国家职业分类大典标注 134 个绿色职业. 工人日报. 2022-09-29.)

任务打卡

职业故事

数字化管理师：做智慧商业传播者

➢课堂讨论：选行业重要还是选职业重要？

➢能力养成：收集你所选行业当前出现的 2～3 个新兴职业。

➢实践拓展：设计自己的职业发展路径。

任务三 明确不同行业准入制度

任务知识点

中国实行就业准入制度和职业资格证书制度，这是规范中国劳动就业市场、保证从业人员质量、促进中国职业教育发展的两项重要制度。

一、就业准入

1. 就业准入制度

就业准入是指根据《中华人民共和国劳动法》(以下简称《劳动法》)和《中华人民共和国职业教育法》的有关规定，对从事技术复杂、通用性广、涉及国家财产、人民生命安全和消费者利益的职业(工种)的劳动者，必须经过培训，取得职业资格证书后，方可就业上岗。

2. 国家对实行就业准入的具体规定

职业介绍机构要在显著位置公告实行就业准入的职业范围；各地印制的求职登记表要有登记职业资格证书的栏目；用人单位招聘广告栏中也应有相应的职业资格要求。

职业介绍机构的工作人员在工作过程中，对国家规定实行就业准入的职业，应要求求职者出示职业资格证书并进行查验，凭证推荐就业。用人单位要凭证招聘用工。

从事就业准入职业的新生劳动力，就业前必须经过一到三年的职业培训，并取得职业资格证书；对招收未取得相应职业资格证书人员的用人单位，劳动监察机构应依法查处，并责令其改正；对从事个体工商经营的人员，要在取得职业资格证书后工商部门方可为其办理开业手续。

二、职业资格证书

(一)职业资格的认定

职业资格是对从事某一职业所必备的学识、技术和能力的基本要求。职业资格包括从业资格和执业资格。从业资格是指从事某一专业(职业)学识、技术和能力的起点标准。执业资格是指政府对某些责任较大、社会通用性强、关系公共利益的专业(职业)实施准入控制，是依法独立开业或从事某一特定专业(职业)学识、技术和能力的必备标准。职业资格认定是劳动就业制度的一项重要内容，也是一种特殊形式的国家考试制度。它是指按照国家制定的职业技能标准或任职资格条件，通过政府认定的考核鉴定机构，对劳动者的技能水平或职业资格进行客观公正、科学规范的评价和鉴定，对合格者授予相应的国家职业资格证书。

(二)职业资格证书的作用

职业资格证书是劳动者具有从事某一职业所必备的学识和技能的证明。它是劳动者求职、任职、开业的资格凭证，是用人单位招聘、录用劳动者的主要依据，也是境外就业、对外劳务合作人员办理技能水平公证的有效证件。

(三)职业资格证书的类型

目前各行业采用的“上岗证”大致包括以下几种：人力资源和社会保障部认证的职业资

格证书、由各个部门认证的职业资格证书、由各个行业协会认证的职业资格证书。

1. 人力资源和社会保障部认证的职业资格证书

为进一步规范职业鉴定标准，人社部于2019年发布139项国家职业资格目录，其中包含：专业技术人员职业资格58项，其中准入类35项，水平评价类23项；技能人员职业资格81项，其中准入类5项，水平评价类76项。这些职业资格基本涵盖了经济、教育、卫生、司法、环保、建设、交通等国家重要的行业领域，符合国家职业资格设置的条件和要求。准入类职业资格关系公共利益或涉及国家安全、公共安全、人身健康、生命财产安全，均有法律法规或国务院决定作为依据；水平评价类职业资格具有较强的专业性和社会通用性，对技术技能要求较高，行业管理和人才队伍建设确实需要。

2. 由各个部门认证的职业资格证书

例如：律师资格证由司法行政部门认证；教师资格证由教育行政部门认证；会计师资格证由财政部门认证；导游证由旅游部门认证；报关员的认证工作由海关总署负责；等等。

3. 由各个行业协会认证的职业资格证书

行业协会不是政府机构，也不属于哪一个部门，而是面向全行业，为全行业服务。行业协会通过选举形成理事会来主持工作，有一些协会的工作就包括认证从业人员的资格和水平。例如住宅室内设计师、景观设计师，这些职业的认证工作由中国建筑装饰协会来完成。中国职业规划师协会主持中国职业规划师的认证工作。

（四）职业资格证书的等级

我国职业资格证书分为五个等级：初级工（国家职业资格五级）、中级工（国家职业资格四级）、高级工（国家职业资格三级）、技师（国家职业资格二级）、高级技师（国家职业资格一级）。

三、“1＋X”证书制度

2019年1月24日，国务院印发《国家职业教育改革实施方案》，明确提出从2019年起，在职业院校和应用型本科院校开展“文凭＋若干职业技能等级证书”制度试点工作（以下简称“1＋X”证书制度试点工作）。2019年4月4日，根据全国教育大会关于部署实施《国家职业教育改革实施方案》的要求，教育部会同国家发展和改革委员会、财政部、市场监督管理总局制定了《关于在院校实施“学历证书＋若干职业技能等级证书”制度试点方案》（以下简称《试点方案》），部署开展“1＋X”证书制度试点工作。“1”是学术资格证书（学历证书），由在学校或学术体系内的其他教育机构完成某项教育任务的学习者取得。“X”是一种职业技能水平的证书，它反映了学习者在具体岗位的专业能力水平。

《试点方案》提出，自2019年开始，重点围绕服务国家需要、市场需求、学生就业能力提升，从10个左右职业技能领域做起，稳步推进“1＋X”证书制度试点工作。试点院校以高等职业学校、中等职业学校（不含技工学校）为主，本科层次职业教育试点学校、应用型本科高校及国家开放大学等积极参与。

培训评价组织作为职业技能等级证书及标准的建设主体，对标准质量、声誉负总责，主要职责包括标准开发、教材和学习资源开发、考核站点建设、考核颁证等，并协助试点院校实施培训。教育部将根据“放管服”改革要求，面向实施职业技能水平评价相关工作的社会评价组织，以社会化机制公开招募并择优遴选参与试点。

院校是“1+X”证书制度试点的实施主体。试点院校要推进“1”和“X”的有机衔接，进一步发挥好学历证书作用，夯实学生可持续发展基础，积极发挥职业技能等级证书在促进院校人才培养、实施职业技能水平评价等方面的优势，将证书培训内容有机融入专业人才培养方案，优化课程设置和教学内容，对专业课程未涵盖的内容或需要强化的实训，组织开展专门培训。鼓励试点院校学历教育与职业培训并举，在面向本校学生开展培训的同时，积极为社会成员提供培训服务。考核站点一般设在符合条件的试点院校。

教育部将结合实施“1+X”证书制度试点工作，探索建设职业教育国家“学分银行”，对学历证书和职业技能等级证书所体现的学习成果进行认证、积累与转换，促进书证融通，探索构建国家资历框架。

《试点方案》强调，要建立职业技能等级证书培训评价组织的监督、管理与服务机制，建设培训评价组织遴选专家库和招募遴选管理办法，定期开展“双随机、一公开”的抽查和监督。培训评价组织的行为同时接受学校、社会、学生、家长等的监督评价。教育行政部门、院校要建立健全进入院校内的各类证书的质量保障体系，杜绝乱培训、滥发证，保障学生权益。

《试点方案》明确，教育部负责做好“1+X”证书制度试点工作的整体规划、部署和宏观指导，对院校职业技能等级证书的实施工作负监督管理职责。产教融合实训基地和产教融合型企业要积极参与实施培训。中央财政将建立奖补机制，引导各地通过政府购买服务等方式支持开展职业技能等级证书培训和考核工作。

职业课堂

避免片面“考证热”须未雨绸缪

“1+X”证书制度绝不是“双证书”制度的改头换面，它是一项全新的制度设计。二者相较，“双证书”制度是单一、封闭、平面的，而“1+X”证书制度是多元、开放、立体的。

“1+X”证书制度是国家完善职业教育和培训体系，高质量发展职业教育的顶层设计，是深化职业教育改革、提高人才培养质量、畅通技术技能人才成长通道的重要举措。《试点方案》在作出这项战略部署的同时，特别强调，职业院校要加强对此项工作的引导，避免出现片面的“考证热”。此番提醒具有前瞻性，非常必要。

在过去相当长的时期内，多数职业院校推行了“双证书”制度，即学生在获得学历证书的同时必须获取与本专业相关或相近的职业资格证书。于是，获取职业资格证书似乎成了大多数学生的奋斗目标，否则，既拿不到学历证书，也无法对口就业。因而，在“双证书”背景下，部分学生表现出一种耐人寻味、值得反思的现象：一旦获取了规定的职业资格证书，就立马“刀枪入库，马放南山”，重新陷入学习无动力、前进无方向的“混日子”状态。上述现象即为典型的片面“考证热”。

在“1+X”证书制度中，证书被赋予学分，配套建立国家学分银行，学分与学历相融，证书与文凭相通，技能等级与国家资格相对接，证书向社会开放，等等，所有这些新内涵、新特点都是“双证书”制度所没有的。但尽管如此，我们仍不能把警惕出现片面“考证热”看作是杞人忧天。

鉴于此，笔者认为，职业院校要按照《试点方案》要求，未雨绸缪，统筹规划，采取切实有效措施，坚决防止出现片面“考证热”。

首先，职业教育与普通教育是两种不同的教育类型，具有同等重要地位。因此，职业院校必须坚持教育功能和职业功能的高度统一。简单地说，在“1＋X”证书制度中，“1”凸显的是教育功能，即培养全面发展的人；“X”凸显的是职业功能，即培养技术技能人才，拓展就业创业本领，彰显职业教育类型特色。特别要指出的是，“1”和“X”二者之间不是简单的相加或并列关系，而是立体交叉相通的有机统一关系。任何把二者割裂开来或重此轻彼的做法都是不可取、不完整的，都是对《试点方案》的误读误解。因此，在实施“1＋X”证书制度过程中，职业院校仍须将立德树人作为根本任务，将“培养什么人、怎样培养人、为谁培养人”这个根本问题贯穿始终，全面贯彻落实《试点方案》不走样，让“1＋X”证书制度在新时代职业教育的发展中释放出最大红利，发挥最大效用，助推职校学生成就精彩人生。

其次，职业院校必须以“1＋X”证书制度为抓手，深化教育教学改革。一是要将“X”作为人才培养方案的核心内容，融入课程体系和育人全过程，深化教师、教材、教法“三教”改革。二是要进一步深化校企合作，建好用好实训基地，创新实训基地的建设与运营，逐步建立校企协同育人机制。三是要坚持以学生为中心，尽可能地满足学生个性化发展需求，以“X”的开放性对接学生发展的多样性，积极引导、鼓励学生规划好自己的成长计划和职业生涯，争取更多的人生出彩的机会。四是要以实施《试点方案》为契机，进一步加强师资队伍建设。毋庸讳言，职业院校教师队伍专业素养不高、专业技能不强是职业教育发展的一大瓶颈。同样，“1＋X”证书制度能否顺利实施和不断完善，在很大程度上取决于职业院校教师队伍的数量和质量。因此，建立一支职业素养优良、专业技能过硬的教师队伍已成为摆在职业院校面前十分紧迫的重要任务。

“考证热”本身不是坏事，但如果“热”了证书，“冷”了教育，“冷”了学生的全面发展，恐怕就有违“1＋X”证书制度设计的初衷了。

（资料来源：刘景忠. 避免全面考证热须未雨绸缪. 中国教育报. 2019-04-25.）

任务打卡

➤课堂讨论：面对“考证热”，大学生应该怎么办？应如何处理好文化课学习、实践和考证的关系？

➤能力养成：了解两种你拟从事的职业所必需的职业资格证书（三种为限）类型，收集这些职业资格证书的相关信息，填入表 1-1 中。

职业故事

闫继传：十年考九个职业资格证

表 1-1　职业资格证书相关信息收集

意向职业	证书名称	发证机关	重要性	考试费用

项目二 了解专业

项目指南

大学生涯是整个人生的重要阶段，是职业发展的准备期。在大学选择某一专业进行学习是为今后从业做准备，因而大学生涯可称为职业准备阶段或职业准备期。

在本项目中，通过任务的实施和完成，大学生将了解专业体系，了解专业人才培养方案的基本结构，明确专业人才培养目标和规格，根据专业教学进程，能够制订出切合自己实际的自主学习计划。大学生还可以了解专业目录的基本情况以及专业设置的依据，更深刻理解高等职业教育专业的内涵，认识专业和职业的联系与区别，更加明晰未来的职业方向。以此为基础，学习提升职业特质，结合个人实际情况制订专业技能提升计划，为未来的职业发展打下坚实的基础。

学习目标

1. 了解本专业人才培养方案的培养目标、培养规格。
2. 了解专业对应的多维职业选择，正确认识和面对专业不对口的问题。
3. 能够应用提升专业技能的方法，制订专业技能提升计划。

任务一 认知专业体系和培养目标

任务知识点

一、高职院校的专业体系

（一）专业目录

什么是专业？专业是高等教育或中等职业教育根据社会职业分工和教育规律确定培养目标，划分教学内容而形成的学业门类；是教育者根据社会需要，在客观规律的基础上对学生学业的选择和设计。

专业目录是职业教育的基础性教学指导文件，是职业教育国家教学标准体系和教师、教材、教法改革的龙头，是职业院校专业设置、用人单位选用毕业生的基本依据，也是职业教育支撑服务经济社会发展的重要观测点。

随着我国进入新发展阶段，实现职业教育高质量发展对优化专业设置、推动专业升级和数字化改造提出了新的更高要求。2021年3月，教育部印发《职业教育专业目录（2021年）》（以下简称《目录》），《目录》研制以专业升级和数字化改造为关键，体现了“十个对接”特征，即专业对接新技术岗位、对接新职业岗位、对接新业态岗位、对接市场化需求、对接“卡脖子”难题、对接智能化生产、对接智慧化管理、对接精准化服务、对接数据化应用、对接数字化技能。《目录》的相关成果实现了一体化设计、一体化表述、一体化呈现，在专业名称、专业内涵、课程体系、核心基础课程等四个方面全面升级，有利于推动中职、高职专科、高职本科一体化、高质量发展。之前的职业教育专业目录是分别编制的，《目录》对中职、高职专科、高职本科进行了一体化设计，体现融会贯通理念。职业教育中职、高职专科、高职本科各层次之间，同类专业之间纵向贯通、横向融通。面向职业岗位群逐层提升，培养目标和规格逐层递进，人才定位有机衔接。

（二）专业设置

高职院校的专业设置一直是教育部关注的焦点之一，其合理性和适应性直接关系到学生的就业与发展，也关系到高职院校的办学质量和社会认可度。为适应经济社会发展的需要，教育部提出高职院校的专业设置要坚持以服务发展为宗旨，以促进就业为导向，遵循职业教育规律和技术技能人才成长规律，主动适应经济社会发展，特别是技术进步和生产方式变革以及社会公共服务的需要，适应各地、各行业对技术技能人才培养的需要，适应学生全面可持续发展的需要。

专业设置的核心是课程体系设计，专业设置的特性与特色都具体反映在课程体系设计上。在当今社会，职业岗位体系已成为一个技术水平不断提升的动态大系统，在职业岗位的消失和产生交替重复变为平常事的态势下，高等职业教育的专业设置应该是面向实际和适应具体职业的，主要目的是让学生获得从事某个职业或行业，或某类职业或行业所需的实际技能和知识。这里的“某个”“某类”，在口径的宽窄上显然有所不同。但是，我国高职院校的地方化特点决定了专业设置必须以某类职业或行业所需的实际技能和知识为主线，瞄准地方经济的特色，掌握区域经济的发展趋势，在专业设置“战略不变”的基础上进行具体的“战术善变”。因此，高职院校专业设置的总体思路应当遵循下列三个原则：

1. 专业设置要以就业为导向

专业设置以就业为导向要求课程设计必须面向职业和职业生涯。专业培养目标就是学校为学生设计好的一般就业方向，也是一般学生职业生涯的起点。因此这个设计的好坏，直接影响到学生的就业及第一次就业以后的发展。因而，运用柔性管理理论对专业培养目标实施动态管理是十分必要的，既不能以不变应万变，也不能随风而动，不变的是基础，应变的是方向。例如IT类学生的培养目标由“应用型人才”到“应用型或应用服务型人才”的变化，就是体现柔性动态管理培养目标的具体例子。这是顺应IT业诞生了IT服务业分支，成为现代服务业的一支生力军的国际潮流而做出的修正。

2. 课程体系构建要以行业或职业的基本要求为依据

人类社会在享受了几百年由专业化分工带来的经济发展和社会进步的成果后，终于在横断科学理论、交叉学科知识、边缘融合技术层出不穷的今天，对“专业化代表进步”学说提出了质疑。对用人单位来说，员工在方法能力和个性特征方面的综合素质比专业能力更重要。一个很响亮的口号“态度决定未来”深入人心。因此，一种以学习者为中心的、面向职业岗位群工作基本过程的课程和课程体系设计理念越来越得到重视。这种理念强调工作基本过程的整体性体验，重视在职场的典型环境中培养学生发现问题、分析问题和解决问题的能力，强调团队合作精神的培养，要求学习者学会对学习进行思考、反馈和剖析，倡导项目教学和案例教学。这种全新的课程和课程体系设计理念符合“从行动中获得知识”的心理规律，遵循从外围到核心的新进理论，强调了学生在真实或仿真的职场环境中摸索“从感觉到感知，到感用，再到感悟”的心路历程。所以，它应当成为课程和课程体系改革的主导方向。

3. 教育教学改革要以能力为本位

能力本位模式是德国职业教育的精华，目前已成为世界范围内高职教育的指导思想和基本要求，也是高职教育区别于普通高等教育的本质特征。教育的本质是培养人，用昨天的成熟知识和技能来培养今天的学生，去适应明天的职业。因此，任何专业教育都不能忽视关键能力的培养，今天的职业岗位要求不应当也不可能作为职业教育的培训课程来培养目标，它充其量只能作为岗位培训的目标(也应存在一定的滞后性)。

高职教育的课程教学内容必须重视职业技能的训练过程，强调职业技能应用能力或服务能力的培养，尤其应强调职业综合素质的培养。学生个体的职业综合素质是由关键能力支撑的个人行为习惯，简单地说是一个人为人处世的行为习惯。它是学生掌握作为那些特定的、具体的任务技能的基础，也是促进其个体能力迁移的基础。

二、专业人才培养方案及其作用

大学阶段的专业学习过程是学习生涯到职业生涯的过渡期，是为职业生涯的开始做准备的。因此，懂得如何开始大学学习至关重要。

进入大学后，一般来说今后职业的种类就基本确定了。这种确定性是由学校的教学法规文件“专业人才培养方案”决定的。因此，了解本专业人才培养方案的基本内容，是每一个学生不可忽视的“第一课”。专业人才培养方案是职业院校落实党和国家关于技术技能人才培养总体要求，组织开展教学活动、安排教学任务的规范性文件，是实施专业人才培养和开展质量评价的基本依据。专业人才培养方案体现专业教学标准规定的各要素和人才培养的主要环节要求，包括专业名称及代码、入学要求、修业年限、职业面向、培养目标与培养规格、课程设置、学时安排、教学进程总体安排、实施保障、毕业要求等内容，并附教学进程安排表等。

1. 培养目标与培养规格

培养目标与培养规格是两个不同的概念。培养目标是对被培养人应达到的要求的总体性简略描述(可以理解为标题式描述)。培养规格则是对被培养人应达到的要求的详细描述(可以理解为正文式描述)，对培养目标中的每一项要求(每一个标题)应说明下一层次的描述。

目前，高职高专院校的人才培养目标一般都定位于“高等技术技能型专门人才”。从这个定位出发，要紧紧抓住“技术”“技能”的含义，从专业技术、专业技能及其应用的角度来制定相应行业或岗位群所需要的“工艺型、操作型、管理型”人才的具体培养规格。这些培养规格实质上是反映胜任相应行业或岗位群的人才所需具备的各种素质和能力的结构组成。

作为学生，应了解所学课程的作用，尤其是主干课程（对掌握知识技能和形成能力作用的课程）；对培养哪些能力要了解清楚，这不仅是学习生涯的要求，更是今后职业生涯的要求。

2. 教学进程安排表及其作用

人才培养方案中的教学进程安排表（也称总时间分配表或教育时间分配表）是对学制年限内各种教育教学项目所占时间分配的总体规划。此表对学生的作用是了解每学期的总体时间安排，了解非课堂教学的项目及周数，再通过辅导员或班主任了解这些非课堂教学项目的具体安排（时间、地点、人物、事件、准备事项），为制订自主学习计划作准备。教学进程安排表反映了培养规格的实质，反映了知识、技能和能力是通过哪些课程来训练培养的，这些课程又是以怎样的进程来实施的。目前三年制高职院校的课程类别有公共课、专业基础课、专业课、技能课、选修课五种。与其他高校同一专业的课程体系相比，唯一区别是增加了一类技能课，其基本点仍然是“公共课、专业基础课、专业课”三段式课程体系，折射出知识本位的特点。

作为学生，在大学学习阶段关注培养方案的内容及实施方案，不仅是自主学习的前提，而且是一种关键能力（独立学习、计划、实施控制和评价）仿真式的训练过程，值得每个学生认真去做，如果认真做了，会发觉它其实并不难。

职业课堂

教育部印发《职业教育专业目录(2021年)》

2021年3月12日，教育部印发《职业教育专业目录(2021年)》(以下简称《目录》)。《目录》按照“十四五”国家经济社会发展和2035年远景目标对职业教育的要求进行分类，在科学分析产业、职业、岗位、专业关系基础上，对接现代产业体系，服务产业基础高级化、产业链现代化，统一采用专业大类、专业类、专业三级分类，一体化设计中等职业教育、高等职业教育专科、高等职业教育本科不同层次专业，共设置19个专业大类、97个专业类、1349个专业，其中中职专业358个、高职专科专业744个、高职本科专业247个。

《目录》自发布之日起施行。2021年起，职业院校拟招生专业设置与管理工作按《目录》及相应专业设置管理办法执行。教育部要求各省级教育行政部门要依照《目录》和办法，结合区域经济社会高质量发展需求合理设置专业，并做好国家控制布点专业的设置管理工作。中等职业学校可按规定备案开设《目录》外专业。高等职业院校可依照相关规定自主设置和调整高职专业，可自主论证设置专业方向。教育部指导符合条件的职业院校按照高起点、高标准的要求，积极稳妥设置高职本科专业，避免“一哄而上”。

教育部将根据《目录》陆续发布相应专业简介，组织研制相应专业教学标准；要求各地指导职业院校对照《目录》和专业简介等，全面修订(或制定)并发布实施相应专业人才培养方案；要求各职业院校要根据《目录》及时调整优化师资配备、开发或更新专业课程教材，以《目录》实施为契机，深入推进教师教材教法改革。

教育部要求做好新旧目录衔接工作，目前在校生按原目录的专业名称培养至毕业，学校应根据专业内涵变化对人才培养方案进行必要的调整更新。已入选“双高计划”等教育部建设项目的相关专业(群)，应结合《目录》和项目建设要求，进行调整升级。用人单位选用相关专业毕业生时，应做好新旧目录使用衔接。根据经济社会发展等需要，教育部将动态更新《目录》，完善专业设置管理办法。

注：2024 年 1 月 31 日，教育部官方网站更新了《目录》，对其中部分专业设置进行了调整和完善。此次调整，中等职业教育新增 4 个专业，高等职业教育专科新增 7 个专业，高等职业教育本科新增 34 个专业。

任务打卡

职业故事

钱伟长：国家的需要就是我的专业

➤课堂讨论：你如何看待你的专业？

➤能力养成：下载教育部发布的《目录》，与《普通高等学校高等职业教育(专科)专业目录(2015 年)》在体例和内容方面进行对比，分析有哪些变化。

任务二 了解专业对应多维职业选择

任务知识点

一、专业与职业的关系

专业和职业是两个相关但不同的概念。专业是指一个人在大学期间所学的学科，而职业则是指一个人在毕业后所从事的工作领域。这两个概念之间的关系对于一个人的职业发展至关重要。

首先，专业奠定了一个人在某个学科领域的基础知识。选择一个合适的专业可以确保一个人在该领域中获得必要的技能和知识，这对于将来的职业生涯是非常重要的。不同的专业会有不同的课程设置和学习内容，这些课程设置和学习内容的安排都是为了培养学生在该领域的专业素养和技能。

其次，职业是在专业的基础上进一步发展而来的。在职业领域中，一个人需要将所学专业知识应用到实践中，并不断积累经验和技能。职业领域中会有不同的职位和岗位，选择合适的职位或岗位有助于一个人更好地发挥自己的专业优势和实践经验。

最后，随着社会的不断发展和变化，一些新兴职业领域也在不断涌现。这些新兴领域可能需要一些新的专业技能和知识，选择一个具有开放性和前瞻性的专业可以帮助一个人更好地适应这种变化。

综上所述，专业和职业之间的关系是相辅相成的。一个人的专业知识可以帮助其在职业领域中奠定基础，而一个人的实践经验又可以进一步丰富和发展其专业知识。选择一个合适的专业和职业可以使人更好地发挥自己的优势和特长，实现自己的职业目标和价值。

二、专业对应多维职业选择的重要性

专业对应多维职业选择的重要性主要体现在以下几个方面：

（1）专业是职业选择的基础。在现代社会，许多职业都需要一定的专业知识和技能。因此，求职者在选择职业时，需要考虑自己的专业背景，以便更好地发挥自己的优势。

（2）专业对应多维职业选择有利于个人发展。通过了解专业对应多维职业选择，可以更好地了解自己的兴趣和潜力，从而做出更有利于个人发展的职业选择。

（3）专业对应多维职业选择有助于提高就业竞争力。随着社会的发展，专业与职业之间的联系愈发密切。了解专业对应多维职业选择，有助于求职者提高自己的就业竞争力，适应社会发展的需求。

三、如何进行专业对应多维职业选择

进行专业对应多维职业选择，需要重点考虑以下几个方面：

（1）了解自己的专业特点。求职者需要了解自己的专业特点，包括专业知识、技能和思维方式等，以便更好地了解自己适合从事哪些职业。

（2）了解职业市场的需求。求职者需要关注职业市场的需求，了解哪些职业有较好的发展前景，以便做出更有利于自己发展的职业选择。

（3）了解自己的兴趣和潜力。在进行专业对应多维职业选择时，求职者需要了解自己的兴趣和潜力，以便找到最适合自己的职业。

（4）不断提升自己的行业素养。求职者需要不断提升自己的行业素养，包括专业知识、技能和人际关系等，以便更好地适应职业发展的需求。

总结起来，了解专业对应多维职业选择对个人的发展具有重要意义。求职者需要认真思考自己的专业特点、职业市场的需求、个人兴趣和潜力，从而做出更有利于自己发展的职业选择。在这个过程中，求职者还需要不断提升自己的行业素养，以便更好地适应职业发展的需求。

职业课堂

正确认识和面对专业不对口的问题

就业岗位与所学专业不对口的现象，在毕业生就业时时有发生。究其原因：一是因为所学专业毕业生多，就业市场竞争压力大，一些毕业生不得不选择从事其他行业；二是毕业生对所学专业没有兴趣，毕业后选择自己感兴趣的方向就业。“专业不对口”一定程度影响了就业质量。

毕业生综合素质和专业技能对就业至关重要。院校要进一步深化产教融合，改革人才培养模式，建立教育链、人才链与产业链、创新链有机衔接的机制，创造良好条件，使得更多就业岗位与专业对口。不过，毕业生遇到“专业不对口”的问题时，要立足自身，正确看待问题，积极谋求对策，走好就业之路。

“专业不对口”是人生动力而非阻碍。一般来说，做自己擅长的事更容易成功。但是，如今人们靠某一行业或某一岗位生存一辈子的格局早已被打破，工作岗位的可供选择性和不确定性因素越来越多，多元化的知识结构更有利于毕业生直面市场或转行发展。就业岗位与专业不对口，会促使毕业生在新的领域不断学习和探索，这样不仅能开阔视野、丰富知识结构，还会增加工作经历和人生阅历，让他们在未来的职业生涯中游刃有余。相反，如果过度追求专业对口，则容易走向桎梏，影响就业和未来发展。

“专业不对口”是职业转折而非学无所用。大学生除了学习专业知识外，更重要的是进行人生熏陶，提升自己的社会认知和精神境界。用人单位看中的是大学生的学习能力和生活经历等，所以即使就业专业不对口，有较强的学习能力同样会被录用。在新的领域和岗位上，所学专业一定会与新知识形成新的交互，助力今后的职业发展。李宁是世界公认的“体操王子”。后职业清零改行从商，将个人形象转换成品牌形象，最终成为一名成功的民营企业家。李宁经商成功的原因，除了刻苦钻研经营之道外，从事竞技体育时取得的名望，还有转行之后保持奋斗的体育精神，都起到了一定作用。

“专业不对口”是人生经历而非人生悲剧。人生经历就是一种财富，不能简单地“以成败论英雄”，更不能简单地以就业岗位与专业对口与否来论成败。在未来的某一天，毕业生就业专业不对口的工作经历很可能会成为改变自身命运的重要条件，成为未来求职成功和人生价值充分体现的法宝。毕业生就业岗位与专业对口或者不对口都是暂时的，并不是成功的关键所在。人生的关键在于能否经营好自己人生路上的风景，让自己的一生更有价值和获得感。

（资料来源：周锡民.正确认识和面对专业不对口的问题.无锡日报.2021-07-19.）

任务打卡

➤课堂讨论：你认为大学生就业时是否一定要找专业对口的职业？

➤能力养成：请将你目前所学专业与毕业后打算从事的职业及未来想要发展的行业三者关系进行分析。

任务三　制订专业技能提升计划

任务知识点

一、提升专业技能是硬道理

在这个日新月异的时代，专业技能成为个人立足于社会的硬道理。尤其是在高职教育中，提升专业技能更是关乎学生的未来发展和国家的产业升级。因此，我们应该充分认识到专业技能的重要性，并积极寻求提升之道。

1. 专业技能是高职教育的核心

高职教育的目标是培养具有较高专业素质的技术技能型人才，为国家的经济社会发展提供人力支持。而专业技能作为技术技能型人才的必备素质，自然成为高职教育的核心。只有掌握了扎实的专业技能，高职学生才能更好地适应社会需求，实现自己的人生价值。

2. 提升专业技能有助于提高个人竞争力

在这个竞争激烈的社会，专业技能成为区分人才的重要标准。只有不断提升自己的专业技能，才能在众多求职者中脱颖而出，获得更好的职业发展机会。同时，专业技能的提升也有助于提高个人的综合素质，使自身在面对复杂问题时能够从容应对。

3. 提升专业技能有利于国家产业升级

随着经济全球化的发展，我国面临着产业结构调整和升级的压力。而提升个人专业技能，正是推动国家产业升级的重要途径。只有培养出更多具备高超专业技能的人才，才能为国家的产业升级提供有力的人力支持，推动我国经济的持续健康发展。

二、提升职业特质是关键

随着社会的不断发展，职业特质已经成为人们在职场中获得成功的重要因素之一。而作为高职生，应该如何提升自己的职业特质，以便在未来的职业生涯中脱颖而出呢？这首先需要明确职业特质的概念。

职业特质是指从事职业活动的人才所特有的综合素质和行动能力。人们通过分析职业活动，研究从事职业活动的专业人才所需具备的职业素质与职业能力。人们一般将职业特质分为过程导向、情景导向和效果导向三类。

人们通过分析现代通信技术专业群各岗位群人才职业活动发现，通信技术技能人才的职业活动是严格按照操作规程、顺序展开的。同时，由于通信技术技能人才工作具有技术服务属性，因此，通信技术技能人才的职业活动又是依据情景进行的。现代通信技术专业的毕业生具备“开发设计、优化维护、建设调试”的职业特质要求。

建筑室内设计技术技能人才在从事技术工作时，其职业活动具有典型的过程导向特点，同时具有情景导向、效果导向特点。在从事技术工作时，依据任务，严格把握并执行工作程序、工作规范、工艺文件和安全操作规程，做到用严格的工作程序、工作规范和操作标准，保证操作结果质量要求的意识和素质。同时，在进行艺术创意和服务时，要遵从客户需求，发挥创意、保证效果。建筑室内设计专业毕业生具有“有创意、善设计、精预算、能施工、懂管理”的职业特质要求。

物流技能人才在业务开展时具有情景导向的特点。依据业务情景，及时把握对象服务需求心理预期，充分体现现代服务个性化理念，使客户满意。同时，按照操作规程、顺序展开工作。现代物流管理专业毕业生具备“会业务、懂市场、善管理、能分析”的职业特质要求。

健康服务技术技能人才在从事技术工作时，其职业活动既具有典型的过程导向特点，又具有情景导向的特点。因此，健康服务技术技能人才的职业特质定义为，在从事技术工作时，依据任务，严格把握并执行工作程序、工作规范和操作规程，保证操作结果。在进行健康服务时，依据服务情景，及时把握服务对象的心理预期，充分体现现代服务个性化理念，使服务对象满意。大健康专业群毕业生具备“懂医理、会护理、精康养、善服务”的职业特质要求。

软件技术专业群主要面向软件产业培养软件UI设计、前端开发、Java开发、软件测试、网络安全、大数据ETL等技术技能型人才，要求从事这些岗位的技术技能型人才具有较强的学习、分析、逻辑、推理、计算能力；具备分析问题、解决问题、独立工作、沟通交往、协调合作能力，身心健康；同时能够树立精益求精、尊重规范、服务至上的意识，用专业的技术、规范的行为、严谨的态度准时交付并保证软件产品的质量能够上线运营。软件技术人才采取什么行动，取决于任务的不同和所处的过程阶段的变化。任务一旦确定，操作过程和规范标准就确定了。它的特点是由过程顺序所支配的，即其职业活动具有典型的过程导向特点。但是，由于编制软件要服务于不同的用户，而用户对软件的要求千差万别，需要与用户进行充分的沟通与协作，才能够完成软件的编制和应用。所以，软件技术人才工作也具有服务业属性，在提供服务时，软件技术人才的职业活动又是依据情景进行的。软件技术人才具备适应“专精特新”企业的“能编码、精设计、会开发、善分析”等职业特质。

汽车技术技能人才在从事技术工作时，其职业活动具有典型的过程导向特点，在进行汽车售后服务时，又具有情景导向的特点。因此，汽车技术技能人才的职业特质定义为，在从事技术工作时，依据任务，严格把握并执行工作程序、工作规范、工艺文件和安全操作规程，做到用严格的工作程序、工作规范和操作标准，保证操作结果质量要求；在售后服务时，依据服务情景，及时把握用户服务需求心理预期，充分体现现代服务个性化理念，使用户满意。汽车制造和汽车售后服务业毕业生具备“能制造、精维修、善销售”的职业特质要求。

数字艺术设计人才在从事艺术设计工作时，其职业活动具有典型的效果导向和情景导向特点。他们在工作时，采取什么行动，取决于任务的不同和所处的过程阶段的变化。虽然任务确定，但创作结果因创意不同而不确定。它的职业活动具有典型的创作、创意特点。依据任务和规范，用“效果就是价值”的思想，并用效果导向的思维、夸张的行为、富有情感的语言、负责的态度等为人们带来先进的文化和美的享受。同时，数字艺术设计人才工作具有服务业属性，因此，在服务用户时，他们的职业活动又是依据情景进行的。他们依据服务情景，及时把握用户服务需求心理预期，充分体现现代服务个性化理念，使客户获得满意服务。数字艺术设计人才具有“有创意、懂设计、善沟通、能制作”的职业特质要求。

财税金融企业服务人才在从事技术性工作时，其职业活动具有典型的过程导向特点，在业务服务时，又具有情景导向的特点。因此，财税金融企业服务人才的职业特质定义为，在从事技术性工作时，依据任务，严格把握并执行工作程序、工作规范、法律法规和严格的操作流程，做到用严格的工作程序、工作规范和操作标准，保证服务质量要求；在进行业务接待时，依据服务情景，及时把握客户服务需求心理预期，充分体现现代服务个性化理念，使客户获得满意服务。财税金融企业服务人才具备“通金融、晓税法、会核算、精分析、善沟通”的职业特质要求。

从以上专业人才的职业特质要求，可以得出职业特质包含以下四个方面内容：

1. 扎实的专业知识和技能

大学生在校期间要认真学习专业知识，努力提高自己的专业技能。首先，应该树立正确的学习态度，认识到学习专业技能的重要性，以此激发自己的学习动力。其次，制订合理的学习计划，明确学习目标，逐步提升专业技能。再其次，还应注重实践，将理论知识与实践操作相结合，真正做到学以致用。最后，应保持谦虚好学的心态，不断向他人学习，拓宽自己的知识领域。

2. 良好的沟通能力和团队协作能力

在职场中，沟通和协作是非常重要的，它们能够帮助一个人更好地与同事、上司和客户进行交流，提高工作效率。因此，大学生在学校期间就应开始锻炼自己的沟通和协作能力，多参加社团活动、实践活动，提升自己的人际交往能力。

3. 良好的职业道德和职业操守

在职场中，诚信、敬业、责任等职业素养是非常重要的，它们能够帮助一个人赢得他人的信任和尊重。因此，大学生在学校期间就应该开始培养自己的职业素养，树立正确的职业价值观，做一个有道德、有操守的职业人。

4. 持续学习的能力

在当今这个快速发展的时代，知识更新速度非常快，每个人都需要不断地学习新知识、新技能，以适应职场的变化。因此，大学生在学校期间就应该养成良好的学习习惯，树立终身学习的理念，以便在未来的职业生涯中不断进步。

三、制订有针对性的学习计划和技能提升计划

在制定出学业总目标以后，要对学业规划进行自上而下的分解，即制订具体的学习计划。可以按照以下的思路进行：在校期间总的学习目标→年学习目标→学期学习目标→月学习目标→周学习目标→日学习目标，从而使自己的学业规划落实到每天，确保学业规划的严格执行。

在这个基础上，要学会使用学业规划清单。学业规划清单制作方法如下：

（一）制作学习任务计划表

在高中，学习计划多数是由教师来安排的，学生一般只负责执行。在大学，学生应该学会自己制订学习计划，制作成学习任务计划表，详细列明每一时期的学习任务，这样任务完成情况直观明了。

（二）制作日学习任务清单表

日学习任务清单表有助于确定任务的优先顺序，将重要的与不太重要的任务区分开来，并决定哪项任务需要首先完成，哪些可以以后再做，甚至不做。

1. 列出所有的任务

认真思考自己这一天全部的学习任务，然后把它们详细地列出来，这时不用考虑任务的重要与否，只要能想到的都可以写下来。

2. 用符号表示任务的轻重

任务清单上可能包括很多任务，如“背英语单词”“在图书馆看文献”“找老师探讨”“去英语角”等。根据项目的重要性给清单的每个任务画一个符号，以表示优先顺序。可以使用A、B、C或★代表事情的轻重。如A代表必须完成的任务，B代表应该完成的任务，C代表可能完成的任务，★代表重要且紧急的事情。

一般来说，★所代表的任务在时间上和重要性上都是非常迫切的，必须马上着手落实。紧急的任务不一定是经过深思熟虑、周密计划所列出的，它的出现往往很突然，一旦出现后，

要马上把它们列入任务清单中,调整自己正在做的事情,在可能的条件下优先完成。

3. 用数字表示任务的缓急

给已经分清轻重的任务分配数字,以表示任务的缓急,进一步细化自己的行动计划,安排完成步骤。在确认时间顺序前,再次确定哪一项工作是重中之重,必须先做。

4. 为任务安排具体时间

给每一项任务分配一定的时间,这样不仅可以确保任务的完成,而且可以更好地安排其他方面的活动。注意在分配时间的时候不要安排得过于紧凑,要留有一定的空间。这样即使遇到特殊的情况,也不会因为时间问题而完不成当天的学习任务。

职业课堂

给中国学生的第四封信:大学四年应是这样度过

大学:人生的关键

这"第四封信"是写给那些希望早些从懵懂中警醒过来的大学生,那些从未贪睡并希望把握自己的前途和命运的大学生以及那些即将迈进大学门槛的未来大学生的。

大学是人生的关键阶段。这可能是因为,进入大学是你一生中第一次放下高考的重担,开始追逐自己的理想、兴趣。这可能是你第一次离开家庭生活,独立参与团体和社会生活。这可能是你第一次不再单纯地学习或背诵书本上的理论知识,而是有机会在学习理论的同时亲身实践。这是你第一次不再由父母安排生活和学习中的一切,而是有足够的自由处置生活和学习中遇到的各类问题,支配所有属于自己的时间。

大学是人生的关键阶段。这是因为,这可能是你一生中最后一次有机会系统性地接受教育。这可能是你最后一次能够全面建立你的知识基础。这可能是你最后一个可以将大段时间用于学习的人生阶段,也可能是最后一个可以拥有较高的可塑性、可以不断修正自我的人生阶段。这也许是你最后一次能在相对宽容的,可以置身其中学习为人处世之道的理想环境。

大学是人生的关键阶段。在这个阶段,所有大学生都应当认真把握每一个"第一次",让它们成为未来人生道路的基石;在这个阶段,所有大学生都要珍惜每一个"最后一次",不要让自己在不远的将来追悔莫及。在大学四年里,大学生应该努力编织自己的梦想,明确自己的方向,奠定职业生涯的基础。

大学四年每个人都只有一次,大学四年应该这么度过……

自修之道:从举一反三到无师自通

记得我在哥伦比亚大学任助教时,曾有位中国学生的家长向我抱怨说:"你们大学里到底在教些什么?我孩子读完了大二计算机课程,居然连 VisiCalc[①] 都不会用。"

我当时回答道:"电脑的发展日新月异。我们不能保证大学里所教的任何一项技术在五年以后仍然管用,我们也不能保证学生可以学会每一种技术和工具。我们能保证的是,

①VisiCalc 是当时最热门的计算机应用软件,但它在二十年前就被淘汰了(这件事又一次证明了科技的发展是日新月异的)。而且,VisiCalc 的使用方法也不是计算机系的学生应该学的。

你的孩子将学会思考，并掌握学习的方法，这样，无论五年以后出现什么样的新技术或新工具，你的孩子都能游刃有余。”

她接着问：“学最新的软件不是教育，那教育的本质究竟是什么呢？”

我回答说：“如果我们将学过的东西忘得一干二净时，最后剩下来的东西就是教育的本质了。”

我当时说的这句话来自教育家伯尔赫斯·弗雷德里克·斯金纳（Burrhus Frederic Skinner）的名言。所谓“剩下来的东西”，其实就是自学的能力，也就是举一反三或无师自通的能力。大学不是“职业培训班”，而是一个让学生适应社会，适应不同工作岗位的平台。在大学期间，学习专业知识固然重要，但更重要的是学习思考的方法，培养举一反三的能力，只有这样，大学毕业生才能适应瞬息万变的未来世界。

上中学时，老师会一次又一次重复每一课里的关键内容。但进了大学以后，老师只会充当引路人的角色，学生必须自主地学习、探索和实践。走上工作岗位后，自学能力就显得更为重要了。微软公司曾做过一个统计：在每一名微软员工所掌握的知识内容里，只有大约10%是员工在过去的学习和工作中积累得到的，其他知识都是在加入微软后重新学习的。这一数据充分表明，一个缺乏自学能力的人是难以在微软这样的现代企业中立足的。

大学生应该充分利用图书馆和互联网，培养独立学习和研究的本领，为适应今后的工作或进一步的深造做准备。首先，除了学习老师规定的课程以外，大学生一定要学会查找书籍和文献，以便接触更广泛的知识和研究成果。例如，当在一门课上发现了自己感兴趣的课题时，就应当积极去图书馆查阅相关文献，了解这个课题的来龙去脉和目前的研究动态。熟练和充分地使用图书馆资源，这是大学生特别是那些有志于科学研究的大学生的必备技能之一。读书时，应尽量多读一些英文原版教材。有些原版教材写得深入浅出，附有大量实例，比中文教材还适于自学。其次，在书本之外，互联网也是一个巨大的资源库，大学生可以借助搜索引擎在网上查找各类信息。我发现很多同学其实并没有很好地掌握互联网的搜索技巧，有时他们提出的问题只要在搜索引擎中简单检索一下，就能轻易找到答案。还有些同学很容易相信网上的谣言，而不会利用搜索引擎自己查考、求证。除了搜索引擎以外，网上还有许多网站和社区也是很好的学习园地。

自学时，不要因为达到了学校的要求就沾沾自喜，也不要认为自己在大学里成绩好就足够了。在二十一世纪的今天，人才已经变成了一个国际化的概念。当你对自己的成绩感到满意时，我建议你开始自学一些国际一流大学的课程。例如，美国麻省理工学院（MIT）的开放式课程已经在网上无偿发布出来，大家不妨去看看MIT的网上课程，做做MIT的网上试题。当你可以自如地掌握MIT课程时，你就可以更加自信地面对国际化的挑战了。

总之，善于举一反三，学会无师自通，这是大学四年中你可以送给自己的最好的礼物。

培养兴趣：开阔视野，立定志向

孔子说：“知之者不如好之者，好之者不如乐之者。”我在“给中国学生的第三封信”中曾深入论述了快乐和兴趣是一个人成功的关键。如果你对某个领域充满激情，你就有可能在该领域中发挥自己所有的潜力，甚至为它而废寝忘食。这时候，你已经不是为了成功而学习，而是为了“享受”而学习了。在“第三封信”中，我也曾谈到我自己是如何在大学期间放弃了我不感兴趣的法律专业而进入我所热爱的计算机专业学习的。

有些同学问我，如何像我一样找到自己的兴趣呢？我觉得，首先要客观地评估和寻找自己的兴趣所在：不要把社会、家人或朋友认可和看重的事当作自己的爱好；不要以为有趣的事就是自己的兴趣所在，而是要亲身体验它并用自己的头脑做出判断；不要以为有兴趣的事情就可以成为自己的职业，例如，喜欢玩网络游戏并不代表你会喜欢或有能力开发网络游戏；不要以为有兴趣就意味着自己有这方面的天赋，不过，你可以尽量寻找天赋和兴趣的最佳结合点，例如，如果你对数学有天赋但又喜欢计算机专业，那么你完全可以做计算机理论方面的研究工作。

最好的寻找兴趣点的方法是开阔自己的视野，接触众多的领域。唯有接触你才能尝试，唯有尝试你才能找到自己的最爱。而大学正是这样一个可以让你接触并尝试众多领域的独一无二的场所。因此，大学生应当很好地把握在校时间，充分利用学校的资源，通过使用图书馆资源、旁听课程、搜索网络、听讲座、打工、参加社团活动、与朋友交流、使用电子邮件和电子论坛等不同方式接触更多的领域、更多的工作类型和更多的专家学者。当年，如果我只是乖乖地到法律系上课，而不去尝试旁听计算机系的课程，我就不会去计算机中心打工，也不去找计算机系的助教切磋，就更不会发现自己对计算机的浓厚兴趣。

人生的路很长，每个人都可以有很多不同的兴趣爱好。在追寻兴趣之外，更重要的是要找寻自己终身不变的志向。有一本书的作者曾访问了几百个成功者，问他们有哪件事是他们今天已经懂得，但在年轻时却留下了遗憾的事情。在受访者的回答中，最多的一种是：“希望在年轻时就有前辈告诉我、鼓励我去追寻自己的理想和志向。”相比之下，兴趣固然关键，但志向更为重要。例如，我的志向是“使影响力最大化”，多年以来，我有许多兴趣爱好，如语音识别、对弈软件、多媒体、研究到开发的转换、管理学、满足用户的需求、演讲和写作、帮助中国学生，等等，兴趣可以改变，但我的志向是始终不渝的。因此，大家不必把某种兴趣当作自己最后的目标，也不必把任何一种兴趣的发展道路完全切断，在志向的指引下，不同的兴趣完全可以平行发展，实在必要时再做出最佳的抉择。志向就像罗盘，兴趣就像风帆，两者相辅相成、缺一不可，它们可以让你驶向理想的港湾。

掌控时间：事分轻重缓急，人应自控自觉

除了积极主动的态度，大学生还要学会安排自己的时间，管理自己的事务。一位同学是这么描述大学生活的：“大学和高中相比似乎没有什么太大的区别，每天依旧是学习，每次考试后依旧是担心考试成绩……不同的只是大学里上网的时间和睡觉的时间多了很多，压力也小了很多。”

这位同学并不明白，“时间多了很多”正是大学与高中之间巨大的差别。时间多了，就需要自己安排时间、计划时间、管理时间。

安排时间除了做一个时间表外，更重要的是“事分轻重缓急”。在《高效能人士的七个习惯》一书中，作者史蒂芬·柯维提出，“重要事”和“紧急事”的差别是人们浪费时间的最大理由之一。因为人的惯性是先做最紧急的事，但这么做会导致一些重要的事被荒废掉。例如，我认为这篇文章里谈到的各种学习都是“重要的”，但它们不见得都是老师布置的必修课业，采纳我的建议的同学依然会因为考试、交作业等紧急的事情而荒废了打好基础、学习做人等重要的事情。因此，每天管理时间的一种好方法是，早上确定今天要做的紧急事和重要事，睡前回顾一下，这一天有没有做到两者的平衡。

对大学生的期望

踏入大学校门时，你还是一个忙碌的、青涩的、被动的、为分数读书的、被家庭呵护着的中学毕业生。

就读大学时，你应当掌握七项学习，即学好自修之道、基础知识、实践贯通、培养兴趣、积极主动、掌控时间、为人处事。

经过大学四年，你会从思考中确立自我，从学习中寻求真理，从独立中体验自主，从计划中把握时间，从表达中锻炼口才，从交友中品味成熟，从实践中赢得价值，从兴趣中攫取快乐，从追求中获得力量。

只要做到了这些，离开大学时，你最大的收获将是“对什么都可以拥有的自信和渴望”。你就能成为一个有潜力、有思想、有价值、有前途的中国未来的主人翁。

所以，大学四年应该这么度过。

（资料来源：李开复. 给中国学生的第四封信：大学四年应是这样度过. 开复学生网. 2017-06-23. 有删减）

任务打卡

职业故事

“励志姐”敬雨晴的逆袭

➤课堂讨论：你认为大学生就业时是否一定要找专业对口的职业？

➤能力养成：在教师的指导下制订适合自己实际情况的学习计划和技能提升计划。

项目三　学会学习

项目指南

一个人的知识、学历、才华等都是外化，真正具有竞争性的资本是他的学习能力。学习能力不仅要学习博学的知识，还要学会学习的方法，树立终身学习的理念。学习能力往往决定了竞争力的高低，大学生要了解自身学习特点，通过不断的学习，全面提高学习成绩。

在本项目中，通过任务的实施和完成，大学生可以学会综合分析个人的学习能力，通过具体方法提升个人的学习能力，并且最终形成较强我的自我管理能力。

学习目标

1. 能够理解学习的内涵和重要性，掌握学习能力包含的核心能力，进行学习能力训练。
2. 了解高职学生的学习特点。
3. 能够制定提升学习能力策略，掌握有效的学习方法，提高学习能力。

任务一　分析个人学习能力

任务知识点

一、学习能力

1. 学习能力的定义

学习能力是把知识资源转化为知识资本的能力，是指学习的方法与技巧，是以快捷、简便而有效的方式获取准确的知识信息，并进行加工和利用，把新知识融入已有的知识，所形成的分析和解决实际问题的能力。学习能力是所有能力的基础。

个人的学习能力，不仅包含他的知识总量，即个人学习内容的宽广程度；也包含他的知识质量，即学习者的综合素质、学习效率和学习品质；还包含他的学习流量，即学习的速度及吸纳和扩充知识的能力；更重要的是看他的知识增量，即学习成果的创新程度以及学习者把知识转化为价值的程度。

2. 学习能力的核心能力

学习能力的核心能力包括：注意力、集中力、观察力、洞察力、阅读力、理解力、记忆力、想象力、思维力和创造力，只有具备了这些能力，才会在听、说、读、写、计算、阅读、梳理分析方面提高学习效率。

3. 学习能力的指标

基本学习能力的六大指标包括：学习专注力、学习成就感、自信心、思维灵活度、独立性和反思力。

4. 学习能力的要素

学习能力是由三个要素组成的。这三个要素分别是：学习的动力、学习的毅力和学习的运用能力。

学习的动力体现了学习的目标；学习的毅力反映了学习者的意志；学习的运用能力则取决于学习者掌握的知识及其在实践中的应用。

一个人、一个组织是否有很强的学习能力，取决于这个人、这个组织是否有明确的奋斗目标、坚强的意志和丰富的理论知识以及大量的实践经验。

学习能力是三个要素的交集，只有同时具备了三要素，才能成为真正的学习力。当你有了努力的目标，你只是具备了“应学”的动力；而当你学习的意志很坚定的时候，你不过是有了“能学”的可能性；当你具备了丰富的理论和实践经验，你仅仅具有了“能学”的力量。只有将三者合而为一，将三者集于一身，你才真正地拥有学习力。

二、学习能力的重要性

联合国教科文组织在《学会生存》报告中指出：“教育应该较少地致力于传递和储备知识，而应该更努力地寻求获得知识的方法、学会怎样学习。”其在“首届世界终身学习会议”上还提出了“终身学习是21世纪的生存概念”。可见学习能力已经成为现代人的必备能力，受到全球的关注。

学习能力往往决定了竞争力的高低，未来唯一持久的优势就是，比自己有能力的竞争对手学得更多更快。每个人都要通过不断的学习来提高自己的能力，如果停止学习，必定会落后于他人，而在当今社会里，落后就会被淘汰。

认识自己，是提升学习能力的开始，学习能力并不体现在单一地获取知识，而是需要先了解自己。认清自己的需要，才能不断拨开眼前的迷雾。一个人的学习能力才是真正拉开与他人之间差距的重要原因。学习能力强的人，了解自己，知道自己最需要什么。

如果将一个人或一个组织比作一棵大树，学习能力就是大树的根，也就是一个人或者一个组织的生命之根。这就是树根理论。树根理论告诉我们，评价一个人或一个组织在本质上是否有竞争力，不是看这个人或者组织取得了多少成果，而是看这个人或者组织有多强的学习能力。这就像我们观察一棵大树的生长情况一样，不能只看到大树郁郁葱葱、果实累累的美好外表。因为无论有多么美的外表，如果大树的根已经烂掉，那么眼前的这些繁荣很快就会烟消云散。所以，个人或者组织短暂的辉煌并不能说明其有足以制胜的竞争力，反而会让人为之惋惜。学习能力才是生命之根，无论是个人还是组织，一定要精心培植自己的根，让自己的根越来越深厚、越来越坚强。只有这样，才能在以后可能遭遇的种种风雨中挺立不倒。高职学生学习也是这样，只有摆正了学习态度，只有从内心真正认识到学习的重要性，才可能坚持不懈地去努力，才可能获得成功。

因此，未来最具有价值的能力是学习能力，未来的竞争就是学习能力的竞争，一个人的学习能力在一定程度上决定了一个人的竞争能力，学习能力是将来在职场中制胜的法宝，也是一个人不断取得成功的保证。在现代社会，职业的半衰期越来越短，只有不断学习，不断提升自己的竞争能力，才能适应和紧跟社会的发展变化，保持可持续性的成功。如果不坚持学习，不思进取，沉迷于眼前，那职业生涯就会停滞甚至会倒退。高职学生一定要明确学习能力的重要性，重视培养自己的学习能力，经常不定期地参加各类学习活动。

三、学习能力的训练

1. 从知识到技能再到才干，才是最完整和有价值的学习能力的体现

很多人对学习能力的认识表现在学习了很多知识，这在以前可能是一种资本，但是在网络化的今天，知识可以很快搜索并被使用，这项资本也就不再具有多大的价值。还有一些人学习了许多知识，并且精于练习，慢慢地形成了自己的技能。这些技能使得他的专业能力得到很大的提升，增加了职场的发展空间。但是随着人工智能的到来，许多技能即将被替代。如果这时你的学习能力的终点是技能，而没有更进一步的话，你可能会被淹没在时代的浪潮中。这个“更进一步”就是指一个人的才干。检验一个人学习能力的最高标准就是他的才干。《哈佛商业评论》有篇文章谈到，他们通过对多个行业几千名高管的培训和咨询获得了一个观点，即具有优秀的学习能力的人都具有四大鲜明的特质：志向、自省能力、好奇心和容错能力。而这四种特质恰恰就反映了一个人的才干。一个人之所以能在好几个领域都表现出色，是因为他在上一个领域中锤炼出来的才干和能力可以迁移，从而帮助他很快地认识、适应另一个领域。因此，从知识到技能再到才干，才是最完整和有价值的学习历程。

2. 学习能力是动态变化的，是可以通过后天努力改进的

活到老，学到老，与时俱进。真正的学习能力，是在一个开放的环境中，在一个不断变化的开放的场景下，自己去主动探索和习得原先不了解的知识和技能的能力，并且能应用这种新掌握的技能，去解决自己原先不能解决的问题。学习能力最重要的一点，就是认识到学习是一个终生持续的过程，不断学习，不断进步。一时半会儿的差距，并不会决定人的一生。

(1)真正的努力应是基于本质的提升，而不是基于时间或者次数来进行评判。

(2)持续有效的进步，会由量变引发质变。谁也不知道量变需要积累到多少才会有质变，但可以肯定的是，当它出现时，你一定会非常明确地感知到。

(3)面对挫折，自我修正。开展有效的阶段总结，并对自己使用的方法进行评估，如果确实有不合理的地方，果断进行调整。这种调整能力，也是需要锻炼和经验积累的。值得注意的是一定要避开频繁调整而迷失方向的陷阱。

四、了解高职学生的学习特点

高等职业教育主要培养生产、建设、服务、管理的一线高技能人才，高职毕业生大多服务于基层，需要具有扎实的职业技能。2023 年，全国高校录取人员数量共 1042.22 万人，毛入学率已达到 60.2%。与此同时，经济增长方式的快速变化和产业结构的调整，必然对一线

劳动者素质提出更高的要求，要求高技能人才必须具备职业岗位适应能力、职业发展能力等职业综合能力，这样才能适应产业升级、技术升级和岗位变迁的现实市场需求。因此，了解高职院校学生的学习特点、影响因素，有助于有针对性地提出帮助高职院校学生有效学习的对策，以适应未来职业岗位的需求。同时，在新形势下，高职院校学生质量能否适应社会的需要，已成为高职院校学生生存和发展的重要课题。提升学生学习能力，使其更好地适应当今经济迅速发展的需要是一个亟待解决的问题。

1. 高职教育特点

从目前来看，本科教育主要是在通识教育的基础上学习专业知识，着重培养学生分析问题和解决问题的能力，教会学生解决问题的方法；相比较而言，高职教育更加注重学生动手能力和实践能力的培养。本科教育更加强调理论基础厚重、学术体系完善；而高职教育则强调专业知识的学习以“必需、够用”为原则。本科的学习年限一般为四年；高职的学习年限一般为三年。通过以上的对比我们可以看出，高职院校学生的学习必然有着自身的特点，而绝非本科“压缩饼干”式的学习方式。

2. 高职院校学生的学习注重实践能力和动手能力的培养

高职院校的学生毕业后，对工作岗位的适应比较迅速，上手快，这也是高职院校学生的优势所在，因此，学生在校学习期间就应该注重实践能力和动手能力的培养，使自己具备未来就业岗位的职业技能。在高职教育的教学体系中，实践教学环节帮助学生将专业理论知识进行实际应用，掌握运用知识的能力。学生通过实验、实训、实习等环节，接触仿真的和真实的工作环境，逐渐了解职业岗位的相关要求，学习职业岗位所要求的知识和技能，形成爱岗敬业的责任感，这些对于日后的工作都是必不可少的。

3. 高职院校学生的学习注重发展自主学习的能力

高职院校学生需要具备自主学习的能力，以适应职业岗位群所需要的专业知识和职业技能。具体来说，高职院校的大学生在校期间的学习具有专业定向性和实践操作性的要求，内容较为复杂和多样，需要课后的自主学习，毕业后，大多工作于生产、建设、服务和管理的第一线，所从事的工作需要随时更新专业技术知识。与此同时，高等职业院校的学生与普通本科高等院校的学生相比较而言，理论基础较为薄弱，组织纪律性较差，自主监控和管理能力较弱，这些都使得高职院校学生自主学习能力的培养尤为迫切。

4. 高职院校生源类型层次复杂，基础薄弱，水平参差不齐，学习效率低

高职院校生源层次多样化，有高中、中专和职高毕业生，2019 年，高职院校扩招 100 万人，成为高等教育普及化的临门一脚，直接推动我国高等教育迈入普及化阶段。同时《高职扩招专项工作实施方案》提出，将退役军人、下岗失业人员、农民工和新型职业农民纳入扩招范围。各类人员文化知识水平与普通高校学生存在一定的差距，单招录取及高考录取的分数低，大部分学生都存在基础薄弱的问题。学生基础水平参差不齐，给教师授课和学生学习带来较大困难。学生学习能力弱与教师的教学方式不当造成了学生学习效率低的后果。学生作为学习的主体，其学习效率受多方面的影响，学生若不能正确处理学习上遇到的困难，一旦学习中出现问题，就容易悲观失望，这种消极的态度制约着学生的学习信心。同时，教师在教学过程中，看到学生学习成绩不理想时，容易产生厌教情绪。在这种情况下，教师应该发挥其职责，全面了解学生的学习特点，根据市场人才的需求，合理设置课程，积极主动更

新教学内容，改革教学方法，适应学生的需求，最终达到良好的教学效果。

5. 持不同学习目的，学习态度各不相同

高职院校学生的学习目的有所不同。大致可分为继续深造、面向就业和应付了事三种类型。

(1)继续深造型：这类学生基础一般比较好，他们只是因为高考成绩不佳而进入高职院校学习。他们具有较好的知识基础和学习能力，希望通过在高职院校的学习，改变自身的命运，也能够像一流院校的学生一样，既有文凭又有能力。因而其中有些学生向本科迈进。这部分学生根据自己的未来目标制订学习计划，自主学习意愿强。

(2)面向就业型：这类学生很现实，进校的目的就是学好专业理论和技能将来好就业。他们在高职院校中比较普遍，他们注重实践，而对于一些理论课存在消极的态度。

(3)应付了事型：这类学生在高职院校中也有一定比例，他们不求上进，成天在网吧玩游戏，逃课现象严重，作业抄袭，对学习抱着应付的态度，认为学好学不好无关紧要，将来就是找份工作而已。

6. 存在自卑心理

部分学生的自卑心理来源于高职教育比普通本科院校层次低，一些成绩很好的学生进入高职院校后，心理不平衡。虽然国家教育政策阐明高等职业教育是我国社会经济发展的必然要求，其兴起和发展已经成为我国人才培养的重要方式和途径。但是从人们对高职教育的认识不难看出，高职教育一直在低层次教育中徘徊，而且学生就业时还要面临用人单位的不认同，甚至是歧视。这些势必给部分高职学生带来严重的自卑心理，这种自卑心理表现在学习中，无疑会给学生造成学习障碍，给教学带来困难。

7. 学习动力不足，缺乏学习动机

进入大学后学习动力在年级上存在差异，二年级学生比一年级学生学习动机要高。高职学生的学习动机主要有以下两个方面：一是自尊心和进取心；二是为了自己今后能有一份好工作。学习困难的高职学生，主要表现便是学习动力不足。

8. 学习态度和积极性较差，缺乏主动性

在学习态度方面，部分高职学生学习态度和积极性较差，他们对于学习没有激情，缺乏自信，得过且过。多数学生基本了解将来的工作岗位(岗位群)，并能围绕一定的职业定向学习基础课、专业基础课和专业课，但是没有自己的学习目标。另外，有些高职学生的学习情绪化较严重，对感兴趣的东西学习积极性较高，对比较枯燥的内容学习效率较低，但是几乎所有学生对实践性及动手环节的学习兴趣明显高于理论课程的学习。这反映出部分高职高专学生学习缺乏主动性，但动手能力强，所以他们更喜欢灵活且氛围活跃的课堂。

9. 学习习惯亟待改进

在学习习惯方面，高职学生虽然学习的积极性和主动性比较差，大多数学生没有听课记笔记的习惯，但是他们愿意主动积极地参与课堂教学，但是往往在课堂上找不到机会。多数学生希望自己各方面的能力都有所发展而不是单纯地只看学习成绩，所以他们喜欢与学生主动交流的教师，喜欢注重提高各方面能力的教师，不喜欢一张试卷定终身的考核方式，希

望教师更能注重过程的考核及理论与实践相结合的考核方式。这就对教师的“教”和“考”提出了更高的要求。

五、高职院校学生学习的影响因素及学习对策分析

1. 学习动机

动机是人做出特定行为的重要原因。在教学过程中教师要善于帮助学生认识并找到学习动机,特别关注学习动机不明的学生,帮助他们形成学习动机。这里所指的学习动机包括学习兴趣、内部动机和成就动机几个方面的内容。著名心理学家奥苏贝尔曾说过:“动机与学习之间的关系是典型的相辅相成的关系,绝非一种单向性的关系。”学习动机对学习能力具有重要的影响,二者呈正相关,也就是说,学习动机越强,学习能力越强;学习动机越弱,学习能力也越差。

教育心理学认为,学生的学习活动是由学习动机引起的,动机是学习者学习的诱因和基础,它可以激发学习者学习的积极性和主动性,能够增强学生学习的意志力,从而提高学习效率,改善学习效果,从根本上转变学习者的学习观念,即由原来的“要我学”变为“我要学”。

值得注意的是,学习兴趣对高职院校学生学习能力的影响是最为直接的。俗话说得好,“兴趣是最好的老师”。确实如此,调动学生学习的主观能动性,最好的方法就是培养浓厚的兴趣。有些高职生在填报专业的时候十分盲目,家长也知之甚少,没有进行慎重的考虑,入学之后才发现,对所学的专业并不感兴趣,或者不适合自己。最好的办法是从自身着手,转变思想观念,了解专业的历史沿革和发展前景,培养兴趣,从根源上促进学习能力的提升。与此同时,专业教师也应该在教学内容和教学方法的选择和设计上更加人文化和个性化,提升专业的吸引力,使得学生产生浓厚的兴趣,激发学生的学习热情。

2. 学习自我效能感

依据社会认知理论,自我效能感能够帮助学生提升学习的信心,也就是说,自我效能感比较高的高职学生在学习的过程中常常有强烈的自信,这种自信能够帮助其选择与自己能力水平相匹配的学习任务,当在学习过程中遇到困难和挫折时,可以凭借坚韧的毅力去克服;相反地,自我效能感比较低的高职学生由于缺乏对学习的足够自信,在选择学习任务时常常会低估自己的实力,选择的学习任务低于自己的实际水平,在学习过程中遇到困难和挫折时会退缩,或者不付出努力就轻言放弃了。

3. 学习方法

进行“自主学法”指导,培养学生的自主学习意识。教师要对学生进行学法指导,使学生在教师指导下有意识地总结和形成自己的学习方法、学习习惯和学习品质。具体做法是备课中有学法设计,上课时有学法指导,课后有学法总结。教师的任务就是唤起和保护学生的自尊,让他们体会到被信任的感觉,引发内驱力,激发学生自主学习的信心,把学习的主动权还给学生,引导学生主动自觉地去探索、去发现、去学习。这里所说的学习方法是指高职学生为完成特定的学习目标,有计划地获取知识和技能的具体实施方案。正确的、有效的学习方法是学生进行学习的基石,学生只有“会学”,才能“愿学”。学习方法是学习者在后天习得的,它取决于教师的教学观念和教学策略。在课堂教学中,教师除了传授知识外,还要教给学生学习的方式和方法。

4. 自我监控和自我评估能力

自我监控和自我评估能力是指高职学生在学习的过程中，对学习的效果和学习的过程进行自我判断和自我评价的能力，它是学习的关键环节，是学习者对学习成效的自我反馈，高职学生只有具备一定的自我监控和自我评估能力，建立合理的学习能力评价体系才能够有效地学习。在考试中频频失利的高职生不再喜欢一张试卷定终身的考核方式，更希望教师能注重过程的考核及理论与实践相结合的考核方式。所以根据企业对高校毕业生的素质能力要求及学生自身的特点，建立相应的学习能力评价体系是提高学生学习能力的最关键的因素。评价应遵循“发挥评价的激励、诊断和发展功能，过程评价与结果评价相结合，全面评价与单项评价相结合，阶段性评价与日常性评价相结合”等原则。评价的内容要体现课程的基本理念、课程目标和内容标准。教师可以从知识与技能、过程与方法、情感态度与价值观方面评价学生对技术的理解和运用情况。

5. 学习氛围和学习环境

采用多种教学形式，提高学生的学习能力。学习氛围和学习环境对学生的学习有着重要的影响，自由、舒适的学习氛围和学习环境是高职学生学习必备的客观因素，这样的学习氛围和学习环境有利于教师和学生之间的良好沟通，有利于学生充分发挥潜能并克服学习中遇到的挫折和困难。相反，专制、严苛的学习氛围和学习环境往往会禁锢学生学习的行为和活动，束缚学生解决实际问题的能力。

教师的教学过程设计以及适宜而新颖的教学环境很大程度上可以帮助提高学生的学习能力。优化课堂教学设计能提高学生的学习兴趣，将学生深深地吸引到课堂上，使学生由被动接受知识转化为主动参与学习。

总而言之，营造出良好的学习氛围和学习环境，让学生切身体会到学术自由、兼容并包的学习理念，才能使学生在学习过程中产生积极的情感体验和自我实现的满足感，学习效率和学习质量才会有所提升。

职业课堂

大学生学习方法建议

1. 要为自己创造动力

有很大一部分高职大学生缺乏学习的动力，尤其是大一新生。他们中很多人被社团活动占去大部分时间，而把学习忽略了。还有些学生可能在高中时对学习已经感到厌倦了，上大学后又意识不到学习的重要性，所以难免在规划时把学习放在次要的位置。高职大学生一定要有学习第一的意识，这样才不至于让自己迷失在各种学生活动中。创造动力的方法可以是为自己定个拿奖学金的目标，也可以是根据人才市场要求发现自己应该学的技能和知识。总之，有一个长远的规划是发掘动力的前提。

2. 要合理分配时间

大学生在大学期间要学习的东西很多，而不仅仅是学习文化课。所以要合理分配时间，包括放在交际上的时间，放在学习上的时间，放在爱情上的时间，以及发展自己的兴趣爱好的时间，等等。要根据自己各个方面目标的重要程度设置时间比例，越重要越要投入更多时间。

3. 要有合适的学习方法

每个人都有自己的学习方法，有些人喜欢在图书馆学习，有些人喜欢在宿舍学习；有些人喜欢早上学习，有些人喜欢熬夜奋战；有些人喜欢在图书馆查资料，有些人喜欢到网上查找资料。不一而足。每个人都应该找到适合自己的学习方式。

4. 要会用学习工具

现如今，科技高度发达，各类发布信息的平台层出不穷，如公众号、网站、微信群、QQ群等。其实，找信息不难，关键是要明白什么信息是自己想要的。人很容易被各种各样的信息干扰，所以对信息的过滤能力也是一个大学生应该掌握的。很多时候，人们可能一起床就打开微信，看看各种信息，说明信息已经与自己不可分割。有时人们会被朋友圈等与自己无关的信息占去很多时间，这是很不值得的。

5. 要学会合作

大学里讲究自主学习，但是如果单打独斗，学习效率是很低的。大学生应该借鉴别人的经验，包括同学的、师兄的、师姐的、老师的，它们会启发自己用正确的方法学习，最快地掌握应掌握的技能。有时，学习是在实践中完成的，在大型实践活动中，没有合作分工是很难成功的，因此合作非常重要。

6. 要有执行力

自己想学什么，就要马上动手去学，不能等别人督促，要即刻运用自己的资源去获得相关的信息，并坚持应有的训练。比如想学习 OFFICE，不用等老师教，自己马上就可以在网上找到各种教学视频。只要想学，什么都能学会。学校的图书馆是偌大的资源库，不应该把它浪费掉。

（资料来源：杨院. 大学生学习方式实证研究. 北京：教育科学出版社，2013.）

任务打卡

➤课堂讨论：你认为今后提高自己学习能力的方向是什么？

➤能力养成：尝试分析一下自己的学习特点。

任务二　提升个人学习能力

任务知识点

在现实生活中，并不是每个人都会学习。有的人缺乏有效的学习方法，导致学习效率低，浪费了很多宝贵的时间。有的人因为学习态度不端正，学习收获不多。同时由于各种外在因素的干扰，导致沉浸式学习难以实现，学习效率也不高。那大学生究竟该如何提升学习能力呢？

一、端正学习态度

被动式学习意味着跟随老师的步伐学习，是一种接受式学习，也是大多数人的学习方式。在被动式学习中，做得较好的就是“上课认真听讲，记笔记，完成全部作业”的一类学生，他们往往能取得不错的成绩。

主动式学习并非完全与被动式学习相反，这一类学生更愿意去了解与老师授课知识不一样的东西。主动式学习的学生成绩并不一定比被动式学习的学生成绩好，但是他们的知识储备却要丰富许多，对未来的发展也更有利。

在校园里无论是采用被动式学习还是主动式学习，将来都要踏上主动学习的道路，所以不妨从现在起，为自己留出足够的课余时间，开始自我学习一项能力或一门技巧，替未来省出一些时间。在现代信息社会，只有不断学习，才能弥补自己的不足，提升自身素质，增强竞争力。在日常生活中，要主动学习，把学习当作一件快乐的事情，增强学习动力，而不是把学习当作一个任务，一种负担。即使身处逆境，也要保持正确的学习态度，坚持学习。

二、持之以恒，坚持学习，养成学习习惯

当一个人学会主动地寻找问题时，对思考问题的兴趣自然逐步上升。在知识经济时代，信息瞬息万变，竞争越来越激烈，衡量一个人水平的标准已经不是文凭了，而是一个人在实践中学习知识、更新知识的能力。现在和未来的社会是学习型的社会，一个人的学习生涯将决定他的职业生涯，终身学习能力已经成为一个人成功的必备条件之一。因此，大学生要想在竞争中处于有利的地位，必须坚持学习，主动寻找问题，养成终身学习的习惯，才能适应社会和时代的变化，实现自己的职业生涯规划，获得可持续的成功。

要养成终身学习的习惯，大学生要从日常做起，从现在做起，持之以恒，坚持学习。具体要注重从以下几个方面来培养自己终身学习的习惯：一是养成良好的生活习惯，每天给自己留出一段时间来学习；二是经常去图书馆，尽量多读一些书；三是经常查阅不懂或不确定的词汇；四是经常翻看字典或百科全书，学习新的词汇；五是多利用互联网、电视等媒体了解信息、收看新闻；六是多与人交流，特别是多与自己有不同意见的人交流、探讨；七是尝试新的业余爱好，有空的时候可以去自己没有去过的地方，增加阅历。

三、学会制定小目标，明确学习规划

学习中要学会制定小目标，明确学习规划，比如今天练一篇字帖，再背上二十个单词，制定这样简单的目标让自己不断坚持下去。当然，再小的目标也不宜过多，否则可能适得其反，每天两到三个即可。清晰的学习规划、明确的目标是一个人通向成功的有力武器。目标是学习的方向，计划是学习的具体措施。制定学习目标和计划并积极执行和评估，有利于不断提高自己的学习能力。

（一）有明确的学习目标

没有目标就没有动力，只有选准方向，行动才能持久进行下去，才能有望达到目标。一个人如果没有目标，就像一艘轮船没有舵一样，只能随波逐流，无法掌控，最终搁浅失败。那么应怎样确立一个明确有效的学习目标呢？

(1)学习目标的设立要符合自身情况。首先要考虑自己的基础，如果不考虑这一点，制定学习目标就是无的放矢。了解自己的基础不是笼统地看学习表现和学习成绩，而是要细分自己在每门学科中的优势和劣势。

(2)学习目标的设立要考虑自己的兴趣和实力。目标也不一定是一成不变的,它可以随着自己实力的变化而变化,无须过高,也不能过低。

(二)制订一个适合自己的学习计划

学习切忌没有计划性,想到哪儿就学哪儿,高兴学什么就学什么。完全凭个人喜好、一时的兴趣来学习,很容易造成发展不均衡,影响学习过程的系统性和完整性。古人云,“凡事预则立,不预则废”。一项好的学习计划,可以促使自己按照既定目标去奋斗,最大限度地发挥自己的潜能。制订一个适合自己的学习计划有利于更好地学习,一个好的学习计划一定要具有科学性、周密性和可行性。既要提高学习效率,还要适合自己。制订学习计划其实主要针对的就是自己的课余时间。那么到底该如何制订学习计划呢?

(1)要整理规划好可利用时间,在此前提下,以一天为单位,制订学习计划。根据计划项目的重要性分配时间,分配给重要计划项目的时间要多于次要计划项目。

(2)梳理自身学习情况,找出最需要提高的方面,有针对性地制订学习计划。

(3)必须考虑自己的特点,不能仿制别人的计划,别人的计划最多只能充当一个指路标的作用,是很难完全套用的。只有自己试着去做,摸索出适合自己的方法,才是最有用的。

(4)既要安排时间学习,也要安排时间娱乐和生活,劳逸结合。

(三)认真执行和落实学习计划

为了确保计划的落实,应在学习的实践中对计划的实施状况进行定期的自我检查、自我督促、自我验收。

(1)合理地惩罚或奖赏自己是不错的方法。完成学习任务之后,适当奖励自己,比如去超市买好吃的、看一部电影、买一件衣服。完不成计划也要惩罚自己,如不擅长仰卧起坐,那就惩罚自己做 10 个仰卧起坐,在气喘吁吁之后,相信你的学习信心会更强的。

(2)补弱项的同时也要增补强项,这是很多同学忽略的一点。很多同学看上去努力学习,殊不知只是将自己擅长科目的题目做了个遍,弱项科目的分数就惨不忍睹了。也有的同学在弱项科目上下足了功夫,但是长期忽略优势科目,结果自己的成绩也得不到很大的提升。

(3)要根据计划按时落实学习任务,不要给自己找借口、打折扣。

(4)灵活调整学习计划。在学习中,要根据实际情况灵活安排,不可过于拘泥。注意和同学交流学习心得,向老师请教学习方法,及时充实、调整学习计划。

(5)检查效果,及时调整。每个计划执行到结束或下一个阶段后,应当检查效果如何。如果效果不好,就要找原因,进行必要的调整。检查内容包括:是不是基本按计划去做了?计划任务是否完成?学习效果如何?没完成计划的原因是什么?什么地方安排太紧?哪些环节安排太松?等等。检查过后,要再修订计划。

(四)选择适合的学习方法

学习方法是通过学习实践总结出的快速掌握知识的方法。学习方法因人而异,每个人的个性、爱好、思维方式、学习风格都不同,要针对自己的实际情况,找到适合自己的学习方法,提高学习效率,提升学习能力。

学习不仅要勤奋,更要讲究方法,高效率学习一定是科学的学习方法的产物。

对于 21 世纪的青年来说,最重要的不是自己已经学会了多少知识,而在于是否掌握了适合自己的高效能的学习方法。掌握高效能的学习方法,不仅会使自己的学习成绩和学习效率得到立竿见影的提升，还将使自己终身受益。

1. 目标激励法——远大目标激励学习成功

作为一名学生，要想在学习的道路上一路高歌，战胜各科学习困难，在考试中脱颖而出，就必须树立远大的理想，制定明确的学习目标和切实可行的计划，在日常学习中勤奋苦学，孜孜不倦，持之以恒，面对学习中的挫折，百折不挠，勇往直前，并掌握一套正确的学习方法，科学合理地安排好自己的时间，只有这样，才能到达成功的彼岸。

2. 统筹计划学习法——运筹帷幄，决胜千里

正像建造楼房先要有图纸，打仗先要有部署一样，成功有效的学习必须先制订好一套切实可行的计划。有计划的人不仅学习有条理，有顺序，而且有目标，有方向。所谓统筹计划学习法，就是学习者为达到一定的学习目标，根据主客观条件来制定学习步骤的一种学习方法。统筹计划学习法包括四个方面：一是学习目标，二是学习内容，三是时间安排，四是保证落实的措施。计划要因人而异，因事而异，并根据执行情况，适当及时调整。

3. 兴趣引导法——兴趣是学习成功的最好导师

使学习兴趣化，是获取成功特别重要的法则。有的同学虽然很努力地学习，但却对学习没有兴趣，学习效率差，往往事倍功半。所以，要想办法培养自己的学习兴趣。只有将学习积极性转化为学习兴趣之后，才有可能实现学习效率的飞跃。因为有兴趣，因而能够轻松愉快地学习，不知疲倦，乐此不疲。学得高兴、学得舒心，就不容易疲劳，越学越有劲头。

4. 高效率学习法——让每一分钟都产生学习效益

“读书不觉春已深，一寸光阴一寸金。不是道人来引笑，周情孔思正追寻。”这是唐代诗人王贞白在江西庐山五老峰下白鹿洞中读书时写的诗句。

时间是“无偿”的财富，对这种财富每个人都拥有相同的份额。作为学生，谁能够高效地管理时间，科学地利用时间，抓住时间的脉搏，谁就有可能创造学业的成功，成就人生的辉煌。

5. 刨根质疑学习法——打破砂锅问到底

学习是一个“无疑—有疑—解疑—无疑”不断循环往复、螺旋式上升的过程。学须善思，思后存疑，疑后问，问后知。所以，大学生在日常生活和学习过程中，要善于思考，培养“凡事问一个为什么”的习惯。也要善于发现问题，敢于向权威挑战，同时要虚心求教，不耻下问，不懂的问题多向老师、同学请教。要积极参加各种有关学习的交谈、讨论、学习兴趣小组，创设一个与别人交流的良好平台，合作解决问题。

6. 笔记学习法——笔墨浓处见精神

在日常读书、听课、复习的时候，对有一定价值和意义的材料、知识点、问题要迅速及时地做标记，记下来，然后整理成笔记，这对于巩固知识、积累材料、提高学习成绩都具有十分重要的意义。

用抄写、摘录、标记等方式既可把要记忆的东西在头脑中加强，也可以促进思考，还可以把知识整理在笔记本中，作为资料保存或多次复习使用，可以说是一举多得。

做读书笔记大致有以下几种形式：

(1)原书空白记。在自己体会深刻的地方，随时随手在书页空白处记上要点，加上批注，

写上感想。

(2)在书上画符号。用不同的符号分别代表自己要表达的意思。

(3)摘录。摘录下自己喜欢的或重要的句子、段落。

(4)列提纲。按文章的前后顺序,列出大纲。

(5)札记。读完书后,写下体会、疑问等。

(6)剪贴。把自己所需要的资料,剪下贴在本子上。

(7)做卡片。把自己需要的内容记在卡片上。

7. 全面预习法——预则立,不预则废

要想在课堂上获得高效率,必须牢牢抓住课前预习这个关键环节。预习最大的好处是有助于形成学习的良性循环。预习使学习活动变得积极主动,站在主动进攻位置上的人当然容易打胜仗。

8. 高效听课法——向课堂 45 分钟要效益

一个人的学生时代,大部分的学习时间是在课堂中度过的。在短短的十几年时间里每个学生几乎接受和继承了人类几千年所积累的知识中最基本、最精华的部分,由此可见课堂学习的重要性。充分利用每一节课的 45 分钟,高效学习,对提高学习质量将产生巨大的影响。

9. 作业练习法——兵精贵在操练

一支具有高素质、坚强战斗力的军队来自平时艰苦的军事训练,一位学生要想学到真正的知识,获取优异的成绩,关键在于平时的作业练习。做作业是学生学习中的重要内容与环节。它对于及时检查学习的效果,巩固和消化课堂知识,提高学生的心智,积累做题方法,培养学生思考问题、分析问题、解决问题的能力十分重要。

10. 高效复习法——温故才能知新

两千年前的孔子就指出:“学而时习之,温故而知新。”复习和听课、作业一样,是学生掌握知识过程的一个必不可少的环节。根据心理学家研究的遗忘规律,遗忘在识记后便迅速开始,所以要想提高学习效率,必须对知识及时复习。

复习要制订计划,合理安排,及时系统、有步骤地进行,掌握科学的复习方法,养成良好的复习习惯,只有这样才能使学习事半功倍。

(五)培养自学能力,掌握正确的自学方法

为什么说掌握自学能力很重要呢?如今我们所处的时代信息和知识呈爆炸式增长,每个人都不可能将所有的知识学完,但如果不坚持学习,就会被社会淘汰,跟不上时代的步伐。面对如此庞大的信息群和日新月异的知识,该怎么获取对自己有用的知识,又如何利用这些知识在社会上立足呢?其中关键的一点就是学会自学,提高自己的自学能力。大学生毕业离开校园后,面对的是整个社会的竞争和来自各行各业的竞争对手,对很多社会问题都还没有现成的解决方案,自己必须尝试着去解决,必须学习才能够适应这些前所未有的压力,这时候自主学习就非常重要。在大学期间,学习专业知识固然重要,但更重要的是学习思维方式,培养举一反三的能力,只有这样,毕业后才能适应瞬息万变的世界。

提高学习能力并不是一朝一夕的事情,需要长时间的积累,成功离不开坚持,如果一个人学习了一件新事物,三天打鱼两天晒网,那么,他对该事物终究是一知半解,既不可能熟练地掌握它,也不可能成为这方面的佼佼者。

职业课堂

利用碎片化时间去学习的具体做法

1. 带着目的去学习

有时候我们的时间是在百忙之中抽出的，自然也是不容许浪费的，如果能带着目的学习，便很有可能有高效的收获，并且也不会感觉到无趣。

2. 制定碎片化学习目标

可以利用零散时间制定一些学习目标，比如多长时间内背完一些单词，看完一本书，等等。

3. 制订短期目标计划

可以根据一天内或一周内的零散时间，计划一下要完成的任务，并按计划实施。

4. 利用碎片化时间复习

学习过的东西如果长时间没有回头思考就容易忘记，可以利用碎片化的时间复习，一点点积累，来克服遗忘的问题。

5. 制作学习便签

利用碎片化时间学习的时候，一般不会携带很多学习资料，可以制作一些学习便签，既方便携带，又有利于集中精力去记忆，自然能提高学习效率。

其实碎片化的学习有时候比刻意安排的大段时间的学习更加有效，带着目的的学习更能让自己记忆深刻。

任务打卡

➢课堂讨论：学习兴趣在学习中的作用。

➢能力养成：制订一个学期的学习计划并落实。

任务三　养成自我管理能力

任务知识点

一、自我管理的内涵

1. 自我管理的定义

自我管理就是指个体对自己本身，对自己的目标、思想、心理和行为等所进行的管理，自己把自己组织起来，自己管理自己，自己约束自己，自己激励自己，最终实现自我奋斗目标的过程。

曾子曾说："吾日三省吾身。"每个人都应对自己的所作所为进行反思，从反思中总结得失利弊与经验教训，这是一种自我管理。现在比较时髦的一些词语如“人生规划”“时间管理”“个人品牌”“压力管理”等都属于自我管理的范畴。

2. 为什么需要自我管理

每个人都是有着无穷发展潜力的个体，自我管理的终极目标就是挖掘自己的潜力，按心中所想去改变自己的命运；每个人都是独一无二的个体，自我管理的目的是发挥自己的特长，把自己的人生经营得多姿多彩；每个人都可以主宰自己的命运，自我管理就是要克服对生活的焦虑和沮丧，学会做自己的主人；每个人的人生只有一次，所以，每个人都要用心管理好自己的人生。

二、自我管理的内容

个体可透过内控的力量控制自己的行为，减少对实现个人发展目标不利的行为，增加有利的行为，而达到好的自我管理效果。自我管理的内容主要包括以下几个方面：

第一，人在世界上要有信仰或精神，要有使命与责任，要对世界有客观正确的认识。在此基础上，对自己的人生有一个明确的规划，即人生规划、职业生涯规划等，并通过自律和对时间的妥善安排确保人生规划的实施。

第二，人生一切的梦想、愿望和追求都不能脱离载体而独自存在，所以，要管理好自我人生的载体，即身体素质、压力、情绪、心理素质等。

第三，从市场与竞争的角度来讲，实现自我竞争力提升的关键是个人品牌价值的提升，所以，要管理好自己的品牌，即个人品牌、礼仪形象、个人修养等。

第四，要想不断地攀登人生的高峰，就必须不断地充实自己、完善自己，不断地积累知识和提升能力，包括学习能力、表达能力、创新能力等。

第五，人不能脱离群体而独立存在，每个人都是团队或人际关系网中的一个节点，因此，自我管理绝对不能忽视团队合作和人际关系网，包括团队合作能力、沟通能力、情感管理能力等。

第六，人不可能不犯错误，每个人都需要通过自我改进来纠偏，使自己沿着既定的目标前进，如自我反省、自我批评等。

实事求是地评估自己是进行自我教育、自我完善的重要前提之一。在认识自己、了解自己、评估自己之后，对自己有明确清晰的认识和定位，了解自己的优势和劣势，以及自己在同事、朋友、同行之中所处的地位，知道自己的竞争力，才能制订有针对性的自我培养计划，针对自己的不足，完善自己。

在这个自我完善的过程中，针对自己不同的方面进行自我管理显得尤为重要。做好自我管理，才能真正成长。

本节我们主要聚焦时间管理，自我管理的其他大部分内容，同学们在后续的章节可以学习到。

三、理解时间管理及其重要性

（一）时间的概念、特征

1. 时间的概念

时间是由过去、现在、未来组成的一连串事件。

2. 时间的特征

（1）公平性：时间的公平性体现为每人的每天都是 24 小时，每小时都是 60 分钟，每分钟都是 60 秒。

(2)单程性：时间的单程性体现为时间一去不复返，人生是一次单程旅行。

(二)时间管理的原则

1. 遵循 SMART 原则

SMART 原则是一种常用的目标设置和管理方法，被广泛应用于个人和团队的目标设定，主要包括五个方面的内容，其中的时限性是时间管理的原则之一。这五个方面的内容如下：

(1)S：明确性(specific)

所谓明确性就是要用具体的语言清楚地说明要达成的行为标准。明确的目标几乎是所有成功团队的必备因素。很多团队不成功的重要原因之一就是目标定得模棱两可，或没有将目标有效地传达给相关成员。

实施要求：目标设置要有项目衡量标准、达成措施、完成期限及资源要求，使执行人能够很清晰地看到要做哪些事情，计划达到什么样的程度。

(2)M：可衡量性(measurable)

可衡量性就是指目标应该是可量化的，应该有一组明确的数据作为衡量是否达成目标的依据。如果制定的目标没有办法衡量，就无法判断这个目标是否能实现。比如，领导有一天问“我们离目标还有多远”，而团队成员的回答是“我们已经实现了目标”。这就是领导和下属对团队目标的理解所产生的一种分歧。原因在于没有给出一个定量的可以衡量的分析数据。但并不是所有的目标都可以衡量，有时也会有例外，比如大方向性质的目标就难以衡量。

实施要求：目标的衡量标准遵循“能量化的量化，不能量化的质化”，有一个统一的、标准的、清晰的、可度量的“标尺”，杜绝在目标设置中使用形容词等概念模糊、无法衡量的描述。

(3)A：可达成性(achievable)

目标要能够被执行人所接受，如果上司利用一些行政手段，利用权力性的影响力一厢情愿地把自己所制定的目标强压给下属，下属典型的反应可能是心理和行为上的抗拒：我可以接受，但是否完成这个目标，有没有最终的把握，这个可不好说。一旦有一天这个目标真完成不了，下属就有可能推卸责任：你看我早就说了，这个目标肯定完成不了，但你坚持要压给我。

实施要求：目标设置要坚持员工参与、彼此沟通，使拟订的工作目标在组织及个人之间达成一致。既要使工作内容饱满，也要具有可达成性。可以制定出跳起来“摘桃子”的目标，不能制定出跳起来“摘星星”的目标。

(4)R：相适性(relevant)

目标的相适性是指在现实条件下是否可行、可操作。可能有两种情形：一方面领导者乐观地估计了当前形势，低估了达成目标所需要的条件，这些条件包括人力资源条件、硬件条件、技术条件、系统信息条件、团队环境因素等，以至于下达了一个高于实际能力的指标；另一方面，可能花了大量的时间、资源，甚至人力成本，最后确定的目标根本没有多大实际意义。

实施要求：工作目标要想得到各位成员的通力配合，就必须让各位成员都参与目标制定，使个人目标与组织目标达成一致，既要有由上到下的工作目标协调，也要有员工自下而上的个人目标的参与。

(5) T:时限性(time-bounding)

时限性是指完成目标是有时间限制的。例如,“我将在 2025 年 5 月 31 日之前完成某事”。2025 年 5 月 31 日就是一个确定的时间限制。没有时间限制的目标是没有办法考核的,或给考核带来不公。有时,上下级之间对目标轻重缓急的认识程度不同,可能上司着急,但下级不知道。到头来,上司可能暴跳如雷,而下属觉得委屈。

实施要求:目标设置要有时间限制,根据工作任务的权重和轻重缓急,拟订出完成目标项目的时间要求,定期检查项目的进度,以方便对下属及时进行工作指导,并根据工作计划的变化及时调整目标。

2. 遵循帕累托法则

帕累托法则也被称为 80/20 法则,是一种经济学原则,指在许多情况下,大部分效果或结果(约 80%)都来自少数原因或行动(约 20%),反之,少数效果或结果(约 20%)则来自大部分原因或行动(约 80%)。

帕累托法则给我们带来如下启示:一是 20%的有效时间创造 80%的学习或工作效果;二是抓住学习或工作中的关键,集中 80%的主要精力突破 20%的学习或工作难点,可以保证 80%的学习或工作效果。

3. 遵循排序分时原则

对于紧急且重要的事情,要马上去做;对于紧急但不重要的事情,可以找人帮忙去做;对于不紧急但重要的事情,可以从做工作计划开始;而对于不紧急、不重要的事情,尽量利用碎片化时间去做。

(三)时间管理的技巧

1. 制定时间表

制定时间表是管理时间的最基本的技巧。时间表可以让你清晰地了解你的时间利用情况。当你计划好自己的每一天时,便可以将时间用于更重要的事情。

2. 避免拖延

拖延是时间管理的最大敌人。为了避免拖延,你需要熟悉你的弱点并设法克服它们。

3. 分解大任务

对于那些比较困难的任务,可将其分解为更小的任务。分解后的任务会更加容易完成,也能够及时完成。

4. 去除不必要的工作

有些工作并不是必要的。找到那些浪费时间的任务,并制订计划来避免它们。随着时间的推移,你会发现自己有更多的时间可以用于更重要的事情上。

5. 保持充足的睡眠

充足的睡眠可以帮助你充满活力,并给自己带来清晰的思路。如果时常感到疲惫和困倦,就容易失去专注力和生产力,这会妨碍自己时间管理计划的执行。

6. 学会说“不”

在社交场合中,学会说“不”是重要的时间管理技巧之一。如果你认为某个任务或活动会影响自己的计划,请尝试谢绝。保持专注,并将你的时间用于更重要的事情上。

7. 利用有限的时间

利用好碎片化时间。这可以让你在不打破其他时间安排的情况下,完成小而重要的任务。

8. 保持积极的心态

保持积极的心态可以帮助你更好地应对挑战和压力。积极的态度和乐观的心态将帮助你更好地为时间管理做准备。

(四)时间管理的重要性

"一寸光阴一寸金"对每个人来说都不是一句空话,大学生正处于青年阶段,处在人生曲线的黄金分割点,这一时期是奠定一生基础的重要时机。要从现在开始做好时间管理,改变个人习惯,做时间的主人。

没有人能拥有比你更多或更少的时间,时间无法蓄积,不论你愿不愿意。时间是无法取代的,而且时间具有不可再生性,一旦失去绝不会重来。时间就是金钱,时间就是生命,这都是自古流传下来的真理,在现实生活中,人们往往喜欢把责任推卸给"没有时间",但时间就像海绵里的水,只要愿挤,总还是有的,就看你会不会合理利用。没有时间,生命就无法衡量,无法计算;没有时间,一切历史都会失去意义,一切生命都会失去风采。因而,做好时间管理,就是在为自己"赢得时间""赢得生命"。

时间管理的重要性体现在以下几个方面:

1. 提高工作效率

通过合理规划和优先处理重要任务,可以高效利用时间,从而在有限的时间内完成更多的工作。

2. 减少压力和焦虑

有效的时间管理有助于减轻工作压力和焦虑,避免任务截止时间所带来的压力。

3. 实现梦想和目标

通过合理安排时间,可以确保在实现梦想或目标的道路上稳步前行。

4. 提升专注力

做好时间管理,可使自己集中注意力,避免多任务处理;有助于提升专注力,提高工作质量。

5. 更好地做决策

充足的时间使你有更多的机会仔细思考和做出明智的决策,而不是仓促行事。

6. 提高自我管理能力

时间管理是一种自我管理的技能,它能帮助你更好地掌控自己的行为和选择。

7. 更好地平衡工作与生活

良好的时间管理有助于建立工作和生活的平衡,确保有足够的时间投入家庭、休闲和自我发展中。

8. 创造更多机会

通过高效地利用时间，你可以为自己创造更多学习、发展和娱乐的机会，提升个人能力和素养。

总体来说，时间管理是提高生产力、缓解压力、实现目标的关键，对于个人和职业的成功都具有重要意义。

职业课堂

高职学生实现时间管理的七个原则

原则一：设定目标

通过设定目标，就会知道自己该何去何从。无论是工作、学习还是生活，明确目标都是非常有必要的。如果没有目标，一个人就会无所适从，对出现的机会和问题反应失常，也无法判断它们对自己的个人生活和工作会有什么影响。

你有宏伟的计划吗？在人生的某一特定阶段，人们会认识到自己需要一个总体计划。比如，在上大学或者面临毕业的时候，几乎每个人都要做出重大的人生抉择——在哪里就读，读什么专业，从事什么行业，等等。一旦开始了自己的职业生涯，一些人就会忙于工作、结婚、养家，以为制订“宏伟计划”的阶段已经过去了。其实不然！无论什么时候，你都可以设定每天、每周、每年甚至更长的目标，指引你前进。这么做并不是意味着你要成为一个只着眼于未来而不关注现在的人，它真正的意义在于通过设定目标让自己能够更好地经营现在的时间和生活。

原则二：要主动，不要被动

无论什么时候，都应该主动地安排自己的时间，而不只是被动地对每件事情做出反应。要学会对无意义、浪费时间的活动说“不”。许多人对说“不”感到愧疚，以至于不敢直截了当或者理直气壮地说出来。但是，坚定的拒绝不一定就是生硬的或有伤害的，你可以委婉而坚定地拒绝。

原则三：优先排序

一旦确定了目标，就需要对其进行优先排序，以便实现这些目标。可以运用 ABC 法，即将所有的任务按 A、B、C 等级划分。可以用 A 代表必须在短期内完成的任务，用 B 代表应该在短期内完成的任务，用 C 代表可以推迟而不会造成严重后果的任务。对于有些人，把任务分成 A、B、C 是远远不够的，或者分下来有太多的 A 级或 C 级任务。这种情况下，可以进一步细分为 A1、A2、A3……

原则四：锁定目标

每次都集中精力投入一项主要的工作，这样才能最大限度地提高工作效率。学会把目标简化并确定短期主要工作。

原则五：制定切实可行的期限

除了为自己的工作目标列一份清单，还要估计一下完成每项工作的时间。如果曾经做过类似的工作，那就想想以前用了多少时间。如果是一项新工作，预测的时间可能会理想化一些。制定切实可行的期限能帮助自己把精力锁定在短期目标上,从而更有利于长期目标的实现。

原则六:立刻着手

一旦制订好计划,那就立即行动。整理材料、构思工作方法,忽略各种让自己分心的干扰。当机会就在眼前时,要好好利用,因为时间稍纵即逝,不要拖拉。控制自己用于上网、收发电子邮件、看电视或聊天的时间。

原则七:平衡生活

拥有充实、高效、平衡的生活会让自己感到开心、幸福。因此,不仅要把时间管理原则应用到工作中,还要把它们应用到生活中。

学会有效地管理时间,会让自己事半功倍,不断从工作、生活中收获快乐。

(资料来源:廖美玲.职业生涯与发展规划.厦门:厦门大学出版社,2015.)

任务打卡

- 课堂讨论:列举自我管理的方法,并与同学讨论各个方法的可行性。
- 实践拓展:记录自己一周的时间管理情况。

第二部分

做正确的事

项目四 学会做人

项目指南

正确的世界观、人生观、价值观是做人的基本要求，它们共同构成一个人的生活态度和价值选择，并影响着其决策、行为。

在本项目中，通过任务的实施和完成，大学生可以了解企业价值观与个人职业价值观的关系，树立正确的世界观、人生观、价值观。复习唯物辩证法知识，学习如何解决主要矛盾，学会用发展眼光看待人生。学习阳光心态的相关知识，以及如何塑造阳光心态、提升自我。

学习目标

1. 掌握世界观、人生观、价值观的定义，厘清企业价值观与个人职业价值观的关系。
2. 树立正确的世界观、人生观、价值观。
3. 能判断学习、生活、工作中的主要矛盾，以及用发展的眼光看待人生。
4. 树立一心向党、一心爱国、一心为民的情操。

任务一 树立正确的价值观

任务知识点

一、世界观、人生观、价值观的概念及相互关系

（一）什么是世界观、人生观和价值观

1. 世界观

世界观是一个人对整个世界的根本看法，世界观建立于一个人对自然、人生、社会和精神的科学的、系统的、丰富的认识基础上，它包括自然观、社会观、历史观等。世界观不仅是认识问题，而且还包括坚定的信念和积极的行动。

世界观总是和一个人的理想、信念有机联系起来，它总是处于最高层次，对理想和信念

起支配和导向作用;同时世界观也是个性倾向的最高层次,它是人的行为的“调节器”,制约着人的整个心理面貌,直接影响人的个性品质。可以说,世界观决定一个人的价值观和人生观。

世界观是在社会实践的基础上产生和逐渐形成的。人们在实践活动中,首先形成的是对于现实世界各种具体事物的看法和观点。久而久之,逐渐形成了关于世界的本质、人和客观世界的关系等总的看法和根本观点,这就是世界观。一般说来,人人都有自己的世界观,并以此来观察问题和处理问题。

2. 人生观

人生观是关于人生目的、态度、价值和理想的根本观点。它主要回答什么是人生、人生的意义是什么、怎样实现人生的价值等问题。具体表现为苦乐观、荣辱观、生死观等。

人生观的形成是人们在实际生活中逐步产生和发展起来的,受世界观制约。在人类历史上曾出现过以下几种有代表性的人生观:

(1)享乐主义人生观

它从人的生物本能出发,将人的生活归结为满足自身的生理需要的过程,提出追求感官快乐,最大限度地满足物质生活享受是人生的唯一目的。

(2)厌世主义人生观

具有厌世主义人生观的人认为,人生是苦难的深渊,充满各种烦恼与痛苦,唯有脱俗灭欲,才能真正解脱。

(3)禁欲主义人生观

具有禁欲主义人生观的人将人的欲望特别是肉体的欲望看作一切罪恶的根源,主张灭绝人欲,实行苦行主义。

(4)幸福主义人生观

幸福主义人生观有两种观点:一种观点是强调个人幸福是人生的最高目的和价值;另一种观点是在强调个人幸福的同时,也强调他人幸福和社会公共幸福,认为追求公共幸福是人生的最高目的和价值所在。

(5)乐观主义人生观

具有乐观主义人生观的人认为社会发展的前途是光明的,人生的目的在于追求社会的文明和进步,在于追求真理。这种人对人生抱有积极乐观的态度。

(6)共产主义人生观

共产主义人生观是无产阶级的科学的人生观。它把人的生命活动历程看作认识和改造客观世界的过程,把消灭资本主义、实现共产主义、为绝大多数人谋利益当作人生的崇高追求和最大幸福。人生的价值和意义在于对社会尽责任和做贡献,努力为人民服务,无私地把自己的一切精力贡献给共产主义事业。

3. 价值观

价值观是人们对周围客观事物(人、事、物)的意义、重要性的总评价和总看法。这种对诸事物的看法和评价在人们心目中的主次、轻重的排列次序,就是价值观体系。价值观和价值观体系是决定人们行为的心理基础,价值观是人们对社会现实的客观的反映,是人们用来评价行为、事物以及从各种可能的目标中选择自己合意目标的准则。

价值观通过人们的行为取向及对事物的评价、态度反映出来，是人们行为的内部驱动力。它支配和调节一切社会行为，涉及社会生活的各个领域。

价值观包括价值取向、价值追求、价值目标、价值尺度和价值准则。价值观对行为的影响如下：价值取向、价值追求最终凝结为价值目标；价值尺度与价值准则是人们判断事物有无价值及价值大小、是光荣还是可耻的评价标准；价值观对人的行为有导向功能。

（二）世界观、人生观和价值观三者的联系

世界观是人们对于整个世界以及人与世界关系的根本观点。人生观是人们关于人生目的和意义的根本观点和根本看法。价值观是人们对客观对象有无价值和价值大小的一种根本观点和评价标准。三者有着不可分割的联系：

1. 世界观是人生观和价值观的基础

世界观决定人生观和价值观，世界观、人生观和价值观是统一的。

世界观是人生观的理论基础，它为人生观提供一般观点和方法论指导。世界观与人生观有着不可分割的联系。一方面，世界观决定人生观，有什么样的世界观，就会有什么样的人生观；另一方面，人生观又对世界观的巩固、发展和变化起着重要的作用。两者相辅相成，联系紧密。

人生观与价值观也是统一的，价值观是人生观的基本内容，人生观内在地包含着价值观，正确的人生观有利于指导人们从集体和社会整体出发，去看待事物对人的效用关系，从而形成科学合理的价值评价。同时，正确的价值观有利于人们客观地分析自身的价值，树立正确的人生观。

2. 价值观是世界观和人生观的现实体现

一个人的世界观和人生观是看不见、摸不着的，需要通过观察他对具体事件的态度和行动来判断，一个人对具体事件的态度和行动就是其价值选择和判断，这充分体现了其价值观。

3. 世界观对人生观、价值观具有指导作用

世界观对人生观、价值观的指导作用，主要是通过揭示世界的发展变化规律，指明社会历史和个人发展方向，为人生目的、人生道路的选择提供保证和服务。一个人如果不能唯物而辩证地、客观而全面地看待事物，就很难确立正确的人生观和价值观。

二、企业价值观与职业价值观的关系

（一）企业价值观概述

1. 什么是企业价值观

企业价值观是指企业在追求经营成功过程中所推崇的基本信念和奉行的目标。企业价值观是企业全体或多数员工一致赞同的关于企业意义的终极判断。

随着社会的发展，产品会过时，市场会变化，新技术会不断涌现，管理方式也会不断改变，但是在优秀的企业中，企业价值观不会变，它关系到一个企业能否生存。

企业的价值观就是企业决策者对企业性质、目标、经营方式所做出的选择，是为员工所接受的共同观念。

2. 企业价值观的特点

企业价值观具有以下特点：

(1)企业价值观是企业所有员工共同持有的，而不是一两个人所有的。

(2)企业价值观是支配员工精神的主要价值观。

(3)企业价值观是长期积淀的产物，而不是突然产生的。

(4)企业价值观是有意识培育的结果，而不是自发产生的。

(5)企业价值观是企业文化的核心，是把所有员工联系到一起的精神纽带。

(6)企业价值观是企业生存、发展的内在动力。

(7)企业价值观是制定企业规章制度的基础。

3. 企业价值观的建设与发展

成功的企业都很注重企业价值观的建设，并要求员工自觉推崇与传播本企业的价值观。企业价值观应该用具体的语言表示出来，而不应该用抽象难懂、过于一般化的语言来表示。

企业价值观是企业领导与企业员工判断成败的标准，其一经建立，就成为全体员工的共识、长期遵奉的信念，对企业具有持久的精神支撑力。一个企业的长久生存，最重要的条件不是企业的资本或管理技能，而是正确的企业价值观。企业的命运如何最终由其价值观决定。企业价值观是企业精神的灵魂，保证员工向同一目标前进。企业价值观的发展与完善永无止境，企业的管理人员要认真考虑究竟什么是企业最实际、最有效的价值观，然后不断地检验和讨论，使这些价值观永葆活力。这样做有助于大家统一思想，步调一致，促进发展。

4. 企业价值观的作用

企业价值观的作用主要表现在：

(1)企业价值观为企业生存与发展确立了精神支柱

企业价值观是企业领导与员工判断事物正确与否的标准，一经确立并成为大家的共识，就会产生长期的稳定性，甚至成为几代人共同的信念，对企业形成持久的精神支撑力。当个体的价值观与企业价值观一致时，员工就会把为企业工作看作是为自己的理想奋斗。企业在发展过程中，总要遭遇坎坷，如果全体员工能接受其价值观，并为之自豪，那么企业就具有了克服各种困难的强大精神支柱。

(2)企业价值观决定了企业的基本特性

在不同的社会条件下或不同的时期，会存在一种被人们认为是最根本、最重要的价值，并以此作为价值判断的基础，其他价值可以通过一定的标准和方法“折算”成这种价值。这种价值被称为“本位价值”。企业作为独立的经济实体和文化共同体，在其内部必然会形成具有本企业特点的本位价值观。这种本位价值观决定企业的特征和企业的发展方向。例如，一个把利润作为本位价值观的企业，当利润与创新和信誉发生冲突时，它会很自然地选择前者，使创新和信誉服从利润的需要。

(3)企业价值观对企业及员工行为起导向和规范作用

企业价值观是企业中占主导地位的管理意识，能够规范企业领导及员工的行为，使员工很容易在具体问题上达成共识，从而大大节省企业运营成本，提高经营效率。企业价值观对企业和员工行为的导向和规范作用，不是通过规章、制度等硬性管理手段实现的，而是通过群体氛围和共同意识的引导来实现的。

(4)企业价值观能产生凝聚力，激励员工释放潜能

企业的活力是企业整体合力作用的结果。企业合力越强，所引发的活力越强。对企业来说，共同价值观决定了企业的基本特征，使其与众不同。同样，这些共同价值观使员工的感受与众不同。更重要的是，这样的价值观不仅在高级管理者的心目中，而且在企业绝大多数员工的心目中，成为一种实实在在的东西。它是整个企业文化系统，乃至整个企业经营运作、调节、控制与实施日常操作的文化内核，是企业生存的基础，也是企业追求成功的精神动力。其所产生的凝聚力，将激励员工释放最大潜能。

5. 企业价值观对企业内部人际关系的作用

所谓企业内部人际关系，就是人们在共同的企业实践活动中结成的相互关系的总称，是人们在交往中产生的人与人之间心理上的距离，反映着人们追求满足的心理状态。人际关系是以情感为纽带的，不同的人际关系会引起不同的情感体验，这些不同的情感体验又反过来淡化或加深这种人际关系。企业内部人际关系一般分为两个层次，即正式的组织人际关系和非正式的组织人际关系。

企业价值观对企业内部人际关系具有以下作用：

(1)企业价值观在思想认识上的统一是企业内部人际关系的基石

只有企业价值观在思想认识上产生了统一，企业内部才容易形成协调融洽的人际关系。干群之间、职工之间团结友爱、互相体贴、亲密无间，消除心理上的障碍，减少矛盾纠纷，避过影响团结的暗礁，才能形成统一的整体。因此，企业价值观在思想认识上统一后，员工能同振共鸣，命运上互为一体，喜乐忧患相共，这无疑是体现企业人际关系协调的一个重要标志。

(2)企业价值观利益上的互动和协调是企业内部人际关系的核心

平等友爱、互助互利，这既是人际交往的原则，又是人际关系协调的标志。所以，在企业内部，广大员工不仅要以极大的热情和主动性，搞好本职工作，更重要的是通过价值观利益上的互动和协调，相互提供帮助，创造条件，相互满足各自的需要。如果只讲索取，不谈奉献，假公济私，就很难建立良好的企业人际关系，更不用说去发展和巩固了。

(3)企业价值观信息上的沟通是企业内部健康人际关系形成的关键

企业内部人际关系应是开放的，即上情下达，下情上知，彼此沟通。员工需要什么，领导心中有数，尽力满足；领导希望什么，员工清楚知晓，尽职尽责，献智出力，共谋振兴企业之大业。不少企业内部人际关系不协调，往往与企业价值观信息上的沟通不够有关。不正常、不健康的企业内部人际关系往往涣散团结，腐蚀心灵，使企业内部的人际关系被扭曲变形和庸俗化。

(4)企业价值观实践上的一致是企业内部人际关系的保证

在企业内部，价值观实践上的一致表现为员工服从命令，听从指挥，步调一致。只有在价值观实践上达成一致，才能形成一个团结融洽、充满温暖的企业群体。企业内领导与员工关系和谐，工作就能配合默契，生产率就会倍增。反之，价值观实践上不一致、各行其是，就会给员工带来烦恼和痛苦，影响到员工的精神状态，使员工的精力白白被内耗，生产率也自然会下降。

6. 企业价值观的践行

企业价值观是企业经营的目的、宗旨及企业生存的原因。企业价值观是企业决定了企业的发展方向，它能有效激发员工的产能和活力，正确引导员工的人生价值观，规范员工的行为准则。那么，企业应如何践行自己的价值观呢？

（1）健全配套机制，使企业价值观渗透到企业日常经营管理过程中的每一环节

在企业制定的所有规章制度、业务流程中，要包括核心价值观的要求，符合企业的文化，通过相关制度来营造企业的文化。员工可通过培训接受符合企业核心价值观的思维理念，并在日常工作中有代表企业文化的规范可循。

（2）做好核心价值观的传播，让核心价值观所倡导的理念无所不在

企业要对自己的核心价值观进行大张旗鼓的宣传，不要让它躺在文件柜里面。要利用有形的文字宣传、新员工文化培训、主题交流活动、典型示范等途径来进行宣讲，让员工感觉到企业的核心价值所倡导的理念耳熟能详、无处不在。

（3）领导对企业价值观进行全面塑造

员工的企业价值观并非天生，需要企业的灌输与宣传，经过不断的潜移默化后，员工才能逐渐接受并内化为自己的职业价值观。在这个过程中，需要企业领导人的倡导与宣传以加深员工对企业价值观的认识。

在某种程度上来说，一个创业型企业领导的价值观往往就是团队的价值观。如果领导的所作所为与他倡导的价值观不吻合，这些价值观就无法真正落地。如果一个企业的领导口口声声说要诚实正直，却整天想各种办法去做一些“打擦边球”的事情，不能做到“言行合一”，员工就会认为领导在演戏，不会把公司的价值观当回事。

（4）将价值观的考核纳入人才评估体系中

没有考核就没办法管理，一个企业只有把价值观真正纳入考核体系中，这些价值观才能成为企业基因的一部分。

比如说，某公司对所有员工的评价有 50% 是和这个员工的价值观挂钩的，还有 50% 是和这个员工的业绩挂钩的，这种考核体系就确保了企业价值观能够深入员工骨髓。

（二）职业价值观概述

1. 什么是职业价值观

职业价值观是指人生目标和人生态度在职业选择方面的具体表现，也是一个人对职业的价值判断和希望从事某项职业的态度倾向。

2. 职业价值观的分类

我国学者阚雅玲将职业价值观分为如下 12 类：

（1）收入与财富：工作能够明显有效地改变自己的财务状况，将薪酬作为选择职业的重要依据。工作的目的或动力主要来源于对收入与财富的追求，并以此改善生活质量，显示自己的身份和地位。

（2）兴趣特长：把自己的兴趣和特长作为选择职业最重要的因素，能够扬长避短、趋利避害、择我所爱、爱我所选，从工作中得到乐趣和成就感。在很多时候，会拒绝做自己不喜欢、不擅长的工作。

（3）权力地位：有较高的权力欲望，希望能够影响或控制他人，使他人按照自己的意思去

行动；认为有较高的权力地位会受到他人尊重，从中可以得到较强的成就感和满足感。

(4)自由独立：工作能有弹性，不想受太多的约束，可以充分安排自己的时间和行动，自由度高，不想与太多人发生工作关系，既不想制人也不想受制于人。

(5)自我成长：工作能够给予培训和锻炼的机会，使自己的经验与阅历能够在一定的时间内得以丰富和提高。

(6)自我实现：工作能够提供平台和机会，使自己的能力得以全面运用和施展，实现自身价值。

(7)人际关系：将工作单位的人际关系看得非常重要，渴望能够在一个和谐、友好甚至被关爱的环境中工作。

(8)身心健康：工作能够免于危险、过度劳累，免于焦虑、紧张和恐惧，使自己的身心健康不受影响。

(9)环境舒适：工作环境舒适宜人。

(10)工作稳定：工作相对稳定，不必担心出现裁员和辞退现象，免于经常奔波找工作。

(11)社会需要：能够根据组织和社会的需要响应某一号召，为集体和社会做出贡献。

(12)追求新意：希望工作经常变换内容，工作内容丰富多彩，不单调枯燥。

3. 职业价值观对职业决策的影响

在进行职业决策时，可以根据自己的职业价值观倾向选择最想从事的职业，或培养自己的职业价值观来适应职业的要求，这将使自己更愉快地工作。

需要强调的是，每个人在进行职业选择时，通常都会从多个价值维度对职业进行衡量，而不会只有一种类型占据绝对主导的地位。因而要对测评结果进行综合分析，在做职业决策时，也要着重从自己占据优势的几种价值观倾向方面来综合衡量。

如果希望自己的工作受到他人的认可，对工作的完成和挑战成功感到满足，在工作中目标明确，有强烈的发展和提升意识，一心一意想发挥个性，实现自我，尽力挖掘自己的潜力，施展本领，追求目标的实现和他人的肯定，并视此为有意义的生活，那么，最好选择项目经理、公司管理等工作。

如果希望选择的工作能够给予自己足够多的经济回报，在选择工作的时候，着重考虑这份工作是否能够明显、有效地改变自己的财务状况，那么，最好选择企业型的高薪职业。

但影响职业决策的要素非常多，一般来说，不可能完全根据职业价值观这一个方面去选择职业机会和职业发展路径，还要考虑个人的职业兴趣、职业性格、职业能力以及外在的环境因素，在此基础上做出衡量和决策。

(三)职业价值观与企业价值观的匹配性

对于任何一个企业，只有当企业内绝大部分员工的个人价值观趋同时，整个企业的价值观才可能形成。与职业价值观主导人的行为一样，企业所信奉与推崇的价值观，是企业日常经营与管理的内在依据。

择业时，在原则上职业价值观一定要与企业的价值观相吻合。企业之所以能长期生存，原因就是广大员工能在企业价值观引导下前进。如果员工不理解和遵守企业价值观，在内部沟通上将面临很大的障碍，效率也会低下，员工将感到迷茫，甚至产生跳槽的想法和行动。而企业的管理人员如果不能及时发现和解决这方面的问题，将会造成很高的人员流失。

任何企业、任何人都不能过于强调自我，这是一个相互依存的利益关系，企业必须承担起对客户、员工、社会的责任,而企业内的员工也应相应承担起对企业、社会的责任。

员工的职业价值是建立在企业价值之上的,脱离了企业的成功,员工的职业价值的体现便成为空谈;同时,员工实现自己的职业价值也是推动企业发展的根本动力,它们两者是相互依存、相互带动的关系。

市场经济的快速发展将一些具有时代特色的价值特征推上了历史舞台,现在个人更倾向于自我价值的体现,个人需要在企业的成功中更多地看到自己的付出。也就是说,现代企业的价值观中,应该更多地融入个人的理想,一个符合时代特征、符合自身发展需要的企业价值观才能被员工广泛接受,推动企业的长远发展。

个人是随着企业的成长而成长的,个人的品牌价值是通过一个成功的企业或平台来实现的,两者相辅相成。因此,个人的职业价值观必须与企业的核心价值观相融合,而企业也要做大、做强。

一项刊登在《纽约时报》的研究显示,“人们对工作的满意度很大程度上取决于他们对雇主使命感的看法。”康奈尔大学的经济学教授罗伯特·弗兰克(Robert H. Frank)表示,如果人们将自身使命感和价值观与工作相结合,那么在同等收入的情况下人们对生活的满意度也将大大提高。

为了尽情工作、享受生活,员工需要在一个符合自身价值观,同时可以全情投入的企业工作,而判断某个企业是否适合,需要评估企业的价值观是否与自己的职业价值观相匹配。

三、创造有价值的人生

人生的意义,需要从人生价值的角度进行审视和评价。人们只有找到生活意义的正确答案,才会自觉地朝着选定的目标努力,创造有价值的人生。

(一)什么是人生价值

人生价值是一种特殊的价值,是人们在生活实践中形成的关于人生意义的看法和评价标准,也就是关于什么样的人生目标值得去追求、人怎样生活才有意义的观点。

人生价值在整个人生观体系中具有重要地位,在深层次上影响、制约和指导人们的实践,为人生目标和人生态度的选择提供依据。

(二)人生的自我价值与社会价值

(1)自我价值即个体的人生活动对自己的生存和发展所具有的价值。

(2)社会价值即个体的人生活动对社会和他人所具有的价值。

(三)人生价值评价的标准

人生价值评价的根本标准是看一个人的人生活动是否符合社会发展的客观规律,是否通过实践促进了历史的进步。评价人生价值的基本标准是劳动和贡献。

(四)人生价值的评价方法

1. 坚持能力与贡献相统一

人生价值与人的社会地位并无直接的联系,做任何工作,只要对社会有贡献,就会被社会所承认。

2. 坚持动机与效果相统一

做任何事情,有好的动机是前提,有好的效果是关键。倘若只重动机,不讲效果,那就是劳而无功;如果只讲效果,不重动机,那就可能违背原则。

(五)人生价值实现的条件

1. 社会条件

实现人生价值需要从社会客观条件出发,这包括利用社会和他人提供的物质条件和知识成果,以及身处良好的社会环境。

2. 个人条件

(1)实现人生价值需要不断提高自身的能力,增强实现人生价值的本领,这包括思想政治素质、道德素质、科技文化素质、心理素质和身体素质等。

(2)实现人生价值需要与符合社会发展规律、具有客观真理性的主导价值目标相一致,特别是要与社会主义核心价值观相一致。

(3)实现人生价值需要通过劳动和奉献社会的实践活动,以及有意识、有目的的创造性的实践活动。

(4)实现人生价值需要具有自强不息的精神,在面对生活中的挫折和困难时,能以坚定的信念和积极的心态去面对。

(5)实现人生价值需要坚持正确的人生价值取向,处理好个人利益和社会利益的关系,并具有强烈的社会责任感和历史使命感。

(六)在实践中创造有价值的人生

要走与人民群众相结合的道路、与社会实践相结合的道路。当代大学生肩负振兴国家与民族的历史使命,只有与社会同步、与祖国共命运、与人民齐奋进,才能实现有意义的人生价值。

职业课堂

常见的企业价值观

企业价值观与其发展趋势是紧密相关的。首先,企业价值观是企业文化的核心,它决定了企业的行为和决策,也影响了企业的发展方向和战略。

一方面,企业价值观可以增强员工的归属感和忠诚度,提高企业的凝聚力和战斗力。例如,谷歌公司“尊重员工和用户,鼓励创新和冒险”的价值观,推动了公司的快速发展和创新;阿里巴巴“客户第一,员工第二,股东第三”的价值观,使公司始终以客户需求为导向,不断创新和进步。

另一方面,企业价值观也可以提升企业的品牌形象和社会影响力。在企业发展的过程中,企业价值观也会不断演变和进化。例如,亚马逊从最初的网上书店发展成为全球领先的电子商务平台和云计算服务提供商,其企业价值观也从“客户至上、团队合作、追求卓越”发展为“客户至上、员工幸福、社会和谐”。腾讯“正直、进取、合作、创新”的价值观后来改为“正直、进取、协作、创造”。

企业价值观与其发展趋势是相辅相成的。通过不断塑造、传承和实践企业价值观,企业可以更好地实现可持续发展和长期成功。

以下是常见的企业价值观：

客户至上：企业将客户的需求和满意度放在首位，努力满足客户需求并追求客户满意度的最大化。

创新精神：企业鼓励员工勇于创新，不断探索新的市场机会和产品，以保持竞争优势。

团队合作：企业强调团队合作，鼓励员工之间相互协作、相互支持，以达到共同的目标。

诚实守信：企业秉持诚实守信的原则，遵守商业道德和法律法规，保持良好的企业形象。

追求卓越：企业追求卓越的品质和服务，不断优化、改进产品和服务，以赢得客户的信任和忠诚度。

社会责任：企业关注社会责任，积极参与公益事业和社会责任项目，为社会做出贡献。

开放包容：企业倡导开放包容的文化，尊重员工的多样性，鼓励员工发挥自己的特长和才能。

任务打卡

职业故事

最美司机吴斌

➢课堂讨论：价值观对你的大学生活和职业选择有什么影响？

➢能力养成：收集整理价值观及职业价值观的探索方法并形成个人职业价值观清单。

任务二　用辩证的眼光看事物

任务知识点

一、用发展的眼光看事物

1. 事物是变化发展的

一切事物都处在永不停息的运动、变化和发展之中，整个世界就是一个无限变化和永恒发展的物质世界，发展的实质是事物的前进与上升、新事物的产生和旧事物的灭亡。

我们要用发展的观点看问题，坚持与时俱进，培养创新精神，促进新事物的成长，并反对僵化保守的思想和静止的观点，克服因循守旧和安于现状的旧观念。

2. 事物发展是前进性和曲折性的统一

事物发展的方向（总趋势）是前进的、上升的，前途是光明的，道路是曲折的，在前进中有曲折，在曲折中向前进，这是一切新事物发展的途径。

我们既要看到前途是光明的，对未来充满信心，积极鼓励、热情支持和悉心保护新事物的成长；又要做好充分的思想准备，不断克服前进道路上的各种困难，勇敢地接受挫折与考验。

3. 量变和质变的辩证关系

事物的发展总是从量变开始，量变是质变的必要准备，质变是量变的必然结果。质变又为新的量变开辟道路，事物在新的基础上开始量变。事物是不断经过“量变—质变—新的量变—新的质变”永不停息地向前发展的。在事物的发展过程中，要做到以下几个方面：

(1)重视量的积累

做任何事情都要从点滴做起，脚踏实地，埋头苦干，为实现事物质变创造条件。

(2)不失时机促成飞跃

在量变达到一定程度时，要果断地抓住时机，促成质变，实现事物的飞跃和发展。

(3)坚持适度原则

量变达到一定程度必然引起质变，要保持事物性质不变，就要控制量变，坚持适度的原则。

4. 事物发展的原因

内因是事物发展的内部矛盾，外因是事物发展的外部矛盾。内因是事物发展的根本原因，外因是事物发展的外部条件。事物的发展是内外因共同起作用的结果。外因通过内因起作用。我们在观察事物、分析问题时，既要看到内因，又要看到外因，坚持把内、外因结合起来。

二、用矛盾的观点看事物

1. 勇于承认和分析矛盾、揭露矛盾

矛盾存在于一切事物中，贯穿于每一件事物发展过程的始终。矛盾的存在既是普遍的，又是客观的。矛盾是一切事物所固有的，不以人的主观意志为转移。它既不会因为人们否认它、回避它而消失，也不会因为人们任意夸大它或缩小它而改变。

在任何时候，对任何事物，我们都要承认矛盾，分析矛盾，勇于揭露矛盾，积极寻找正确的方法解决矛盾，而不能害怕矛盾、回避和掩盖矛盾。

2. 事物之中或事物之间具有两面性

矛盾是事物对立统一的关系，意思是说事物之中或事物之间具有两面性。哲学上把事物内部两个方面之间或事物之间存在着的既相互排斥、相互对立，又相互依存、相互转化的关系叫作矛盾。例如：网络对人们来说就是一把“双刃剑”，有利有弊，一方面，人们通过它可以快速获取更多的信息，开阔视野，给生活带来方便；另一方面，网络上的信息真假难辨，易使人受到不良信息的影响，甚至可以给人造成很大的伤害。

3. 看问题既要抓住重点，又要统筹兼顾

主要矛盾在事物发展过程中处于支配地位、对事物发展起决定作用。次要矛盾虽然处于从属地位，对事物发展不起决定作用，但也会影响到主要矛盾的解决。二者相互依赖、相互影响，并且在一定条件下可以相互转化。

办事情既要善于抓住重点、抓住关键，集中力量解决主要矛盾；又要学会统筹兼顾，恰当地处理好次要矛盾。

4. 重视主流，但不能忽视支流

在每一个矛盾中处于支配地位，起主导作用的方面叫作矛盾的主要方面。而处于被支配地位的方面叫作矛盾的次要方面。事物的性质主要是由主要矛盾的主要方面决定的。矛盾的主、次方面既相互排斥，又相互依赖，并可在一定条件下相互转化。

看事物要着重把握矛盾的主要方面，重视主流，但又不能忽视矛盾的次要方面，即支流。

三、用发展的眼光看人生

（一）正确对待内因和外因

1. 重视内因的作用

内因是事物变化发展的根本原因，它决定事物发展的性质和方向。所以，在个人成长过程中，要重视内因的作用。

（1）个人的成长首先要靠自己的主观努力

一个人进步过程中的内因主要是指主观能动性的发挥，具体表现在理想、志向、进取精神、意志、毅力、勤奋、战胜困难的勇气等。一个人进步快慢和程度主要取决于本人的主观努力，在相同的条件下，个人主观努力的程度不同，所取得的成绩和做出的贡献就不同。

只有充分发挥自己的主观能动性，即内在动力，才能不断进步，取得更大的成绩。例如，孪生兄弟即使在同一个学校同一个班级里学习，外因虽相同，但进步的情况也会有所不同，进步有先有后，有快有慢，成绩有好有差。其关键就在于个人的基础、动力、进取精神、努力程度等内因不同。

（2）正确看待机遇

生活中确实有这样一些人，他们把握住了某一稍纵即逝的机会，或者说是"机遇"，取得了事业上的成功。能否把握机遇，往往成为能否在事业上取得成功的重要一环。但是，机遇毕竟只是事物发展的外因，它在事物发展中不起支配和主导作用。主观努力才是内因，只有通过长期的主观努力，才能培养捕捉和利用机遇的能力。机遇的出现对于任何人都是公平的，关键是看自己能不能把握住。在牛顿之前不知有多少人看见苹果落地，却没有人发现万有引力定律；鲁班之前不知有多少人被草割破了手指，却没有人发明锯子。

2. 正确看待外因的作用

（1）正确对待顺境和逆境

在人生道路上，顺境能为个人成长提供良好的条件，逆境会给个人成长带来不利的影响。那么，如何正确对待顺境和逆境，能不能把自己的成功和失败都归结到顺境和逆境的影响呢？顺境和逆境都是外因，把自己的成功和失败都归结到事物的外因，是完全错误的。

（2）不能忽视外因的作用

假设一名运动员非常努力地训练，以提高自己的体能和技能。花费了大量的时间，但成绩始终没有明显提升。这时，他可能开始怀疑自己的能力，觉得无论怎么努力都无法取得进步。然而有一天，他遇到了一位经验丰富的教练，教练仔细观察了他的训练过程，并发现了

一些问题。教练建议他调整训练计划，增加一些有针对性的训练，并提出了饮食和休息方面的建议。经过一段时间的调整，他的成绩开始有了明显的提升。

在这里，虽然你个人的努力是内部因素，但教练的建议和指导作为外因，对你的进步起到了关键的作用。如果没有教练的帮助，你可能还在困境中，无法取得突破。

由此可见，外因的作用不容忽视。在与他人合作、接受指导或寻找机会时，要积极倾听，接受外部的建议和帮助，以便更好地发展自己。

（二）树立积极的人生态度，谋求自身的发展

1. 保持终身学习

终身学习的能力能够保证自己不断从客观环境中获取新的知识。终身学习的理念在很大程度上激励着人们去获取新知识、新技能，并由此获得快乐。终身学习是一个长期的过程，需要不断的努力和坚持。每个人都要保持积极的学习态度，适应变化和接受新知识，不断拓展自己的技能，建立终身学习能力。

2. 正确看待困难和挫折

每个人在成长的道路上都会遇到困难和挫折。正确看待困难和挫折对于个人的成长和发展至关重要。

首先，要认识到困难和挫折是生活的一部分。生活不可能一帆风顺，困难和挫折是不可避免的。只有接受现实，才能更好地应对困难和挫折。

其次，要看到困难和挫折的积极面。困难和挫折虽然会带来痛苦和不适，但它们也是成长和进步的催化剂。克服困难和挫折，可以增强自己的意志力和韧性，提高自我认知和解决问题的能力。因此，要把困难和挫折看作成长的机会，而不是绊脚石。

再其次，要学会从困难和挫折中吸取经验教训。当遇到困难和挫折时，要反思自己的行为和决策，找出问题所在，避免再次犯同样的错误。要学会总结成功的经验和失败的教训，为未来的成长做好准备。

最后，要保持积极的心态。面对困难和挫折，不要消极放弃或自责，要相信自己有克服它们的能力，并积极寻求解决的方法和途径。同时，要保持耐心，不断努力，坚持完成自己的既定目标。

3. 发扬实干精神

我们不仅要明白量变与质变的辩证关系，而且要把它运用到生活和实践中去。既然质变是量变的必然结果，是有规律的，是不以人的意志为转移的趋势，那么，在进行量的积累时就要充满必胜的信心和信念，不能因量变的漫长和艰辛而放弃或失去信心，要相信规律、相信质变必然会发生。要自觉树立远大目标，这一远大目标的实现就是个人成长中的质变，但这一质变的发生是以量变的积累为基础的。要把远大目标和实干精神结合起来，一步一个脚印地稳步推进。在量变引起质变时要有敢于突破的勇气和敢于破旧立新的精神，把工作和事业推向一个新的阶段。

无论是个人成长还是社会发展，都是量变与质变在现实生活中的体现，也许是局部的质变，也许是阶段性的质变，都是个人和社会发展不可缺少的。作为一名大学生，要脚踏实地，注重过程，深刻领会量变与质变的辩证关系，力求为社会做出最大的贡献。

职业课堂

用发展的眼光制订计划——滚动计划法

滚动计划法是指将计划分为远期计划、中期计划、近期计划，根据执行情况来修订未来的计划，使计划一直处于动态调整的状态。

1. 将计划分为若干个执行期

在计划制订阶段将远期、中期、近期计划同时制订出来，使个人始终有一个较为切合实际的长期计划作为指导，并使长期计划与短期计划始终紧密衔接。

2. 遵守“近细远粗”原则

制订计划时，由于离制订计划时间较远的执行期的环境因素难以准确测定，计划指标和行动措施制定一般较为粗略和概括；离制订计划时间近的执行期，影响因素比较容易掌握，计划方案则可更为详细和具体。

3. 根据内外环境的变化对计划进行调整

每经过一段时间，根据变化了的环境条件和计划的实际执行情况，对下一步计划进行调整。每次调整时，保持执行期限不变，并将计划周期向前推进一期，不断滚动延伸。

当计划需要调整时，首先需要评估内外环境变化，然后确定调整范围和目标，制定调整方案，接着执行调整方案，最后进行反馈和总结。

滚动计划法能够将远期计划、中期计划与近期计划相衔接，近期计划也可在内部相互衔接。当组织环境发生变化时也能够及时进行调整，使各个阶段计划基本保持一致，增强计划的弹性，保证计划的可执行性。

滚动计划法可用于编制长期计划及年度、季度和月度生产计划。它可以保证项目的顺利完成，并使中长期计划与年度计划紧密地衔接起来。

任务打卡

➤课堂讨论：你遇到的最大挫折是什么？你是如何度过这个困难时期的？

➤能力养成：以发展的眼光回顾并整理自己的大学学习计划，制定适合自己的职业生涯规划。

任务三　塑造阳光心态

任务知识点

一、什么是心态

心态是一个人对待客观事物的态度，心态对个人的思维、言行都具有导向和支配作用。

阳光心态是一种积极、健康、进取、知足、感恩、达观和充满关爱的心智模式，能够让人带着好心情去创造成功，体验丰富多彩的人生历程。

美国成功学专家拿破仑·希尔说过这样一段话："人与人之间只有很小的差异，但是这种很小的差异却造成了巨大的差异！很小的差异就是人所具备的心态是积极的还是消极的，巨大的差异就是成功和失败。"

生活就像一面镜子，你对它微笑，它就对你微笑；你对它哭泣，它就对你哭泣。世上没有绝望的处境，只有对处境绝望的人。事物本身并不影响人，但人却易受到对事物看法的影响。明确的目标加上积极的心态，是一切成功的起点。

做任何事情，重要的是对这个事情的态度，态度变了，事情就变了，所以我们要做的就是改变看问题的角度。

二、阳光心态的内容

1. 积极的心态

积极的心态就是把良好的、正确的心态扩张开来。人的大脑是很神奇的，积极的心态有助于不断地在大脑中形成正面的信息，开启心智，促使自己想出办法，解决问题。

积极的心态有着巨大的影响力，让人在低潮时看清方向，有信心和勇气不断前进，做事时干劲十足，不断创造奇迹。一个拥有积极心态的人浑身散发着光芒，会给身边的人带来阳光。

2. 主动的心态

在竞争异常激烈的时代，被动会使人落后，主动则往往可以使人占据优势地位。机会总是青睐那些有准备的人，主动积极的人往往比别人发现的机会更多，因而他成功的概率要比别人高。被动型的人总是静静地等待机遇降临，而主动型的人则喜欢主动地寻找机遇和创造机遇。事业和人生不是上天安排的，而是主动争取的。

3. 双赢的心态

人必须持有双赢的心态去处理员工与企业之间、企业与商家之间、企业和消费者之间的关系。企业没有利润，员工的利益也无法保障。企业与商家之间的双赢规则任何时候都不能破坏，否则只要某一方失去了利益，必定会放弃合作。消费者满足自己的需求，而企业实现自己的产品价值，这同样也是一个双赢。

4. 包容的心态

进入社会，踏入职场，将会接触到各种各样的人。在职场中，对合作伙伴不同的爱好和做事风格，要学会包容。企业为客户提供服务，满足客户需求，也要学会包容，包容他人的不同喜好，包容别人的挑剔。海纳百川，有容乃大。每个人都要拥有同理心，学会接纳差异，包容差异。

5. 自信的心态

自信就是发自内心的自我肯定，是取得成功的重要的精神力量。自信是一切行动的原动力。作为个人，应该对自己的能力和未来充满自信；企业员工，应该对企业的服务、产品、发展充满自信。充满自信，也就充满了干劲，对作为任务和目标的完成充满信心。

6. 行动的心态

行动是最有说服力的。任何美好的愿望只有通过行动才能变成事实。如果一切计划、目标、愿景都停留在纸面上，不付诸行动，那计划就不能执行，目标就不能实现，愿景就是肥皂泡。

7. 感恩的心态

感恩是一种积极向上、乐观向善的心态，是一种对生活、对他人、对自己的感激之情。在日常生活中，应该时刻保持感恩的心态，因为感恩能给人带来更多的幸福感和满足感，同时也能够改善人际关系，促进个人的成长和进步。

怀着感恩的心态，我们能够更加珍惜生活，更加关注他人的付出和帮助，更加坚定信念和追求。因此，要时刻保持感恩的心态，用一颗感恩的心对待生活中的一切，让生活变得更加美好和充实。

三、如何塑造阳光心态

1. 保持积极正面的思维

遇到问题时，尝试从积极的角度去看待，关注问题的解决方案而不是问题本身。

(1)自我对话：经常与自己进行积极的对话。鼓励自己，肯定自己的价值，时常为自己加油打气。

(2)避免消极的自我标签：不要给自己贴上消极的标签，如“我总是失败”或“我永远做不好这件事”。相反，要多给自己正面、积极的暗示，并鼓励自己不断进步。

(3)培养乐观的解释风格：当面对困难或挑战时，尝试从积极的角度去解释和应对。将挑战视为成长的机会，而不是障碍。

(4)专注于积极的事物：当感到沮丧或焦虑时，尝试将注意力转移到其他积极的事物上，如与朋友交流、进行户外活动等。

(5)寻求支持：必要时寻求他人的支持和帮助。与积极向上的人交流可以使自己保持积极的心态，并从他们的经验中汲取正能量。

(6)培养自我觉察能力：时刻关注自己的情绪和思维，并学会调整心态。当发现自己陷入消极的思维模式时，尝试停下来，深呼吸，并重新调整自己的思维方向。

2. 保持学习和成长

学习能使人进步，不断成长，有助于塑造阳光心态。

(1)设定明确的学习目标：首先需要明确自己想要学习的领域和目标，这可以帮助自己更有针对性地进行学习，避免盲目和无效的努力。

(2)保持好奇心和探索精神：保持对未知事物的好奇心和探索精神，不断拓宽自己的知识领域。尝试学习新的技能、阅读新的书籍、参与新的活动，让自己保持对新事物的渴望。

(3)制订学习计划：制订一个合理的学习计划，并坚持执行。将学习纳入日常安排中，确保每天都有足够的时间用于学习。同时，要根据实际情况调整计划，确保学习的顺利进行。

(4)持续自我反思和改进：在学习过程中，保持自我反思和改进的习惯。不断回顾自己的学习成果，总结经验教训，找到自己的不足，并制定改进措施。这样可以帮助自己更好地成长和进步。

(5)与他人分享和交流：与他人分享自己的学习成果和心得，同时也可以从他人的经验中汲取营养。多与他人进行深入的交流和讨论，共同促进学习和成长。

(6)保持耐心和坚持：学习是一个长期的过程，需要耐心和坚持。不要期望一蹴而就，只要踏踏实实地往前走，就一定会进步。

3. 培养兴趣爱好

挖掘自己的兴趣爱好，让生活更加丰富多彩。当投入到自己热爱的事情中时，会感到快乐和满足。

(1)探索兴趣：首先需要花时间去探索自己的兴趣。尝试新的事物，参加各种活动，从中找到自己真正喜欢和享受的事情。不要害怕尝试，因为有时候，真正的兴趣可能会就此发现。

(2)投入时间和精力：一旦找到了自己的兴趣，就需要投入时间和精力去培养它。要设定目标，制订计划，并坚持执行。随着时间的推移，自己在这些兴趣上的技能和能力会得到提升。

(3)与他人分享：与他人分享自己的兴趣爱好，不仅能从中得到快乐，还有助于建立更深的人际关系。可加入相关的社群或组织，与志同道合的人一起交流、学习和成长。

(4)平衡兴趣爱好与生活：虽然兴趣爱好很重要，但也要注意不要让它影响到自己的日常生活和工作。确保自己有足够的时间来处理其他事务，并保持生活的多样性。

4. 学会感恩

塑造阳光心态，要学会感恩。

(1)珍视当下：时刻提醒自己珍惜眼前的每一刻。无论是平凡的日常还是特别的时刻，都值得去珍惜。

(2)记录感恩日记：每天记录下令自己感动的事情，无论大小。这有助于自己更加关注和发现生活中的美好。

(3)表达感谢：当他人为自己提供帮助或支持时，及时表达感谢。这不仅能够增强自己的人际关系，还能让对方感受到自己的诚意。

(4)感恩挑战和困难：挑战和困难虽然会带来压力，但它们也是让自己成长和进步的机会。感恩这些经历，因为它们塑造了更加坚韧和成熟的自己。

5. 关注身心健康

保持健康的饮食和作息习惯，适当进行体育锻炼，可以让自己保持充沛的精力。同时，也要关注自己的心理健康，学会释放压力、调解情绪。

(1)规律作息：保持规律的作息时间，确保充足的睡眠和适当的休息。良好的睡眠有助于恢复精力，提高工作效率和生活质量。

(2)均衡饮食：保持均衡的饮食，摄入足够的营养和能量。合理搭配蔬菜、水果、全谷类、优质蛋白质等营养素，为身体提供充足的营养支持。

(3)适当运动：定期进行适当的运动，如跑步、游泳、做瑜伽等。运动可以增强身体素质，提高免疫力，减轻压力和焦虑感。

(4)关注心理健康:关注自己的心理健康,学会应对压力和情绪的方法。可以尝试冥想、深呼吸、与亲朋好友交流等方式来缓解压力和焦虑。

(5)定期体检:定期进行身体检查,及时发现潜在的健康问题。与医生保持沟通,了解自己的身体状况,并根据医生的建议进行相应的调整。

(6)寻求专业帮助:如果遇到难以应对的心理问题或身体疾病,不要犹豫,要寻求专业帮助。

职业课堂

ABC 理论的应用

ABC 理论是由美国心理学家阿尔伯特·艾利斯于 20 世纪 50 年代首创的一种情绪调节法,又称 ABC 性格理论。A(activating event):指个体遇到的主要事实、行为、事件;B(Belief):指个体对 A 的信念、观点;C(consequence):指事件造成的情绪结果。

关键因素是 B。事件 A 只是诱发情绪 C 的间接原因,直接原因是对事件 A 的信念或观点 B。即人的消极情绪和行为障碍结果 C,不是由某一事件 A 直接引发的,而是由于对它不正确的认知和评价所产生的错误信念 B 所引起的。正是由于人们常有一些不合理的信念,因此才会产生情绪困扰。如果这些不合理的信念始终存在,久而久之,还会引起情绪障碍。

任务打卡

职业故事

陶行知的"四块糖果"

➤课堂讨论:如何面对他人的批评与指责?

➤能力养成:思考如何使自己成为一个能够提供情绪价值的人,并尝试实践。

项目五　学会做事

项目指南

使命感和责任感是推动一个人正确做事的原动力。规章制度是对人们正常生产、生活的保护，也是正确做事的前提。学习敏捷开发的迭代方式，有利于不断完善工作结果，最终实现目标。

在本项目中，通过任务的实施和完成，大学生可以理解使命感和责任感，从思想认识上高度重视遵守规章制度，掌握敏捷开发的迭代方式。通过不断学习与成长，大学生能够理解“初级的员工谋工作、高级的员工谋事业”这样一个道理，使自己成为一个有事业心的人。在以后的工作中，作为刚入职的新人，能做到自觉遵守规章制度，强化自律意识，不断以更高标准要求自己，从而得到进步与提升。

学习目标

1. 提升自己的使命感和责任感。
2. 从思想认识上高度重视遵守规章制度，学习如何遵守规章制度。
3. 学习“迭代式”逼近工作目标的工作方式，培养工作过程中的汇报习惯。

任务一　塑造使命感和责任感

任务知识点

一、理解使命感

什么是人生使命呢？就是人的责任与义务。一个人来到人世间，是有自己的责任与任务的。使命是客观存在的，是不以人的意志为转移的，无论是否愿意接受，无论是否意识到，是否感觉到它的存在，这种使命伴随人出生而降临到每个人身上。

所谓的使命感，就是对人生使命的认识，或者说，就是一个人对自己的使命的认识。这种认识越早，他的使命感就会越强烈。现实中，使命感可能是人对社会、时代、家庭、国家或组织赋予的使命的一种感知和认同。

《礼记·大学》中说，"古之欲明明德于天下者，先治其国；欲治其国者，先齐其家；欲齐其家者，先修其身；欲修其身者，先正其心……心正而后身修，身修而后家齐，家齐而后国治，国治而后天下平。"这是儒家思想中传统知识分子尊崇的信条。以自我完善为基础，通过治理家庭，直到平定天下，是几千年来无数仁人志士的最高理想。然而实际上，成功的机会少，失望的时候多，于是又出现了"穷则独善其身，达则兼济天下"的思想。"正心、修身、齐家、治国、平天下"的人生理想与"穷则独善其身，达则兼济天下"的积极和达观的态度相互结合、补充，几千年影响始终不衰。

二、人为什么要有使命感

做人，是一定要有使命感的。一个有使命感的人，就会珍惜人生，珍惜生命，珍惜工作，珍惜生活，珍惜一切；相反，如果一个人缺乏使命感，那么他就缺少了做人的内在激情与动力。

使命感是内在永恒的核心动力。一个人的使命感越强烈，那么他的人生希望也就越强烈，他的工作激情与生活热情也越强烈，他的人生责任感也越强烈。有强烈使命感的人，是一种自觉、奋斗、百折不挠的人，是一种任劳任怨且坚强不屈的人。

对使命认识越透彻越明确，使命感就会越强烈。一个人如果对客观存在的使命缺乏足够的认识，就不会真正懂得人生的意义与价值，也不会承担起做人的责任与义务。没有使命感的人，是可悲的人；没有使命感的人生，就是行尸走肉的人生。

在工作中，"使命是员工前进的动力，使命感乃员工提升的动力之源"，要把工作视为事业，视为社会赋予的责任。有使命感的员工，工作会比别人更有热情，比别人做得更出色、更高效、更到位。

没有使命感就没有毅力坚持下去，没有使命感就很难对自己、对别人负责。我们要为使命感而活，由此可以获得更高层面的认知，做更好的自己。

没有使命感的人，不足以担当大任。在这个这世界上，凡是有公众影响力的人物，都是有使命感的。在人类进步和发展过程中，涌现出了大量具有使命感的仁人志士，他们为人类的文化、文明的发展与进步、繁荣与昌盛，写下了不朽的篇章。

三、理解责任感

1. 责任

责任就是职责和任务。对责任的理解通常分为两个层面：一是指分内应做的事情，如职责、尽责任等；二是指没有做好自己的工作，而应承担的不利后果和强制性义务。因此，责任有两个方面的意思，一方面是要去做，另一方面是要做好。

2. 责任心/责任感

责任心是自觉做好分内事情的心理状态。也就是说，所有做事的动机、做事的行为都是由主体从心而发地去实行，没有人可以强迫。只有心中有责任感，才有可能达到甚至超过预期的效果，获得更好的结果。

有责任心是一种习惯性行为，是健全人格的基础，是能力发展的催化剂，也是衡量一个人成熟与否的重要标准，是做一个优秀的人所必需的特质。

责任心缺乏的具体表现如下:①"懒":存在应付心态,缺乏工作主动性;②"散":存在观望情绪,缺乏担当意识;③"慢":存在等、靠思想,缺乏工作热情;④"庸":存在得过且过的心理,缺乏创新意识;⑤"官僚主义"和"形式主义":缺乏服务思想。责任心缺乏的原因,通常包括目标不明、责任不清、激励不足和落实不力等。

四、人为什么需要责任感

每一个社会角色,都有一份特定的责任。充当好自己的社会角色,其实就是担负起这一份责任。自己的事情自己做,分内的事情尽力做,出了问题敢担当,这就是责任感。

没有责任感就没有信誉;员工没有责任感,这个单位就没有活力;公民没有责任感,这个社会就没有凝聚力;国家的下一代没有责任感,这个国家就没有希望。

企业是一条航行于惊涛骇浪中的船,领导是船长,员工是水手。一旦上了这条船,员工的命运就和领导的命运拴在一起了。领导和员工有着共同的前进方向,有着共同的目的地。领导承受着保障企业生存以及全体员工发展的压力。员工与领导同舟共济,尽职尽责地完成本职工作,最大可能地分担领导的压力,和领导一道,让企业这条船驶向成功的港湾。

那些工作中做出成绩、获得晋升的人,并不是智商有多高,能力有多强,而在于他们有强烈的责任感,从而在工作中处处争先,勇于表现,敢于奋斗,最终脱颖而出。个人如此,企业也需要赋予每一个职工以责任感和使命感,才能在市场竞争的大潮中奋勇直前,获得成功。

没有做不好的工作,只有不负责任的人。事实上,只有勇于承担责任的人,才有可能被赋予更多的使命。责任感体现在对企业忠诚、对职业忠诚、对岗位忠诚,是敬业精神的推崇落实。就像建一座大厦,每一个项目工程仿佛是一块"砖",如果每一块砖都安全、优质、高效、低耗地积累搭设起来,那么这幢大厦就能拔地而起。每一块"砖"不会都一模一样,但只要其承载的力量达到了均衡水平,就不会动摇根基。企业中虽然不是所有的岗位都需要高学历、高能力,但所有的岗位都需要有高度的责任心。

一个人一旦养成对工作的忠诚和责任感,即使面对逆境,也会鼓足勇气;面对诱惑,也会不为所动。企业给了员工成长的空间,也给了其成功的机遇。员工会因为要担负责任而变得更加勇敢和坚强,会调动起所有的潜能,发展自己的能力。

责任与能力是相互转化、相互促进的。的确,责任胜于能力。企业是由每一名员工组成的,共同的目标和利益让每一名员工都肩负着和企业共同发展的责任。无论是领导还是员工,无论是管理岗位还是生产岗位,因分工不同,所担负的责任也会不同。但能力的表现方式不会不同,一个员工能力强是件好事,但是,如果他不愿意付出,他就不能为企业创造更多的价值。而一个愿意为企业全身心付出的员工,即使能力稍逊一筹,也能够创造出较大的价值。能力创造业绩,责任让能力创造更大的业绩。

个性解放、自我实现与忠诚敬业、责任感并不对立,它们是相辅相成的。理论上说,工作只是一种契约,倘若只将工作看成付出劳动获得报酬,那么人与工具无异。只有爱上自己的工作,认真对待工作,才能获取比物质大得多的收益。

培养责任感,要从身边的小事做起,每件事情都力争出色完成,从而体验成功的快乐。工作是琐碎的,不是一天两天就能见到成效的。只有脚踏实地地苦干,默默奉献,孜孜探索,才能获得成功。拥有百折不挠、积极向上的心态,坚毅和高尚的品格,面对困难、克服困难的勇气,是每位员工所需要的,在工作中面对种种压力时,要选择超越。

古往今来,那些对事业忠诚、执着、负有责任感和使命感的人,都有着强烈的自主创造精神,对喜欢做和必须做的事情都一样努力。工作意味着责任,责任意味着人存在的价值。成事先成人,一个人无论成就多大的事业,人品永远是第一位的。而人品的重要体现就是责任感。在具体的工作中要以大局为重,不计较个人得失,对于领导交付的任务要全心全意地去完成。责任感是一种强大的动力,能激发人们的进取心,使企业面貌焕然一新。

五、使命感与责任感之间的关系

使命感不同于责任感,责任感只是把一件事做好,负责到底,而使命感是高于责任感的,使命感是对自我实现的决心,是对自己人生理想、人生意义的高阶认知。拥有使命感,将无比坚定,目标无比清晰,所有的行动都不再迷茫。

没有使命感,就不会有从内心深处升起的神圣责任感;没有责任感,就不会主动去担当相应的责任。有了责任感,就有完成责任的力量,责任越大,力量越大。

六、使命感是生命的原动力

近年来,虽然我国经济发展迅速,但是社会的主要矛盾依然存在。现在社会的主要矛盾不再是“人民日益增长的物质文化需要同落后的社会生产之间的矛盾”,而是演变成“人民日益增长的美好生活需要和不平衡不充分的发展之间的矛盾”。大学生作为新时代的新青年应当充分明白,国家依然需要解决阻碍国家发展的社会矛盾。

社会主义核心价值观是一种崇高的道德追求,是中国特色社会主义的价值指导。它包含了富强、民主、文明、和谐,自由、平等、公正、法治,爱国、敬业、诚信、友善等核心价值观念。这些价值观是社会公共利益和个人发展的有机统一,是社会稳定和国家长治久安的重要保障。

大学生是当代社会的中坚力量,必须肩负起推动社会进步、实现人类伟大梦想的历史责任。在这个伟大的使命中,大学生应当秉持社会主义核心价值观,牢记新时代中国特色社会主义的精神,自觉践行社会主义核心价值观,在实现个人价值的同时,为社会主义事业贡献力量,为中华民族实现伟大复兴的中国梦贡献智慧和力量。

普通人可以从中国几千年适用的“正心、修身、齐家、治国、平天下”的人生理想与“穷则独善其身,达则兼济天下”的积极而达观的态度中去找寻适合自己的人生使命。当代大学生在校期间,应将回归自我、学好专业作为自己的任务和使命。

七、如何培养责任感

1. 将责任感与使命感紧密相连

使命感可以激发员工的工作热情和创造力,是一种促使人们采取行动,实现自我理想和信仰的心理状态,富有使命感的员工,没有他人的督促,也能出色地完成任务。

责任承载着使命,只有把责任感、使命感放在心头才能不断要求自己迈向更高的台阶。

2. 对自己负责,敢于理性面对残酷的现实

对自己负责就是对他人负责。个人要具备独立思考的能力,勇于面对困难和挑战,积极寻找解决问题的方法。只有这样,才能不断成长和进步。

3. 对他人负责，不要寻找借口来推卸责任

对他人负责就是在对自己负责。一个职业人所应该具备的最基本素质就是，把自己能力范围内的事情做好，始终坚持诚实、公正和尊重的原则，不推卸责任，勇于承担自己的过错。

4. 对社会负责，培养独立的精神

对社会负责意味着要关注社会的发展和进步，积极参与公益事业，为社会做出贡献。同时，要培养独立精神，不依赖他人，学会独立思考和行动。独立的人格可以锻炼一个人强大的内心，甚至在最危难的时刻挺身而出，肩负起自己的使命。社会是一个整体，每个人都是在社会中生存的个体。只有对社会负责的人才能对自己的身体负责，健康地去帮助每个人。

5. 坚持不懈、有始有终

坚持不懈，不仅仅体现在在困难面前有持之以恒的精神，更是一种值得人们去推崇的良好品格。当遇到问题或者心烦的时候，可以慢慢地沉下心，想一想自己所肩负的责任，从而让自己多一分耐心，多一分坚持。

6. 少一些抱怨，少一些依赖

抱怨和依赖往往会阻碍个人的成长和进步。大学生应该学会独立思考和解决问题，积极面对挑战，而不是总是抱怨和依赖他人。这样，才能不断提升自己的能力和价值。

7. 认真完成任务

坚持每天把简单的事情做好，把容易的事情做细，且每天的工作质量都有一点提高。这一点，海尔人做得非常好。海尔的每台冰箱，从钢板成型到最后的冰箱出厂，道道工序、每一项责任都落实到具体的每个人身上，每个人都能认真完成。只有认真完成任务的人，才能将成功的目标变成眼前的现实。

8. 工作中落实责任感

林肯说，人所能负的责任，我必能负；人所不能负的责任，我亦能负。如此，才能磨炼自己。工作中的责任感体现为：

(1)当好下属：准确理解和领会上级的意图；接受命令、强力执行；积极提出合理化建议，工作负责，追求创新；适时报告，不要让小事纠缠上级；诚恳地接受指正和批评。

(2)做好与上、下级的沟通：事先整理好要谈的话题；选择沟通的时机；针对问题提出解决方案；解决问题后，形成总结报告。

(3)管理好自己：提高自身素质和能力；处事公正、克服私心；端正心态，看问题要站在一定高度上和不同的角度中，比如站在对方的立场看问题；随着社会、企业的发展，更新观念，不做经验主义者；做人诚恳、诚实可信、讲原则而不激化矛盾，不要把工作上的分歧转成个人恩怨；掌握法律法规和工作规定；做学习型的员工。

(4)勇于承担责任：工作中出现差错，不推卸，敢于承担。

(5)具备团队合作精神：一个篱笆三个桩，一个好汉三个帮，成功需要合作才能完成。顾客关心的是企业的整体形象和其产品/服务，因此要求企业的每个人、每个部门不仅要表现卓越，而且人与人、部门与部门间要无缝协作。

职业课堂

在理论武装中汲取信仰力量

习近平总书记在党的二十大报告中指出:“拥有马克思主义科学理论指导是我们党坚定信仰信念、把握历史主动的根本所在。”心中有信仰,脚下有力量。正因为有了科学理论的指引,中国共产党人才能在大风大浪面前不摇摆、在危机挑战面前不畏缩、在艰难困苦面前不消沉。

信仰的力量来自哪里?来自认识真理、把握真理,来自对马克思主义的执着追求。马克思主义创造性地揭示了人类社会发展的一般规律,揭示了资本主义运行的特殊规律,为人类指明了从必然王国向自由王国飞跃的途径,为人民指明了实现自由和解放的道路。一百多年来,我们党始终把马克思主义写在自己的旗帜上,坚持在实践中不断结合中国具体实际丰富和发展马克思主义,归根到底是因为马克思主义具有科学性和真理性,它提供的世界观方法论和蕴含其中的立场观点方法,是我们认识世界和改造世界的强大思想武器。马克思主义是人民的理论,它因根植人民而根基深厚,因依靠人民而不断发展,因造福人民而生生不息。马克思主义是实践的理论,始终强调理论与实践相统一,指引人民改造主观世界和客观世界的自觉行动。马克思主义是开放的理论,具有与时俱进的理论品格,能与各民族的特点相融合,能随着时代、实践和认识的发展而发展,是与时俱进、开放包容、善于吸纳进步文明成果而不断创新的伟大理论。

坚持用马克思主义中国化、时代化最新成果武装全党、指导实践、推动工作,是我们党创造历史、成就辉煌的一条重要经验。马克思主义政党的先进性,首先体现在思想理论的先进性上。理论修养是干部综合素质的核心,理论上的成熟是政治上成熟的基础,政治上的坚定源于理论上的清醒。理论武装越彻底,理想信念就越坚定,思想就越敏锐,行动就越自觉。党的十八大以来,习近平总书记高度重视思想建党、理论强党,强调“对于我们这样一个世界上最大的马克思主义执政党来说,理论强,才能方向明、人心齐、底气足”,为广大党员干部学理论、强思想提供了根本遵循。

崇高信仰、坚定信念不会自发产生,必须建立在对马克思主义的深刻理解之上,建立在对历史规律的深刻把握之上。马克思主义是科学的世界观和方法论,是党员干部必须掌握的看家本领。如果看家本领不扎实、理论素养不厚实,理想信念就如同“沙上建塔”,稍有风吹草动就可能轰然坍塌。不可否认,现实中,有些干部埋头于具体事务工作,对学习马克思主义理论兴趣不大;有的认为马克思主义经典著作比较晦涩,不愿下苦功夫去学习。以这样的态度对待理论学习,不仅理论素养难以提高,也难以适应形势任务发展的需要。新时代新征程,面对错综复杂的国际国内形势、艰巨繁重的改革发展稳定任务、各种不确定难预料的风险挑战,广大党员干部必须把学习马克思主义理论作为必修课,用以滋养心灵、淬炼灵魂,不断从中汲取信仰的力量,在真学真懂真信真用中自觉做到政治上坚定、思想上明确、理论上清醒、情感上笃诚,以理论上的坚定确保政治上的坚定。要自觉用习近平新时代中国特色社会主义思想改造主观世界,深刻领会这一思想关于坚定理想信念、提升思想境界、加强党性锻炼等一系列要求,从思想上正本清源、固本培元,不断筑牢信仰之基、补足精神之钙、把稳思想之舵,始终保持共产党人的政治本色。要深入贯彻习近平强军思想，不断夯实忠诚核心、拥戴核心、维护核心、捍卫核心的思想政治根基。要及时学习习近平总书记重要讲话精神，在常学常新、常悟常进上下深功使长劲，领悟内涵、贯彻要求、对标对表，确保任何时候任何情况下都做到思想上紧紧跟随、行动上听令景从。要在深化内化转化上下功夫，切实把学习成果转化为坚定的信仰信念，转化为正确的世界观、人生观、价值观，确保党性觉悟得到洗礼、思想境界得到升华、能力水平得到提升、作风操守得到净化。

（资料来源：高巍．在理论武装中汲取信仰力量．中国军网-解放军报，2024-03-15.）

任务打卡

职业故事

雪域邮路上的忠诚信使

➤课堂讨论：在学习过程中如何体现出你的使命感与责任感？

➤能力养成：教师布置作业，要求下周一提交作业答案，现在已经周五了，你完成的过程中遇到了困难，该如何解决？

任务二　养成严格遵守规章制度的行为习惯

任务知识点

一、了解规章制度

（一）规章制度的概念

规章制度是指国家机关、社会团体、事业单位为了维护正常的工作、劳动、生产、学习及生活秩序，保证各项政策的顺利执行和各项工作的正常开展，依照法律法令、政策而制定的具有法规性、权威性、指导性、约束力的应用文件，是各种行政法规章程、管理制度的总称。

规章制度的使用范围极其广泛，大到国家机关、社会团体、各行各业、各系统，小到单位、部门、班组。它是国家法律、法令和政策的具体化，是人们行动的准则和依据，因此规章制度对社会经济、科学技术、文化教育事业的发展，对社会公共秩序的维护，有着十分重要的意义。

公司规章制度是公司用于规范公司全体成员及公司所有经济活动的标准和规定，它是公司内部经济责任制的具体化。公司规章制度的制定应体现公司经济活动的特点和要求。同时，公司规章制度的制定要以《劳动法》为具体依据，不能出现违背相关法律条款的情况。

制定规章制度既是用人单位的法定权利，也是用人单位的法定义务。《劳动法》第四条规定：用人单位应当依法建立和完善规章制度，保障劳动者享有劳动权利和履行劳动义务。可见，完善的规章制度有助于保护劳动者的权益。

完善的规章制度可以使用人单位的劳动管理行为规范化，从而排除用人单位任意发号施令、乱施处罚权，保障劳动者合法权利。而不合理的、违法的规章制度会大面积地侵犯职工权益，最终受损失的还是企业。

合理的规章制度有助于职工明确自己的权利和职责，同时，遵守规章制度也比完全听从随意性的“长官意志”更容易让职工接受。好的规章制度通过赋予特定的职位相应的权利、义务，使职工能预测到自己的行为和努力可能对自己和单位产生积极的结果，激发职工的工作热情。

对法律明确规定需由职代会或职工代表大会通过的规章制度，企业制定该类规章制度时，必须通过职代会或职工代表大会表决通过，这是职工通过法定程序参与单位民主管理的形式。

（二）规章制度的分类

通常，规章制度包括行政法规、章程、制度和公约四大类，而公司的规章制度比较宽泛。一般来说，公司规章制度涉及面很广，包括经营企业管理制度、组织机构管理制度、办公总务管理制度、财务管理制度、会计管理制度、人事管理制度、员工勤务管理制度、员工培训制度、员工福利管理制度、生产管理制度、设备管理制度、质量管理制度、采购管理制度、仓储管理制度、销售管理制度、代理连锁业务管理制度、广告策划制度、CI 管理制度、进出口管理制度、工程管理制度、信息管理制度、安全生产管理制度、公司产品技术和信息保密制度等方面。

（三）规章制度的效力

《最高人民法院关于审理劳动争议案件适用法律若干问题的解释（一）》第十九条规定：“用人单位根据《劳动法》第四条之规定，通过民主程序制定的规章制度，不违反国家法律、行政法规及政策规定，并已向劳动者公示的，可以作为人民法院审理劳动争议案件的依据。”这条司法解释实际上赋予了用人单位的规章制度具备类似于法律的效力。

（四）规章制度的特点

1. 约束性

规章制度明确规定了应该做什么，不应该做什么，它是人们的行为准则。一经生效，有关单位和个人就必须严格遵守和遵照执行，如果违反有关条款，就要受到相应的处罚。

2. 权威性

规章制度的权威性源于其制定单位部门的权威性。规章制度的作者是法定的，即依法能以自己的名义行使权利和承担义务的组织，规章制度是这些法定作者根据自己的职责和权限制定的，是本级权力意志的反映。

3. 稳定性

规章制度既然是人们的行为准则，就不宜经常变动和修改，应具有相对的稳定性。因此，不能将脱离实际的条文，以及属于临时性的、个别性的或暂时还没有条件执行的条文引入规章制度。

但是，稳定性并不意味着规章制度是一成不变的，在条件成熟的时候或环境发生变化的情况下，可以及时修改并完善相关规章制度。

4. 规范性

规章制度必须出自单位有相应权力的部门，或为经其审查、批准的文件。规章制度必须按照单位内部规定的程序制作，如果法律对单位规章制度的制定规范了特定的程序，那么单位必须遵循。而且，单位规章制度必须向劳动者公示。

二、理解企业规章制度的作用

企业的规章制度对于规范企业和员工的行为，树立企业的形象，实现企业的正常运营，促进企业的长远发展具有重大的作用。

（一）使企业实现标准化、规范化的管理

规章制度对企业标准化、规范化管理的作用体现在以下几个方面：

1. 实现管理上的公平性

有了全面完善的规章制度，企业员工的工作积极性可以得到广泛调动，多劳多得，少劳少得，这是员工最注重的方面，即发展和公平。制定和实施合理的规章制度能满足员工公平感的需要，因此，公平是靠制度来体现的。

2. 对员工具有正面引导与教育作用

规章制度作为企业内部规范员工行为的一种准则，具有为员工在生产过程中指引方向的作用。规章制度公布后，员工就清楚地知道自己享有哪些权利，怎样获得这些权利；应该履行哪些义务，如何履行这些义务。

比如，规章制度中规定上下班时间，员工就知道了什么时候是工作时间，什么时候是休息时间，就可以指引员工按时上下班，防止出现因迟到或早退而违反劳动纪律的现象。又比如，规章制度中规定工作中的行为规范，可以引导、教育员工约束自己的行为，防止出现不良行为。

由此可见，优秀的规章制度通过合理的权利、义务及责任的设置，可以使员工预测到自己的行为所带来的结果，激发其工作积极性，从而为企业的目标和使命努力奋斗。

3. 对员工具有反面警戒与威慑作用

规章制度的反面警戒和威慑作用主要体现在以下两个方面：

(1)通过对员工违反规章制度的后果做出惩戒的规定来威慑员工，使员工能够事先估计到在劳动生产过程中的所作所为的后果，自觉抑制不法行为的发生。

(2)通过对员工违反规章制度的行为予以惩处，让该员工从中受到教育的同时，也使其他员工看到违反规章制度的后果，达到警戒和威慑全体员工的效果。

4. 具有事后支持与提供处理劳动争议证据的作用

由于劳动关系具有对抗性的一面，因此，企业在劳动生产过程中，劳资矛盾是无法避免的。人力资源管理者所能做到的也只是尽量缓和劳资矛盾，无法消除、杜绝劳资矛盾的发生。

当劳资矛盾爆发无法通过协调解决时，诉诸法律就是唯一的选择。劳动争议仲裁机构和法院审理劳动争议案件时，需要依据国家法规政策、劳动合同、集体合同。由于规章制度涉及劳资双方的权利和义务，裁判机关也会依据企业的规章制度来裁判案件。特别是在国家法规、劳动合同和集体合同对纠纷的有关事项规定不明确、不具体时，规章制度就显得尤为重要。

规范的企业正是在制定规章制度的时候，就充分考虑可能发生的情形，将可能成为争议焦点的内容加以细化，并以书面的形式固定下来，一旦发生争议，这样的规章制度便能维护企业的合法权益。

《劳动法》立法之初就考虑到企业规章制度在处理劳动争议时的不可替代性，在总则部分第四条规定了企业规章制度要保障劳动者的劳动权利和劳动义务，在第三章“劳动合同和集体合同”部分规定了对违反用人单位规章制度的劳动者，用人单位有权解除劳动合同，这成为用人单位解决与劳动者合同纠纷的依据。由此可见，缺乏企业规章制度，仅用劳动合同处理争议就会力不从心。

可以说，规章制度的重要性贯穿企业管理和纠纷解决的全过程。

（二）是对法律的补充

鉴于劳动关系中劳动者和用人单位之间的从属关系，而国家法律法规对企业管理的有关事项一般缺乏十分详尽的规定，事实上，用人单位依法制定的规章制度在劳动管理中可以起到类似于法律的效力。因而用人单位的合法的规章制度起到了补充法律规定的作用。

如根据《中华人民共和国劳动合同法》(以下简称《劳动合同法》)的相关规定，员工严重违反公司规章制度，公司可以解除劳动关系并予以辞退。那么，这里的公司规章制度就是企业内部为确保正常生产经营工作秩序所制定的各项规章制度。

（三）可以保障企业合法有序地运作，将纠纷降低到最低限度

企业生产劳动的过程也是劳资双方履行义务、享受权利的过程。劳资双方权利和义务的实现需要多种措施来保证，除劳动合同、集体合同和国家法规政策外，企业规章制度也是重要的保证之一。规章制度不仅可以明确劳资双方的权利和义务，而且还可以更为具体地明确劳资双方实现权利和义务的措施、途径和方法等。

因此，当劳资双方的权利和义务，以及权利和义务实现的措施、途径和方法通过规章制度加以明确、具体后，就可以大范围地防止纠纷的发生，从而维护企业正常的生产和工作秩序。比如，休息、休假属于劳动合同的必备条款，但是劳动合同中可能仅仅涉及假期的种类，至于各类假期的请假条件、请假手续、假期期间的待遇等一般不会进行详细约定，这就需要企业在规章制度中对休假进行详细规定，否则，可能会引起很多纠纷。

（四）可以得到合作伙伴的信任，赢得商业机会

企业在选择合作伙伴时，会进行相关的尽职调查，而完善的企业规章制度将是必选项，能帮助企业赢得更多商业机会。

三、明确企业制定规章制度的意义

每个人都有其社会性，而成为一个企业的员工，职业身份和职业操守是第一位的。企业的每一项规章制度都是依据国家法律法规，结合公司管理特点和企业文化制定的。

企业规章制度制定的目的不是惩罚和控制，而是实现公司管理的公平性，使企业和员工始终保持在统一的价值标准内，为了同一目标努力，实现双方更好地可持续发展。

1. 企业规章制度是法律、法规的延伸和具体化

企业规章制度的制定权是法律赋予企业用人权的重要组成部分。《中华人民共和国宪法》规定，遵守劳动纪律是公民的一项基本义务。《劳动法》规定，用人单位应当依法建立和完善规章制度，劳动者应当遵守劳动纪律。

制定和实施规章制度，是企业在其自主权限内用规范化、制度化的方法对劳动过程进行组织和管理的行为，是企业行使用工自主权的重要方式之一。因此，规章制度也被称为“企业内部法”，是相关法律、法规在企业管理过程中的延伸。对违反规章制度的企业应当追究法律责任。员工与企业因执行规章制度发生争议，应当依法定的劳动争议处理程序处理。

2. 制定企业规章制度是建立现代企业制度的需要

建立现代企业制度，是市场经济主体建设的目标。《中华人民共和国公司法》等一系列关于“企业主体”的法律从宏观的层面上规范了企业的组织与行为，为了在微观上建立企业的组织行为架构，有必要制定企业规章制度，使现代企业制度中已经法律化的权利和义务在实践中更具有可操作性，并能解决实际问题，这是一项尤为复杂、重要的工作。

决策层与管理层的分工，职、权、责的划分，章程的细化，都依赖于企业的规章制度来体现、实施和保障。

3. 制定企业规章制度有利于保证生产和经营的正常秩序

规章制度所具有的明确性、稳定性的特点有助于规范企业内部各部门、员工的行为，使其各司其职，各尽其责。

好的规章制度体现了职、权、责的统一，能够充分调动企业部门、员工的积极性，为企业创造更多的财富。企业的规范治理，同样应当减少“人治”，管理行为应当依据规章制度做出，被管理者的行为亦应当依据规章制度而规范。

企业应当通过入职培训，使企业的员工明确企业各部门之间的分工配合，明确岗位职责，知悉哪些可以为，哪些禁止为，哪些鼓励为。员工在熟悉了企业规章制度后，才能目标明确，行为统一，形成完整的企业文化，并从自身体现出企业精神。

企业制定规章制度主要是规范内部的生产经营和劳动管理，使企业的生产经营和各项活动规范化，提高生产率，促进生产经营的发展，增强企业在市场上的竞争力。

因此，为了保证企业生产或经营的正常秩序，企业有权对违反规章制度的员工采取某些处理措施。

4. 制定企业规章制度有利于保护员工的合法权益

劳动合同制是适应社会主义市场经济的劳动制度，规范了企业员工的合理、有序流动，成为处理劳动争议的基本制度。然而劳动争议的复杂多样性，仅靠劳动合同制并不足以协调，需要借助企业规章制度才能处理解决。

企业依法制定的规章制度有很多内容都涉及对员工合法权益的保护，如有关劳动过程中安全生产、技术规程的要求，解除劳动合同的经济补偿，社会保险待遇，员工福利，休息日，年休假，女工产假等内容。因此，企业规章制度有利于保护员工的合法权益。

5. 企业规章制度有利于避免用人单位任意行事

企业制定的各项规章制度，使员工在劳动过程中有了共同的行为规范，对于员工的劳动有了统一的衡量标准，如工资与劳动报酬的确定，工作时间、劳动安全卫生条件和保障措施、员工培训、劳动纪律、岗位职责、员工上岗标准、员工奖惩规定等，这些规章制度有利于避免用人单位任意行事，造成对员工的不公平对待。

综上所述，我们应当深刻理解企业规章制度的重要意义，因为它与企业的经营管理和员工合法权益的维护有着密切的关系。

四、如何遵守企业规章制度

作为新员工，初入一个陌生的职场环境，学习和执行规章制度尤为重要，它是全面了解一个公司最直接的途径和手段。它不仅仅陈述公司的价值观，让新员工了解企业文化，同时也会让新员工更直观、更清晰地了解自身在公司所拥有的基本权利、应履行的责任和义务，帮助他更快地适应新的工作环境，迅速地融入团队，愉快地开展工作。

1. 要平衡心理，调整好心态

作为新员工，要尽快地进行角色转变，不要让企业来适应自己，而是自己去适应企业。大学生在学校时对未来工作充满梦想，但当踏入职场，梦想和现实出现差距时，如果选择逃避或者情绪低落、每况愈下，将会导致最终出局。

2. 要加强对规章制度的学习

企业的规章制度有很多是根据行业的性质来制定的，只有充分了解规章制度，才能有针对性地不断学习，提高自身的业务能力。

新员工通过对企业各项规章制度的学习，增加了对企业的了解，可以增强遵守企业规章制度的自觉性和紧迫性。规章制度是一个企业发展的重要基础，是一个企业发展的保障，没有规章制度就没有企业的发展，就不可能达到预期的目的，正所谓“没有规矩不成方圆”。一个企业没有健全的规章制度，在发展过程中就会杂乱无章，无章可循，失去方向，从而影响发展。只有人人都学规章制度，人人都按规章制度办事，企业才能得到有序的发展，企业才会越做越强，越做越大。

3. 要以身作则，做执行企业规章制度的典范

规章制度的贯彻执行，对企业的发展至关重要，每个员工都要以身作则，自觉遵守企业的各项规章制度，以规章制度为标准来要求自己，衡量自己。

严格执行企业规章制度也是员工承担责任的一种表现，既是对企业负责，也是对自身发展负责。

4. 要讲究解决问题的方式方法

新员工进入岗位后，在适应企业规章制度的过程中，难免会出现问题，这时应主动地对问题进行改正。遇到无法解决的问题，应谦虚、委婉地与企业负责人沟通解决。

职业课堂

《劳动合同法》第二章“劳动合同的订立”

第七条　用人单位自用工之日起即与劳动者建立劳动关系。用人单位应当建立职工名册备查。

第八条　用人单位招用劳动者时，应当如实告知劳动者工作内容、工作条件、工作地点、职业危害、安全生产状况、劳动报酬，以及劳动者要求了解的其他情况；用人单位有权了解劳动者与劳动合同直接相关的基本情况，劳动者应当如实说明。

第九条　用人单位招用劳动者，不得扣押劳动者的居民身份证和其他证件，不得要求劳动者提供担保或者以其他名义向劳动者收取财物。

第十条　建立劳动关系，应当订立书面劳动合同。

已建立劳动关系，未同时订立书面劳动合同的，应当自用工之日起一个月内订立书面劳动合同。

用人单位与劳动者在用工前订立劳动合同的，劳动关系自用工之日起建立。

第十一条　用人单位未在用工的同时订立书面劳动合同，与劳动者约定的劳动报酬不明确的，新招用的劳动者的劳动报酬按照集体合同规定的标准执行；没有集体合同或者集体合同未规定的，实行同工同酬。

第十二条　劳动合同分为固定期限劳动合同、无固定期限劳动合同和以完成一定工作任务为期限的劳动合同。

第十三条　固定期限劳动合同，是指用人单位与劳动者约定合同终止时间的劳动合同。

用人单位与劳动者协商一致，可以订立固定期限劳动合同。

第十四条　无固定期限劳动合同，是指用人单位与劳动者约定无确定终止时间的劳动合同。用人单位与劳动者协商一致，可以订立无固定期限劳动合同。有下列情形之一，劳动者提出或者同意续订、订立劳动合同的，除劳动者提出订立固定期限劳动合同外，应当订立无固定期限劳动合同：

（一）劳动者在该用人单位连续工作满十年的；

（二）用人单位初次实行劳动合同制度或者国有企业改制重新订立劳动合同时，劳动者在该用人单位连续工作满十年且距法定退休年龄不足十年的；

（三）连续订立二次固定期限劳动合同，且劳动者没有本法第三十九条和第四十条第一项、第二项规定的情形，续订劳动合同的。

用人单位自用工之日起满一年不与劳动者订立书面劳动合同的，视为用人单位与劳动者已订立无固定期限劳动合同。

第十五条　以完成一定工作任务为期限的劳动合同，是指用人单位与劳动者约定以某项工作的完成为合同期限的劳动合同。

用人单位与劳动者协商一致，可以订立以完成一定工作任务为期限的劳动合同。

第十六条　劳动合同由用人单位与劳动者协商一致，并经用人单位与劳动者在劳动合同文本上签字或者盖章生效。

劳动合同文本由用人单位和劳动者各执一份。

第十七条　劳动合同应当具备以下条款：

（一）用人单位的名称、住所和法定代表人或者主要负责人；

（二）劳动者的姓名、住址和居民身份证或者其他有效身份证件号码；

（三）劳动合同期限；

（四）工作内容和工作地点；

（五）工作时间和休息休假；

（六）劳动报酬；

（七）社会保险；

（八）劳动保护、劳动条件和职业危害防护；

（九）法律、法规规定应当纳入劳动合同的其他事项。

劳动合同除前款规定的必备条款外，用人单位与劳动者可以约定试用期、培训、保守秘密、补充保险和福利待遇等其他事项。

第十八条　劳动合同对劳动报酬和劳动条件等标准约定不明确，引发争议的，用人单位与劳动者可以重新协商；协商不成的，适用集体合同规定；没有集体合同或者集体合同未规定劳动报酬的，实行同工同酬；没有集体合同或者集体合同未规定劳动条件等标准的，适用国家有关规定。

第十九条　劳动合同期限三个月以上不满一年的，试用期不得超过一个月；劳动合同期限一年以上不满三年的，试用期不得超过二个月；三年以上固定期限和无固定期限的劳动合同，试用期不得超过六个月。

同一用人单位与同一劳动者只能约定一次试用期。

以完成一定工作任务为期限的劳动合同或者劳动合同期限不满三个月的，不得约定试用期。

试用期包含在劳动合同期限内。劳动合同仅约定试用期的，试用期不成立，该期限为劳动合同期限。

第二十条　劳动者在试用期的工资不得低于本单位相同岗位最低档工资或者劳动合同约定工资的百分之八十，并不得低于用人单位所在地的最低工资标准。

第二十一条　在试用期中，除劳动者有本法第三十九条和第四十条第一项、第二项规定的情形外，用人单位不得解除劳动合同。用人单位在试用期解除劳动合同的，应当向劳动者说明理由。

第二十二条　用人单位为劳动者提供专项培训费用，对其进行专业技术培训的，可以与该劳动者订立协议，约定服务期。

劳动者违反服务期约定的，应当按照约定向用人单位支付违约金。违约金的数额不得超过用人单位提供的培训费用。用人单位要求劳动者支付的违约金不得超过服务期尚未履行部分所应分摊的培训费用。

用人单位与劳动者约定服务期的，不影响按照正常的工资调整机制提高劳动者在服务期期间的劳动报酬。

第二十三条　用人单位与劳动者可以在劳动合同中约定保守用人单位的商业秘密和与知识产权相关的保密事项。

对负有保密义务的劳动者，用人单位可以在劳动合同或者保密协议中与劳动者约定竞业限制条款，并约定在解除或者终止劳动合同后，在竞业限制期限内按月给予劳动者经济补偿。劳动者违反竞业限制约定的，应当按照约定向用人单位支付违约金。

第二十四条　竞业限制的人员限于用人单位的高级管理人员、高级技术人员和其他负有保密义务的人员。竞业限制的范围、地域、期限由用人单位与劳动者约定，竞业限制的约定不得违反法律、法规的规定。

在解除或者终止劳动合同后，前款规定的人员到与本单位生产或者经营同类产品、从事同类业务的有竞争关系的其他用人单位，或者自己开业生产或者经营同类产品、从事同类业务的竞业限制期限，不得超过二年。

第二十五条　除本法第二十二条和第二十三条规定的情形外，用人单位不得与劳动者约定由劳动者承担违约金。

第二十六条　下列劳动合同无效或者部分无效：

（一）以欺诈、胁迫的手段或者乘人之危，使对方在违背真实意思的情况下订立或者变更劳动合同的；

（二）用人单位免除自己的法定责任、排除劳动者权利的；

（三）违反法律、行政法规强制性规定的。

对劳动合同的无效或者部分无效有争议的，由劳动争议仲裁机构或者人民法院确认。

第二十七条　劳动合同部分无效，不影响其他部分效力的，其他部分仍然有效。

第二十八条　劳动合同被确认无效，劳动者已付出劳动的，用人单位应当向劳动者支付劳动报酬。劳动报酬的数额，参照本单位相同或者相近岗位劳动者的劳动报酬确定。

任务打卡

➤课堂讨论：规章制度的制定是否限制了个人自由，自由与制度之间的关系是怎样的？

➤能力养成：收集整理应该遵守的学校规章制度，并说明学校制定这个制度的原因是什么？

任务三　学会迭代思维促工作进程

任务知识点

一、"迭代式"逼近工作目标

（一）什么是迭代

迭代是重复反馈过程的活动，其目的通常是逼近所需目标或结果。每一次对过程的重复称为一次"迭代"，而每一次迭代得到的结果会作为下一次迭代的初始值。

迭代是重复执行一系列运算步骤，从前面的量依次求出后面的量的过程。此过程的每一次结果，都是由对前一次所得结果施行相同的运算步骤得到的。

在编程语言中，对计算机特定程序中需要反复执行的子程序（一组指令），进行一次重复，即重复执行程序中的循环，直到满足某条件为止，亦称为迭代。

通俗地说，迭代是通过无数次、不断地、重复地接近一个目标，折返接近，再折返再接近，最终达到目标。它不是一次性完成的，是通过不断重复完成的，但每次重复又比之前更好一点，是这样一种非线性的进程。现在，我们把"迭代"的关键词拆解一下：

(1)重复:不断地、反复做,而不是一次性地完成。

(2)改进:在做的过程中不断地调整、优化。

(3)认知升级:迭代的过程是不断提高认知的过程,升级只是这个过程的一个结果。

(二)什么是敏捷开发

敏捷开发以用户的需求进化为核心,采用迭代、循序渐进的方法进行软件开发。在敏捷开发中,软件项目在构建初期被切分成多个子项目,各个子项目的成果都经过测试,具备可视、可集成和可运行使用的特征。换言之,就是把一个大项目分为多个相互联系且可独立运行的小项目,并分别完成,在此过程中软件一直处于可使用状态。

敏捷开发遵循软件客观规律,不断地进行迭代增量开发,最终交付符合客户需求的产品。敏捷开发的软件更像一棵活着的植物,软件开发是自底向上逐步有序的生长过程,类似于植物自然生长。

(三)理解"迭代式"逼近工作目标

迭代式工作的核心:从整体入手,搭好初步的系统架构,对整个项目的目标明确描述之后,再启动整个项目,在后续的工作中刻意发现需求,明确需求,进一步寻找各种方法满足需求,逐步完善解决方案,将细节处理放置在工作的最后一步。因此,它不提倡一步到位,而是提倡不断调整、适应,逐步去达到目标。

1. 建立交付意识,直奔交付件开展工作

要建立交付意识。在一项工作中,你可能投入了大量的时间精力,但如果没有交付的动作,在旁人看来也许你等于什么都没做。

比如,为了筹备公司年会,你收集了员工意见、搜集了三家备选酒店的信息,等等,这些都属于"输入"和"处理"。这时你还需要从中整理出合适信息,变成你的提案,汇报给领导,完成"交付"。

工作中要善于输出。高效地获取知识或获得启发,不是说你"浏览"了多少,而是"转化"了多少。心理学中常说,通过教导他人,可以更好地掌握所学的知识。所以,要养成善于输出的好习惯,因为这样可以高效地将知识彻底地转化为自己的能力,为自己所用。

"输入""处理"和"交付"是完成一项工作的三个阶段。记住,你的每一个"输入"和"处理",都是服务于"交付"的。那么,为什么要强调交付呢?

这是因为计划赶不上变化。任何人都没有办法做到百分之百看准一个方向和一次做到最佳。更多时候,需求方自己也不清楚到底要的是什么,当看到最终产出时,他才意识到自己的需求是另外一个东西,然后推倒重来,劳财又费时。所以在早期,就需要给需求方看一个最初级的版本。它要拿得出手,又不至于过于复杂。它可以帮助确认最终需求,避免把时间投入到不必要的地方。

在计划交付节点时,建议前紧后松。假设一个项目有一个月的准备时间,建议第一周交付两次方案,供需求方进行反馈和调整。之后可以保持一周一次的交付节奏,这样也给自己留有余地。

2. 降低开始的难度,尽快上线

迭代可以有效降低一件事的难度,因为它将起步要做的内容减少到了一个最低的必要程度。

3. 持续迭代，完善工作

应寻求对方的反馈，然后进行持续迭代。通过迭代，实现一次比一次更好的“交付”。这样的好处在于，一方面己方源源不断地有产出；另一方面与需求方也始终处于一个合理的沟通状态。

另外，当同时面对多个项目的时候，要坚持一个原则：重要的事情多迭代，紧急的事情先迭代。比如，一个月后，自己要出席一个公司级的重要活动并做一个演讲；两天之后，自己要给部门员工做一次内部培训。按重要性，当然是公司级的活动大于部门内部的培训；按紧急程度，却恰好反过来。不管先做哪个，心里总会惦记着另外一个。根据上面讲的原则，可先把最急的内部培训材料，做出一个 1.0 版本，发出去听听其他人对这个版本的反馈。然后把这件事放一边，开始做公司演讲版本，全力做出 1.0 版本。因为有一个月的时间，可以根据领导的反馈，慢慢迭代到 2.0 版本直到定稿。

看起来是多个项目在同时推进，但其实是把不同项目的不同版本，不断地交付出去，手里仍然始终只留一个任务。

（四）学会“迭代式”工作过程汇报

职场人最害怕的事情是什么？相关调查显示，有 20%的人选择了“跟领导汇报工作”。而其中许多人将所有工作都完成后才汇报，其间出现的一些问题或者其他困难都选择自己“默默”承受，对提出问题有所顾虑，怕他人认为自己的能力欠佳。其实，这些顾虑完全没有必要，在工作中，随时会遇到新的挑战，哪怕是工作 10 年以上的员工也会遇到各种难以解决的问题。

有些问题或许只有自己一个人知道，别人并不知道。在一个整体中，及时将自己的进度反馈出来，有助于提高团队的效率，所以，及时汇报工作尤为重要。

一般来讲，工作汇报是员工重要的工作职责之一，就算没有强制要求，也要在一些关键节点找领导谈谈，让领导看到自己积极主动的状态。工作做得出色，及时汇报工作更能获得领导的信任。领导预留给下属沟通的时间有限，所以，下属要主动出击，寻找机会，定期汇报。即便暂时没有做出成绩，但汇报时对工作的整理会反过来促进自己去思考工作，由此形成自我约束，在日积月累中取得进步。

敢于汇报工作可以挑战自我、提升自我；不汇报工作则由于缺乏沟通，导致领导不了解、不信任，从而被边缘化。

二、自我迭代

很多企业往往会因为一个产品（服务）做得好而在市场上站稳脚跟，获取可观的利润，然后开始稳步发展扩大。这些企业会持续改进产品（服务），提升营销力度，力争保持市场地位，保障利润与发展。可往往坚持不了几年，利润开始下降，市场份额不断下跌。这时他们就会发现，应该早几年就研发新产品，寻找新的增长点，这样在老产品走下坡路前就可以完成营收重点产品的切换。

对于个人来讲也是一样，有了一份稳定的工作之后，只有保持精进，不断更新迭代自己，升级自己的“操作系统”，才能保持竞争力。

1. 精进既有的专业能力

以软件开发为例，如果已经熟悉 Java 语言，能够完成一些工作，那可以继续熟悉各种框架，如 Struts、Hibernate、Spring、Hadoop、Spark 等，也可以学习设计模式，还可以尝试学习从 Java 发展出来的语言，如 Groovy、Scala 等。

2. 培养第二职业

当已经没有了初入职场的那份新鲜感，开始日复一日没有太多变化的工作时，会渐渐觉得有些无聊，也没有成就感可言。这时该如何调整自己呢？

这时请问自己两个问题：我现在做的，就是一辈子想做的事吗？如果在职场上一直这样，我愿意吗？假如两个问题的答案都是否定的，那说明对自己还有期待，对自己的将来还有预期，可以寻找方向，重新出发。

如果真的不能做到热爱现有的工作，一时又要靠它生活，无法离开，那就利用业余时间，找到一个自己喜欢的方向，丰富相关的知识和技能，持续耕耘，积极逼近可以切换的那一天。

3. 提升通用能力

通用能力是指那些可以应用在很多职业的、可随着工作迁移的能力。比如学习、自我管理、目标规划、计划跟踪、写作、演讲、沟通、领导、管理、组织、协调、策划、信息搜集、逻辑思考等。

通用能力是一个人的核心竞争力，只有通用能力过了某个门槛，专业能力才能快速发展，即专业能力在通用能力的加持之下，才能发挥出更大的作用。

所以，提升自己的通用能力，是一个非常重要的努力方向。可以通过读书、培训、参加各种研习班等方式来提升通用能力。当然，最重要的是要在实际的工作和生活中不断地运用已有的能力，不断地总结，不断地改进。

职业课堂

PDCA 之目标分解和计划制订

PDCA 工作法是由美国质量管理专家沃特·阿曼德·休哈特（Walter Armand Shewhart）博士首先提出的，由 W. 爱德华兹·戴明（W. Edwards Deming）采纳和宣传，并得到普及应用，所以又称戴明环。

PDCA 即 plan（计划）、do（行动）、check（检查）、act（处理），四个步骤环环相扣，先将一个目标转换成可以具体实施的计划，然后实施计划、检查实施效果，最后处理检查结果，开始下一个循环。

1. plan（计划）

（1）确定目标。工作开始首先要明确目标，这是整个工作循环围绕的中心。

（2）制订计划。制订计划需要对目标进行分析，了解影响目标的因素、达成目标需要完成的任务，由此制订确实可行的计划，并确定计划实施过程中的考核指标，这样才能更好地把控实施过程中的进度。必要时，还需要制订应急计划。

2. do(行动)

(1)实施计划。将上一步制订的计划落地实施。

(2)跟踪行动。在计划实施过程中,需要记录各阶段的完成情况、计划实施过程中遇到的问题,以及各个影响因素的变化。

3. check(检查)

(1)结果评估。计划实施到此已经结束,进入分析检查阶段,评估是否达成目标。

(2)原因分析。分析计划是否合理,外界因素如何影响计划的实施。

4. act(处理)

(1)结果处理。对总结检查的结果进行处理,对成功的经验加以肯定,并予以标准化;对失败的教训也要总结,引起重视。对于没有解决的问题,应提交给下一个PDCA循环去解决。

(2)建立预防机制。总结计划实施过程中出现哪些突发情况,今后如何预防。为以后的工作建立预防机制,防止可预见的意外情况影响计划的实施。

PDCA工作法既是一个循环工作法,又是一个提升工作法。PDCA之所以能得到广泛应用,在于其综合了做事的一般流程,并成为一个可套用的结构,且行之有效。

任务打卡

职业故事

微信迭代开发过程

➤课堂讨论:为什么要重视工作过程汇报?

➤能力养成:你的汇报材料中引用了别人的错误数据,领导严厉批评了你,怎么办?

项目六 学会生存

项目指南

在当今社会，信息瞬息万变，竞争日趋激烈，任何人都或多或少地有一种来自内心的危机感。特别是对于现代大学生来说，他们生存在一个竞争尤为激烈的时代。为了在这样的时代中立足，他们必须学会快速适应环境的变化。这要求他们主动跳出自己的舒适圈，勇敢面对并接受各种挑战。

在本项目中，通过任务的实施和完成，培养大学生掌握科学的学习方法，这些方法将帮助他们在未来的职业生涯中不断学习新的知识和技能。通过持续学习和自我充实，他们能够应对挫折、解决问题，并在激烈的竞争中保持竞争力，在以后的职场中奠定坚实的基础和拥有强有力的生命力。

学习目标

1. 培养适应能力，能够在不同环境下快速适应和成长。
2. 提升自我认知和自信心，不断挑战自我，勇于接受新的挑战。
3. 培养团队合作精神，学会与他人合作、沟通，共同解决问题。
4. 学会正向面对挫折，培养解决问题的能力，学会分析问题、制定解决方案，并勇于实践和调整。

任务一 学会跳出舒适圈

任务知识点

一、舒适圈的定义与影响

（一）舒适圈的定义

舒适圈，网络流行词，形容每个人都生活在一个无形的圈子里，在圈内有自己熟悉的环境，与认识的人相处，一切都是可掌控的，所以人们感到很轻松、很自在。

(二)舒适圈的影响

舒适圈对人的影响不可忽视,具体来说,主要有以下几个方面:

1. 学习能力受限

研究表明,过度舒适的学习环境会导致学生的学习成绩下降。这是因为舒适圈通常意味着缺乏挑战和压力,学生可能缺乏学习的积极性和动力。研究表明,学生在面对适度挑战的情境下,学习成绩和学习动力通常会得到提升。此外,过度舒适的状态也可能导致学生缺乏求知欲望,降低学习动力和自我激励能力。这可能会影响他们未来的学术表现和对知识的探索。

2. 职业发展受阻

过度舒适的状态也会对大学生的职业发展产生负面影响。长期处于舒适圈的学生可能缺乏对职业发展的远见和挑战精神,导致就业竞争力下降。这是因为舒适圈可能使他们缺乏对职业市场的了解和对未来职业发展的规划。调查发现,那些在大学期间从未离开过家乡或学校附近的学生,其就业竞争力相对较弱。此外,长期处于舒适圈的学生在面对职业挑战时,往往缺乏适应能力和抗压能力。这可能使他们在职场中面对挑战时更容易出现情绪波动和适应困难。

瑞典的一所大学对学生进行了一项调查,发现那些在大学期间参与了国际交换项目或在企业实习的学生,他们的就业率和就业竞争力要明显高于那些没有这样经历的学生。这表明,经历新的环境和挑战对学生的职业发展有着积极的影响。美国劳工统计局的数据显示,那些在大学期间曾参与实习或有相关工作经验的学生,毕业后的就业率和薪资水平要高于那些没有相关经验的学生。这也表明,对于职业发展来说,适度挑战和实践经验对学生是非常重要的。

3. 缺乏创新能力

长期处于舒适圈的学生往往缺乏对新鲜事物的接受和创新思维。他们习惯固定的学习和生活模式,对于新观念和新想法的接受能力较弱。这可能导致他们在面对新问题和挑战时缺乏创新解决方案,影响了他们的创新能力。舒适圈的限制可能使大学生缺乏创新意识和冒险精神,影响其在未来职业生涯中的创造力和竞争力。

4. 心理素质脆弱

长期处于舒适圈的学生可能缺乏应对挫折和压力的心理素质。舒适圈使他们习惯稳定和舒适的环境,一旦面对挑战和压力,他们可能缺乏适应能力和抗压能力,容易产生焦虑和消极情绪。这可能影响他们的学习和生活,甚至对未来的职业发展产生不利影响。长期处于舒适圈可能使大学生在面对挑战和挫折时缺乏坚忍性和适应能力,容易产生消极情绪和情感波动。

二、三圈理论

(一)什么是三圈

舒适圈三圈理论是一种描述人们在面对外界环境时的心理状态的模型,包括三个区域:舒适圈(comfort zone)、学习圈(learning zone)和恐慌圈(panic zone)。

1. 舒适圈

这是一个让人感到熟悉和安全的区域,在这里,人们可以做自己擅长的事情,不需要付出太大的努力就能应对自如。在这个区域里，人们通常会感到放松和舒适。当踏出这个圈子的时候，面对不熟悉的变化和挑战会感到不舒适，因而很自然地想退回到舒适圈内。

2. 学习圈

这是一个稍微具有挑战性的区域，人们在这里可能会遇到一些困难，但这些困难并不足以让个体感到极度不安或无法应对。在这个区域里，人们有机会学习和提升自己的技能。

3. 恐慌圈

这是一个使人感到完全失控和不熟悉的区域，这里的挑战超出了个体的能力和应对范围，导致个体产生极度的压力和焦虑。在这个区域里，人们往往会感到无法学习或进步。

（二）三圈的表现及特点

1. 舒适圈的表现

每天感觉日子重复且枯燥，对手头上的事情提不起干劲去做，任由自己变得越来越颓废。

如果你有上述感觉，证明你正处于舒适圈中，它正在一点一点地侵蚀你的内心，让你变得越来越懒惰，生活也越来越无趣。舒适圈还有另外一种生活状态：看起来很努力，感到很累、很忙，其实不过是无意义的循环。这样的生活，可能过得舒服，却没有本质性的变化。

2. 学习圈的表现

处于学习圈时，对于新的事物，个体可以有更多的机会去挑战、去锻炼自我，能学到的东西也很多，有时候会有轻度不适应的感觉，但是克服了就好了。

3. 恐慌圈的表现

此圈会让人感到严重的忧虑、恐惧，超过自己的承受能力，所以，人处在恐慌圈中很难专心学习。

三圈的特点见表 6-1。

表 6-1　三圈的特点

区域	学习潜力	特点
舒适圈	低	对自己所处的环境、身边的人以及需要做的事都感到非常安适
学习圈	高	感觉到了挑战，但个体所处的位置并未受到威胁
恐慌圈	低	在特定情境下，人们感到非常不适或受到威胁，他们将注意力集中到如何摆脱这种处境而不是如何从中学习

三、如何“出圈”

（一）明确“出圈”的目标

走出舒适圈可以有很多的目标，比如技能掌握、兴趣培养、社交需求、新事物体验、自我挑战、习惯养成等，可以根据自己的现实情况给想要涉猎的学习圈赋予目标，定目标是很关键的一步，明确的目标可以帮助自己调整在学习圈的时间投入、学习方式、深入程度、所需支持等。

（二）规划学习节奏，调节情绪状态

明确目标之后，要先规划学习节奏，可将目标拆解为若干个可执行的小任务，通过完成

层层递进的小任务，获取阶段性胜利以维持学习动力。当处于学习圈时，会伴有一定的不适感，需要时刻调整心态，将不适感控制在可接受范围内，以坚持到下一个阶段的胜利。

(三)把控结果预期，学会适时回缩

预期的任务不总是能如愿达成，要及时调整学习预期，充分预判任务的结果，提前做好学习目标偏离或者任务中断的心理准备，当难度超出可控范围或焦虑过度的时候，要理性看待，适时回缩，注重精神层面的“劳逸结合”。

四、克服舒适圈带来的困难与不安

面对现实的挑战，每个人都要勇敢前行。只有不断挑战自己，跳出舒适圈，才能不断提升自己，适应社会的发展。要学会面对困难，把每一次挑战都当作一次成长的机会。

(1)学会调整心态：面对挑战时，心态很重要。要学会调整自己的心态，保持乐观、积极的态度，相信自己能够克服困难，迎接成功。

(2)接受变化：变化是生活的常态，要学会接受它。不管是学习中的挑战，还是生活中的波折，都要以积极的心态去面对，从中吸取经验和教训。

(3)培养适应能力：适应能力是应对变化的关键。可以通过学习新技能、拓展人际关系等方式，提高自己的适应能力，更好地应对生活中的各种挑战。

(4)保持平衡：在追求舒适生活的过程中，还需要保持生活的平衡。要关注自己的身体健康、家庭关系等方面，努力实现全方位的幸福、舒适。

职业课堂

邬贺铨：困于舒适圈，中国互联网企业大多数都没有“走出去”

2021年7月13日，第二十届中国互联网大会在北京召开。在大会开幕式的“尖峰对话”环节上，中国工程院院士、中国互联网协会咨询委员会主任邬贺铨指出了中国互联网发展的三个特点。

第一，政府采取了审慎包容的态度，为互联网企业提供了很多试错机会。这一点反观欧洲，企业业务发展初期就制定各种各样的政策，限制重重。我国政府治理互联网，让互联网行业更规范地发展。

第二，中国的网络基础先试先行。目前，我国宽带网络用户的光纤渗透率非常高，已经达到98%，美国可能只是中国的1/5～1/4。移动通信每平方公里的基站数，按人口平均的基站数计算，中国远远优于美国。以5G为例，现在全球5G连接数的80%在中国，全球70%的5G基站在中国。基础设施的超前建设为互联网发展提供了坚实的基础。

第三，中国国情的优势和劳动力红利发挥了重要作用。互联网行业实现了弯道超车，可以说是中国特色发展。比如，中国信用卡发展是滞后的，但中国通过网络支付，实际上不需要等信用卡发展，就把支付发展起来了，而且是在PC还没有完全普及的时候，通过手机移动互联网实现了刷码支付，实际上现在所有的共享经济很多都离不开刷码支付。同时，中国还有劳动力红利，让电商业、物流业得到了快速发展。

此外，邬贺铨也用三点来总结了当前互联网发展的不足之处。

第一，在核心技术上仍然是落后的。尽管中国有不少互联网企业已进入全球排名前十强，但是中国的大平台互联网企业市值较低。在新生的互联网企业独角兽中，中国的“独角兽”数量相对较少，核心技术还是有缺失的。

第二，中国的互联网企业大多数都没有“走出去”。除了有国外限制的原因，更多的是习惯国内舒适的生存发展环境，不愿意跑到国外受苦，这也是不足之处。

第三，互联网对实体经济的支撑还不够。我国尽管在消费互联网上应用较好，但是消费互联网仍主要是电商，整个产业互联网跟美国相比，也还是滞后的。

第二十届中国互联网大会结合5G应用、工业互联网、数字政府、数据安全、数据治理、数字孪生、未成年人保护、知识产权等热门话题，共举办了22场分论坛、1场电竞表演赛、24个展览展示、1场地方站活动、10余个圆桌对话。

大会期间共发布了《中国互联网发展报告(2021)》等10余份重量级报告，举行了10余个活动启动仪式及签约仪式。400余位政府部门领导、院士、国内外行业专家及企业代表在大会上发表了精彩讲话，300余家媒体对大会进行了全方位深度报道，参会观众累计超过3.2万人次。

(资料来源：郇贺铨：困于舒适圈，中国互联网企业大多数都没有“走出去”. 中国互联网协会网站. 2021-7-14.)

任务打卡

职业故事

俞敏洪：走出人生的“舒适圈”，你才可能有所突破

➢课堂讨论：你是否正处在舒适圈？

➢实践拓展：设计适合自己的跳出舒适圈的目标、措施。

任务二 直面竞争 应对挑战

任务知识点

一、竞争意识与竞争优势的培养

(一)认识竞争意识

1. 竞争意识的定义

竞争意识是指对于外部竞争环境和内部竞争优势的认知和理解，以及对于竞争对手的了解和竞争策略的制定能力。它能使人精神振奋、努力进取，促进事业的发展。它是现代社会中个人、团体乃至国家发展过程中不可缺少的心态。

2. 竞争意识的内涵

竞争意识的内涵包括以下几个方面：

(1)对竞争环境的敏感性。竞争意识首先表现为对外部竞争环境的敏感性，包括市场竞争、行业竞争、技术竞争等方面。个人或组织需要了解市场变化、竞争对手的动态、新技术的发展等，以便及时做出反应。

(2)对竞争优势的认知。竞争意识还包括对自身的竞争优势和劣势的认知。这涉及对自身资源、能力、技术、品牌等方面的客观评估，以便在竞争中找到自己的优势和劣势，并做出相应的战略选择。

(3)对竞争对手的了解。竞争意识表现为需要对竞争对手的情况有一定的了解，包括对竞争对手的实力、策略、产品、市场定位等方面的分析，以便做出有效的竞争对策。

(4)对竞争策略的制定。最后，竞争意识包括对于竞争策略的制定和实施。这包括选择适当的市场定位、产品定位、营销策略、创新策略等，以便在竞争中取得优势地位。

具备良好的竞争意识可以帮助个人和组织更好地适应竞争环境，制定有效的竞争策略，从而在竞争中取得成功。

3. 竞争意识的作用

竞争意识既具有正向作用，也具有反向作用，具体表现为：

(1)竞争意识有利于激发人的潜能。个体的需要多种多样，处于竞争条件下，人们自尊的需要和自我实现的需要更为强烈，对于竞赛活动将会产生更加浓厚的兴趣，克服困难的意志更加坚定，争取成功的信念也更加坚定。个体将动员一切力量，全力以赴，充分发挥内在潜力与创造力，力争使自己在竞争中立于不败之地。

(2)竞争意识能帮助人克服惰性。有竞争时，由于人处于一种应激状态，产生了强烈的情绪体验，刺激着肾上腺体分泌激素，血糖升高，从而使全身肌肉产生紧张感，全身各器官和组织也都被动员起来，来应对突然发生的紧急情况。这种紧张感对参加体育竞赛及其他项目的竞赛都是有益的。竞争意识有利于发现自己的优势和不足，以便发挥优势，规避和改正不足。通过与他人的竞争，个体对自己的特点和能力有了进一步的认识，因此能客观地评价自己，扬长避短、精益求精。即使遇到失败和挫折，也能寻找原因争取“东山再起”，所谓“失败是成功之母”。

(3)群体之间的竞争有助于加强群体内部的凝聚力。

(4)竞争意识不仅让竞争的双方获得成长，而且会让竞争之外的他人受益，比如两家商店竞争而降价等。

(5)竞争意识可能导致急功近利、鼠目寸光。由于个体一心想战胜对方，经常将自己与对手进行比较，往往会过高地估计自己。对竞争对手的优点、友好的表示等视而不见，不能做出公正的评价，甚至采取妒忌、贬低和仇视的态度，不利于与他人建立良好的人际关系。从长远的发展看，这样会因小失大。

4. 培养竞争意识的重要性

对个人来说，培养竞争意识的重要性体现在以下几个方面：

(1)适应竞争环境。竞争是市场经济的基本特征，无论是个人还是组织，都需要适应激烈的竞争环境。培养竞争意识可以帮助个人和组织更好地理解和适应竞争环境，提高应对竞争的能力。

(2)激发创新和进步。培养竞争意识可以激发个人和组织的创新意识,促使其不断寻求新的解决方案和创新的产品或服务,以应对竞争对手的挑战。这有助于推动行业和市场的进步。

(3)提高绩效和效率。培养竞争意识可以促使个人和组织更加关注绩效和效率,不断提升自身的竞争力。在竞争激烈的环境中,高绩效和高效率往往可以成为竞争的关键优势。

(4)增强适应能力。培养竞争意识可以帮助个人和组织更好地适应市场的变化和挑战,提高应对外部环境变化的能力,增强自身的适应能力。

(5)促进个人和组织的成长。具备竞争意识的个人和组织更容易在竞争中获得成功,从而实现个人和组织的成长和发展。

(二)发掘个人竞争优势

1. 理解个人竞争优势的概念

个人竞争优势是指个人在特定领域或环境下相对于他人所具有的优越性和独特性。这种竞争优势可能源于个人的技能、知识、经验、性格特点、人际关系、资源等方面。个人竞争优势可以使个人在职业生涯中更具竞争力,更容易取得成功。

2. 发掘个人竞争优势的方法

发掘个人竞争优势的方法主要有以下几个方面:

(1)自我评估和分析。通过自我评估和分析,了解自己的技能、知识、经验、性格特点、人际关系、资源等方面的优势。可以通过 SWOT 分析等方式,对自己进行全面的评估,找出个人的优势和潜力。

(2)反馈和评估。向他人(如同事、亲人、朋友)征求意见,了解他们对你的印象和评价。这些反馈可以帮助你更客观地认识自己的优势和劣势,从而更好地发掘个人竞争优势。

(3)职业规划和目标设定。通过职业规划和目标设定的过程,思考自己未来的发展方向和目标,找出与目标相关的个人优势和潜力,为个人竞争优势的发掘提供方向和依据。

(4)专业培训和学习。参加专业培训和课程,不断学习和提升自己的专业技能和知识,发掘自己在特定领域的竞争优势。

(5)参与实践项目和团队工作。积极参与实践项目和团队工作,通过实践和合作,发现在项目中获得的成就和经验,以及自己在团队中的优势和特长。

(6)建设个人品牌。个人品牌包括个人形象、价值观、专业能力等方面的塑造,使自己在职业领域中具有独特的竞争优势。

(7)寻求指导。与导师或有经验的人交流,寻求他们的指导和建议,了解他们对你的评价,有助于发现个人的潜力和优势。

3. 个人竞争优势与职业规划的关系

个人竞争优势与职业规划密切相关,它们之间存在着相互促进的关系。个人竞争优势是指个人在职业生涯中具有的独特、突出的优势和特长,而职业规划是指个人对自己未来职业发展的明确目标和计划。以下是个人竞争优势与职业规划之间的关系:

(1)个人竞争优势指导职业规划。个人竞争优势可以指导个人的职业规划,帮助个人确定未来的职业发展方向和目标。通过发掘自身的优势和特长,个人可以更清晰地了解自己适合从事的职业领域,有助于明确职业目标和规划。

(2)职业规划促进个人竞争优势的发展。在职业规划的过程中,个人可以根据未来的职业目标和规划,有针对性地提升和发展自己的优势,通过专业培训、学习、实践项目参与等方式,不断完善个人的竞争优势。

(3)个人竞争优势支持职业发展。个人竞争优势是个人在职业生涯中取得成功的重要基础,它可以支持个人的职业发展。具有明显竞争优势的个人更容易获得职业机会、得到认可和提升,有助于实现职业规划中的目标。

(4)职业规划的调整影响个人竞争优势。职业规划的调整可以影响个人竞争优势的发展。随着职业规划的调整和职业目标的变化,个人的竞争优势也可能发生变化,需要不断地对个人的竞争优势进行评估和调整。

(三)制定有效的竞争策略

1. 竞争环境分析

竞争环境分析是指对某一行业或市场中的竞争情况、竞争对手、竞争态势等进行系统性的评估和分析。这种分析对于企业、个人职业规划以及市场定位都非常重要。以下是进行竞争环境分析时需要考虑的几个方面:

(1)竞争对手分析。了解竞争对手的数量、规模、地位、战略、产品和服务特点等。通过对竞争对手的分析,可以了解行业中的主要参与者,以及他们的优势和劣势。

(2)行业竞争力分析。评估所处行业的竞争力,包括行业的增长趋势、市场规模、市场结构、进入壁垒、供应商和买家谈判能力等。这有助于确定所处行业具有的吸引力和挑战。

(3)潜在竞争者分析。考察是否有新的竞争者可能进入市场,以及他们的潜在影响。这有助于预测市场的未来发展趋势。

2. 个人竞争定位和个人差异化策略

(1)个人竞争定位

①确定自己的目标市场。在职业发展中,要确定自己的目标市场或行业。这应该是自己所擅长的领域或者是自己热爱的行业。

②确定自己目标受众。在目标市场中,要确定自己想要服务的目标受众或雇主。可以是特定类型的公司、特定的职位或特定的行业。

③确定自己的定位。一旦确定了目标市场和目标受众,就可以确定自己在这个市场中的定位,包括自己的专业领域、专业技能、个人品牌形象等。

(2)个人差异化策略

①发展独特的技能。为了在职场中脱颖而出,要发展独特的技能或专业知识,这可以是行业特定的技能、跨学科的技能或者是新兴技术领域的专业知识。

②建立个人品牌。通过积极参与行业活动、分享专业见解、在社交媒体上展示专业形象等方式,建立个人品牌,树立自己在行业中的专业形象。

③提供独特的价值主张。在求职或职业发展中,强调自己能够为雇主或客户提供的独特价值,例如解决问题的能力、创新思维能力、团队合作能力等。

二、团队合作与个人竞争的平衡

(一)团队合作的重要性

团队合作的重要性体现在以下几个方面:

(1)实现共同目标。团队合作可以帮助成员共同努力、协同合作,以实现共同的目标。通过团队合作,可以整合不同成员的专业知识和技能,从而更有效地完成工作。

(2)提高工作效率。团队合作可以分担个人工作压力,提高工作效率。成员可以相互支持,协同工作,避免重复劳动,节约时间和资源。

(3)促进创新和思维碰撞。团队合作可以促进不同成员之间的思维碰撞,促进创新。通过分享想法和意见,团队成员可以激发彼此的创造力,产生更具创新性的解决方案。

(4)提升团队凝聚力。团队合作可以增强团队成员之间的互信度和凝聚力。通过共同努力,团队成员之间会建立更紧密的关系,增强团队的凝聚力和稳定性。

(5)促进个人成长。团队合作可以促进个人的成长和学习。在团队中,成员可以从其他成员那里学到新的技能和知识,拓展自己的视野,提升自己的能力。

(6)提高工作满意度。通过团队合作,成员可以相互分担工作压力,共同迎接挑战,从而提高工作满意度。团队合作可以帮助成员建立对工作的认同感和归属感。

(二)个人竞争与团队合作的协调

个人竞争和团队合作是两种截然不同的工作模式,但它们可以相互协调,共同促进组织和个人的发展。以下是个人竞争和团队合作之间的协调方式。

(1)确立共同目标。个人竞争和团队合作都是为了实现组织的整体目标。个人竞争时,也要意识到自己所处的团队环境,确保个人的行为和决策不会损害团队的整体利益。

(2)适时合作。在团队合作中,成员可以在合适的时机展现个人竞争力。当团队目标与个人目标一致时,个人可以通过积极的竞争来激励其他团队成员,推动整个团队向前发展。

(3)充分沟通。在团队合作中,成员需要充分沟通,包括分享个人的想法和意见。同时,也要倾听团队其他成员的建议,并达成共识。这种沟通可以促进个人竞争和团队合作之间的良性互动。

(4)公平竞争。在个人竞争中,要遵守公平竞争的原则,不使用不正当手段,尊重团队其他成员的权益。同时,在团队合作中,也要尊重每个成员的个人能力和贡献,给予公平的评价和认可。

(5)共享成果。在团队合作中取得的成果应该是整个团队共同努力的结果。即使个人竞争取得了成功,也要意识到这是团队整体成果的一部分,并与团队分享成果。

个人竞争和团队合作并不是对立的关系,而是可以相互促进、相互协调的。通过确立共同目标、适时合作、充分沟通、公平竞争和共享成果,个人竞争和团队合作可以相互协调,实现组织和个人的共同发展。

三、提高自身竞争力的方法与技巧

(一)不断学习与自我提升

1. 不断学习的重要性

在今天的职场,不断学习已经不再是一种选择,而是一项必不可少的技能。职业发展不再是一条笔直的道路,而是一个充满挑战和机会的迭代过程。不断学习的重要性体现为:

(1)保持竞争力。技术和市场环境不断变化,如果不学习新知识和技能,就会被淘汰。持续学习可以让自己保持在职场上的竞争力。

(2)具备适应性。持续学习可以培养适应不断变化的环境的能力。这种适应性对于解决新问题和应对新挑战至关重要。

(3)获得个人满足感。学习新东西可以增加个人满足感和成就感。不断提升自己的能力可以带来更大的职业满足度。

2. 自我提升的途径

自我提升的途径主要包括以下几个方面:

(1)设定明确的学习目标。首先,明确学习目标,可以是一项新技能、一门新的学科或一种提升职业素养的方法。

(2)规划学习时间。将学习时间纳入自己的日程安排中。无论是每天抽出30分钟还是每周安排几个小时,都要保持下去。

(3)选择适合的学习方式。学习方式多种多样,包括在线课程、自学、参加研讨会和阅读书籍等。选择适合自己的方式,并灵活调整。

(4)利用在线资源。互联网提供了丰富的学习资源,如在线课程、学习平台、开放式课程资源等,可以充分利用这些资源提升自己。

(5)参与社交学习。加入专业社交网络,参与讨论和合作项目可以加速学习进程,与其他人分享经验和知识。

(6)接受反馈。接受反馈是不断改进的关键。寻求他人的建议和评估,以了解自己的学习进展并识别需要改进的领域。

(7)实践和应用。将学到的知识和技能应用到实际工作中。实践是巩固学习的最佳方式。

(8)持之以恒。学习是一个长期的过程,需要坚持不懈,不要害怕失败。

(二)提高抗压能力

1. 什么是抗压能力

抗压能力一般指心理承受能力。心理承受能力是个体对逆境引起的心理压力和负性情绪的承受与调节的能力,主要是对逆境的适应力、容忍力、耐力、战胜力的强弱。一定的心理承受能力是个体良好的心理素质的重要组成部分。

压力一般分为两种,一种是自然的,一种是人为的,遭遇逆境的时候,人们会感觉到压力并产生一定的负面情绪。所谓抗压能力就是处理自己的负面情绪,进行自我调整的能力,即自己能否在逆境中尽量保持正常的心理状态和生活节奏。遭遇困难和挫折时,人们都会有痛苦、伤心、沮丧的感觉,所以不要错误地认为这些感觉是抗压能力低的表现,从而对自己产生负面评价。

抗压能力的高低区别主要包括两个方面:一个方面是面对逆境时,人们所感受到的痛苦程度如何;另一个方面是在逆境中,个人的情绪和状态是良性发展,还是恶性循环。

2. 抗压能力的重要性

抗压能力是个人生存发展的需要。我们生活在一个处处充满压力的时代,每个人都无可避免地要面对各种各样的压力。但是社会的大环境,不会因为个人的身心疲惫而改变,激烈的市场竞争也不会因为个人的软弱而止步不前,人们除了直面这些压力别无选择。

良好的抗压能力已经越来越受到职场重视,抗压能力不仅仅是生存的利器,也是强者的代名词。要追求人生的理想，就要用坚忍来消化压力。压力可以压垮弱者，也可以激励强者，在压力面前，要越挫越勇。

压力是成长的催化剂，没有压力就没有动力，压力就像双刃剑，合理地利用和转化压力尤其重要。对于不思考的人来说，他们只会看到事物的负面影响，在他们看来压力就像老虎一样可怕。对于智者来说，压力就好像可以驾驭的马匹，他们能够积极地转化压力为动力，从而鞭策、驱使自己勇往直前。

压力就像黎明前的黑暗，克服了压力一切会变得很美好。若是没有压力，便没有了追求成功的勇气。虽然压力会给人带来痛苦，但是在成功面前，每一份忍耐和付出都会化作成功的一部分。压力促使个人成长，让个人在成功以后更加感谢曾经努力的自己。

3. 如何提高抗压能力

要想提高抗压能力，需要做到以下两个方面：

(1)保持乐观的心态。人生不如意之事，十之八九。人生的道路犹如蜀道。无论如何，人生的苦与难不会因为个人的脆弱而改变。软弱的人只会怨天尤人、自怨自艾。而对于坚强的智者而言，其心胸容得下山海。

智者能够透过人生的困难看到其背后的美好，从而激发自己的斗志，把人生的困难当作磨炼自己心志的机会。无论在什么时代，乐观始终是强者的最强音。因为这份乐观和豁达，他们具有很强的抗压能力，宛如刀剑一样锋利，所向披靡。在乐观的心态面前，压力如雨后乌云一样消散。

(2)提高自身实力。压力之下勇者胜出。除了拥有应对压力与挑战的勇气，还需要努力提升自己，才能接得住命运给予的馈赠。只有不断提升自己各个方面的实力，才能在压力面前毫不退缩，敢于"揭皇榜"、挑大梁，让压力成为自我成长的催化剂，让自己一步步臻于完善和成长。

压力具有双面性。不要过分地批判压力的弊端，而是要客观地看待压力带来的改变，用理性的态度对待压力。一个人若是抗得住压力，压力就是动力，可以促使其走向成功。

职业课堂

华为喊话：美国，直面竞争吧

外媒称，2019 年，华为高级副总裁兼全球网络安全和隐私官约翰·萨福克举行媒体见面会，强调"华为是全世界接受最严格检查的公司"，并呼吁美国直面竞争。

安全与信任

据韩国东亚日报网站 2019 年 4 月 17 日报道，上个月，华为曾就美国政府机构以安全忧虑为由采取限制购买华为产品及服务的措施，向美国联邦法院提起诉讼。华为主张，美国政府所指的安全问题并不存在，不让美国消费者购买华为产品是不正当的。

在"2019 华为全球分析师大会"上，华为轮值总裁胡厚崑表示，华为的主力价值中，"信任(Trust)"是最优先价值。东亚日报网站指出，华为设立了新的网络安全透明性中心。参考消息网在华为官网注意到，萨福克曾在英国政府工作 7 年，负责英国官方的信息技术和信息安全工作，于 2011 年加入华为。

呼吁直面竞争

据英国《卫报》报道,萨福克对华为是一家中国公司表示自豪,他说:“我们的创始人是位中国人,我们以自己是一家中国公司为傲,这意味着在某些情况下,聚光灯永远在你眼前。”另据俄罗斯 RT 电视台网站报道,萨福克还呼吁美国直面竞争。他指出,“美国表示希望公开竞争,但随后说‘华为,你不能在美国工作,你被禁止了’。我相信美国应该面对竞争,因为美国公民将从中受益。”报道指出,美国在相当长的一段时间里一直在与华为进行较量。近几个月来,美国还不遗余力地阻止其盟友与这家中国科技巨头合作。然而,迄今为止,美国未能提供任何有关“华为威胁论”的确凿证据。报道称,尽管澳大利亚等一些国家表面上接受了美国的警告,禁止华为参与 5G 网络开发,但很多国家不愿意追随美国的脚步。欧盟委员会对美国要求取缔华为的呼吁置之不理,但敦促成员国继续评估网络安全威胁。一些欧洲国家确实对华为产品进行了评估,并得出“没有什么可怕的”的结论。比利时是最近一个表示没有发现华为科技构成“间谍威胁”的国家。早些时候,德国网络安全监督机构也发表了类似的声明。

(资料来源:刘丽丽.华为喊话:美国,直面竞争吧.中国经济网.2019-04-22.)

任务打卡

职业故事

从普通技工到技能大师的成长“三字经”

- 课堂讨论:如何平衡个人竞争和团队合作?
- 能力养成:分析你所具备的竞争优势。
- 实践拓展:设计提高自身竞争力的方式、方法。

任务三 应对挫折 解决问题

任务知识点

一、挫折与失败的正确认知

人生中,挫折与失败是不可避免的。正确认识挫折与失败,才能更好地应对竞争和挑战。对成功者而言,所谓的挫折,只是命运为了增强他们的实力而设置的障碍。人之所以会犯错误,是因为人有弱点和不足。挫折就是为了让人看清不足,然后督促自己进步,变得更好。像人们感冒发烧,就是体内的白细胞在和病菌做斗争,这样的小病会增强人们自身的抵抗力。如果一个人一直不能从挫折中恢复过来,那他可能很难再有所成长。

（一）挫折与失败的意义

挫折与失败并非意味着无法成功，而是提醒人们需要调整方向，重新审视自己的行动和决策。它们是人生中的教科书，帮助人们认识到自己的局限性，激发内在的潜能，为未来的成功做好准备。挫折与失败的意义主要体现在以下几个方面：

（1）提醒与警示。挫折与失败提醒人们需要重新审视自己的行动和决策，警示人们可能存在的盲点和不足，促使人们进行反思和调整。

（2）成长与学习。挫折与失败是成长的契机，通过经历挫折和失败，人们能够学到宝贵的经验，不断完善自己，提升智慧和能力。

（3）坚忍与毅力。挫折与失败锻炼人们的坚忍性和毅力，让人们学会面对困难和挑战，培养顽强的意志和抗压能力。

（4）成功的基石。挫折与失败是成功的基石，很多成功人士都是通过挫折和失败积累经验，最终取得了辉煌的成就。

（二）从挫折与失败中获得正能量

人们面对挫折与失败，可以通过积极的心态和态度，从中获得正能量。通过反思和总结，能够发现自己的不足之处，明确未来的发展方向，增强自信心，以更加坚定的步伐走向成功。

挫折与失败是成长的催化剂。通过经历挫折与失败，人们可以得到宝贵的经验和智慧，提升自己的应变能力和抗压能力，为未来的人生道路提供宝贵的指引。

挫折与失败并不是一件让人感到愉快的事情，它可能会给人带来痛苦和失望。然而，一个明智的人会认识到，挫折与失败是成长和进步的一部分。失败的经验能够帮助自己认识到不足和弱点，找到改进和提升的方向。正如阿尔伯特·爱因斯坦所说："失败是成功之母。"每次失败都是一个宝贵的机会，让人们更加了解自己，发现自身的弱点和不足，从而在下一次尝试中做出更好的决策和行动。

1. 失败能够激发出人们内在的潜能和动力

当人们经历失败时，会感受到挫折和困惑。然而，正是在这些瞬间，人们才能激发出内心的潜能和动力，努力寻求解决问题的方法。人们会思考自己为什么失败，找到原因并改正。这种自我反思和积极探索的态度，能够培养出坚忍的心态和持续进步的动力。只有经历失败，人们才能体验到为了成功而不断努力的真正价值。

2. 从失败中学习有助于培养心理弹性和自信

每一次失败都是一次挑战。当人们能够勇敢面对失败，并且从中学习时，会产生一种无所畏惧的心理，这就是心理弹性。这种心理弹性非常重要，因为面对的挑战越大，需要的心理弹性就越多。当人们能够从失败中学习，并最终获得成功时，自信心也会得到提升。失败并不代表一个人的能力不行，恰恰相反，它是个人成长和成功的重要一步。

二、应对挫折的心态与方法

正确认识和利用失败经验对于个人成长至关重要。在面对失败时，不应该止步于失败本身，而是要不断地尝试并寻找成功的路径。只有通过不断的学习和实践，才能不断提升自己，迈向更高的目标。

（1）接受现实并面对问题。当人们遭遇挫折和失败时，很容易产生否认自我和逃避的心态。然而,这样只会让问题变得更糟。要接受现实,积极面对问题,想方设法地解决它们。在职场中,挫折是难以避免的。要接受这一点,并学会如何应对。只有这样,才能更好地应对职场挑战。

(2)保持积极乐观的心态。即使遭遇失败和挫折,也不能丧失信心和勇气。保持积极乐观的心态,相信自己有能力克服困难,会让自己更有动力去面对问题。

(3)坚持努力。在面对挫折和失败时,不要放弃,要坚持努力。职场人士应该相信自己的能力和实力,相信自己可以克服任何困难。

(4)分析原因。当遭遇挫折和失败时,要深入分析原因,找出问题所在,以便找到解决问题的方法。这可能需要请同事或上级一起分析,以获得更多的意见和建议。

(5)寻求帮助和支持。当遇到挫折和失败时,不要孤军奋战。寻求帮助和支持可以使自己更快地恢复过来。可以找信任的同事、朋友或家人倾诉,听听他们的建议和看法。

(6)寻找解决办法。一旦找出问题所在,要立即寻找解决办法。这可能涉及重新制订计划、调整方法或改变策略等。

(7)立即行动。在找到解决问题的方法之后,要立即采取行动。只有采取实际行动,才能真正解决问题,并取得成功。

(8)吸取经验和教训。挫折和失败是学习和成长的机会。不断吸取经验和教训,可以帮助职场人士更好地应对未来的挑战。

任务打卡

职业故事

何世豪:从医学专科生到斯坦福博士,他用汗水诠释人生的意义

➤课堂讨论:如何看待当今大学生抗压能力弱的问题,你的抗压能力如何?

➤能力养成:列举自己通常会遇到的挫折,并给出与之相对应的解决措施。

第三部分

正确地做事

项目七 学会合作

项目指南

合作可以带来资源共享、知识交流，提高工作效率，激发创新潜力，促进社会进步和文化繁荣。在团队合作中，成员可以通过互相支持和协助来共同应对挑战，提升整体绩效和成果。学会合作不仅能够提高工作效率，还能拓宽视野和技能，为实现团队或者组织的共同目标奠定基础。

在本项目中，通过执行并完成任务，大学生能全方位且深刻地理解沟通能力、团队合作精神、影响力的内涵和提升路径。班级可以根据具体的任务情况组建合适的团队，合理设置队员角色，大家取长补短，相互信任，相互依赖，共同完成任务。在目标实现过程中要充分意识到合作是一个长期的学习和积累的过程，需要通过不断地与他人互动来增进自己的技能，提高职业素养，从而具备适应行业发展变化的能力，满足社会的职业需求。

学习目标

1. 了解沟通的概念、要素及有效沟通原则，掌握沟通技巧，提升个人有效沟通能力。

2. 了解团队的概念及团队的构成要素，掌握团队组建规律，培养团队精神和集体意识。

3. 了解影响力的内涵及作用，知晓影响力越大、领导力越强的道理，掌握提升个人影响力的途径，不断培养自身影响力。

任务一 提升个人有效沟通能力

任务知识点

一、沟通的概念

沟通是人与人之间思想与感情的传递和反馈的过程，以求思想达成一致和感情的畅通。

其实简单来说，沟通就是将信息传达给他人或者群体，并能够获得反馈，达成相互理解的过程。

二、沟通的要素

在沟通过程中影响最大的，往往不是内容本身。从沟通组成来看，一般包括三个要素：沟通的内容，即文字；沟通的语调和语速，即声音；沟通过程中的行为姿态，即肢体语言。同样的文字，在不同的声音和行为下，表现出的效果是截然不同的。所以有效的沟通应该是更好地融合好这三者。

三、有效沟通的内涵

在实际工作当中，一件本来很好的事情由于沟通环节出现问题会导致结果适得其反，因此，有效沟通对于提高工作效率非常重要。

（一）有效沟通的含义

有效沟通是指通过听、说、读、写，如演讲、对话、讨论、信件等方式将思想准确、恰当地表达出来，以促使对方更好地接受。

（二）有效沟通的重要性

有效的沟通非常重要。它能促进人与人之间的理解和协作；能使人们之间建立良好的人际关系；能更好地解决问题和冲突；有利于人们分享、传递信息、经验和知识；有利于提高个人和团队的效能；有助于培养个人的影响力；有助于人们表达情绪和情感；能促进个人和组织的发展。

（三）有效沟通的原则

1. 有效果沟通

强调沟通目标的明确性。通过沟通，双方可以就某个问题达成共识。

2. 有效率沟通

强调沟通的时间概念。沟通的时间要短，频率要高，尽量在最短的时间内完成沟通的目标。

3. 有笑声沟通

强调沟通的人性化。微笑能拉近彼此间的距离，使人心情愉快，从而实现双赢。

（四）如何进行有效沟通

1. 遵守沟通的规则

（1）要主动沟通，沟通从友善开始。

（2）让声音充满魅力：改变说话的音调；调整说话的速度；避免长篇大论；避免言之无物；避免言辞粗俗。

（3）适时运用身体语言。

（4）注意使用微笑表情。

（5）要善于倾听他人，学会赞美。

2. 做好沟通前的准备工作

（1）了解对方的性格，提升相互信任度，尽力使沟通氛围轻松。

（2）选择合适的沟通场合及沟通方式。

(3)合理使用沟通工具,提升沟通效率,比如,视频或电话沟通的效率较高。

3. 提升个人的被信任度

相互信任是人际沟通的基础,有了信任的基石,彼此才能敞开心扉,从而对传递的信息有充分的理解和认可。具体要做到以下几点:

(1)理解他人,换位思考。

(2)提升形象,注意细节。

(3)正直诚恳,为人大方。

(4)信守承诺,说到做到。

(5)真心赞美,鼓励认同。

(6)敢于认错,知错能改。

4. 选择有效的沟通方式

(1)书面沟通:书面沟通无法传递情绪,语言组织要斟酌,且有逻辑。包括实情告知、会议纪要发布、多部门沟通协调等。

(2)当面沟通:当面沟通是直接有效的沟通方式,要注意言语表达技巧、语音语调。包括意见、建议表达,同事情感联络,工作任务指导等。

(3)会议沟通:会议沟通是正式的组织性沟通,目的是达成共识或进行明确分工,需要记录要点。包括征集意见、建议,制度、通知发布,培训指导等。

(4)其他方式:比如会后安排的形式不同的小聚(如晚餐、夜宵等),可使大家畅所欲言,增进感情。

5. 选用合适的沟通材料

(1)计划方案:准备完整的计划来证明自己想法的可行性。

(2)书面记录:利用书面记录来跟进工作进度,或检查内容。

(3)工作数据:利用工作数据来支撑自己的论点或计划。

(4)规章制度:依据各项规章制度来解决工作中的矛盾。

6. 学会倾听

倾听是全神贯注地接受和理解别人所说的话,并在需要时做出适当的回应。倾听不仅仅是简单地听,而且包括理解对方的意图、情感和观点,并表达出对对方的尊重和关注。学会倾听,可以建立良好和有效的人际关系,增进彼此之间的理解和信任,提高沟通效率,从而更好地解决问题和达成共识。学会倾听要做到以下几点:

(1)尊重他人:学会倾听意味着尊重他人的观点、想法和感受,不轻易打断或批评对方,给予对方足够的尊重和关注。

(2)专注注意力:倾听需要全神贯注地聆听对方说话,避免分心,以确保完全理解对方所表达的内容。

(3)理解并确认:在倾听过程中,理解对方的意思非常重要。可以通过提出问题、总结对方的观点或反馈自己的理解来确认自己是否理解正确。

(4)开放心态:学会倾听要拥有开放的心态,愿意接受不同的观点和意见,不过早地做出评价或持有偏见。

(5)积极回应:在倾听结束后,积极回应对方的意见或问题,表达自己的看法或提供反馈,以促进良好沟通和相互理解。

7. 赞美鼓励,拉近彼此距离

(1)不要吝啬自己的赞美之情,要用言语表达出来。

(2)赞美要真诚,发自内心。

(3)善于发现对方的优点。

8. 善用提问

(1)提问的目的:获取信息,理解对方的需求和想法,建立信任和尊重。好的提问可以挖掘出自身不足,坏的提问会让团队关系紧张。

(2)提问的方式:包括开放式提问与封闭式提问。开放式提问鼓励回答者提供更详细的信息和观点,常以"什么""如何"等词开头;封闭式提问要求回答者给出特定的答案或选择,常以"是"或"否"回答。此外,还有基于行为的问题、引起话题的问题、充满惊奇的问题和引发互动的问题等。需要根据对话的目的和回答者的特点选择合适的提问方式。

(3)提问的技巧:提问语应简洁明了,避免冗长的句子或者深奥的词汇;避免使用带有负面情绪的措辞,注意保持中立和客观的态度;适当使用逻辑引导词,如"为什么""如何""是否"等,可以帮助澄清问题和引导他人。

职业课堂

职场"社恐"怎么破？先琢磨一下你的身体语言

"社交恐惧"是当代青年的流行病。当你还处在校园和家庭的保护之下时,倘若害怕与人沟通,还能缩一缩,躲到"蜗牛壳"里。一旦进入职场,你就被期待是一个专业、高效、会表达的人,需要为团队创造价值,要跟形形色色的上司和同事打交道,并且不一定会有人鼓励和倾听你。

沟通能力强的人运气总会比别人好,能获得更多的机会。

人人都知道好好说话的价值,但有时候不知道该怎么做。国际知名沟通专家莉尔·朗兹写了一本《跟谁都能处得来》,从自信、关爱、明确、信誉、公正五个维度拆解职场中可能面临的问题,描述场景并提出适用的小妙招,像是一套见招拆招的刀法。

光是塑造自信的形象这点就难住了不少人。丽维亚工作出色却未能得到提拔,是因为她什么都好,可身体语言缺乏自信——与人打交道时尽量缩小自己的身体,好像不愿意被人看见;交谈时肢体僵硬,胳膊交叉抱在胸前,显得防范性强。这些犹犹豫豫的小动作,让人想象不出她有能力充满热情地带好一个团队。一流领导者往往肢体移动的幅度比较大,毫不拖泥带水。

如何让身体语言变得舒展？莉尔·朗兹提议,占据更多个人空间,会让你的心态更自信。每天早晨起床时,挺直腰背,两手放在头部正上方,十指扣紧,分别往左侧和右侧拉伸身体,舒展双臂,围成环形在空中画圈。压压腿,做做踢腿动作。每当需要演讲或召开重要会议之前,便可以找个没人的地方练习这套动作。

另外，把每一扇门当成免费的私人健身教练，当你从门口进出的时候，提醒自己，把头再抬高一点（仿佛头发能触到门楣），胸再挺起来一点（仿佛胸部先穿过门框）。无论是进会议室，还是去上司的办公室，昂首挺胸，精神抖擞，坚持一阵，良好的仪态就会养成。

但注意，不能自信过头甚至傲慢，要避免传达出"高人一等""我就是比你强"的意味，比如：盛气凌人型——双手叉腰，身体后仰，脚跷到桌上；漠不关心型——没有眼神交流，表现出无聊；拒人千里型——双臂交叉，翻白眼，说话时把头扭开，等等。

身体语言除了能表达自信，还能传达出关爱。受欢迎的主管西德尼跟员工谈话时，会把身体完全朝向对方，这个习惯来自她做剧场灯光设计师的父亲，小时候父亲曾跟她玩过一个游戏，让她想象"一个大手电筒从自己的胸腔里往外射出光芒"，无论跟谁说话，都要把手电筒朝向对方。

"射出的光束"会让对方觉得，你在认真倾听，努力理解，并且由衷地欣赏他。关爱是会产生光芒的。"人们并不在乎你多有学问，只想知道你有多在乎他们。"这句话不仅适用于职场，也适用于其他沟通场合。

身体语言到位了，正确夸赞别人也要跟上。如果同事帮了一个忙，仅仅说一句"谢谢"是不够的。夸奖的话要具体，加上细节，要描述对方帮了你多大的忙，尽量表达感激之情。

比如同事帮你修改了报告，你说："天哪，这真是太棒了！你一定花了不少工夫。本来不好意思麻烦你的，但我实在束手无策。我就知道你不会袖手旁观的，真的太谢谢你了。在写作方面你比我在行多了。下次有什么我能帮的，你尽管说。"这样说更有感染力，对方也会开心。

还有其他的小窍门，比如：将对方说出的话，在心里用自己的语言复述一遍，有利于记住重要的部分；当上司、同事或客户发脾气的时候，别说话，假装没看见，把他们看作吵闹的婴儿就好。

跟谁都能处得来是一种理想状态，值得我们去追求，因为在良好的人际互动中，自己也会变得更快乐。

（资料来源：闫晗．职场"社恐"怎么破．中国青年报．2020-09-22．）

任务打卡

➢课堂讨论：你认为学会合作最关键的因素是什么？

➢能力养成：分析自己在团队当中可以充当什么角色并分析原因。

任务二　培养团队精神和集体意识

任务知识点

一、团队的内涵

（一）什么是团队

团队是一个由多名成员组成的小组，小组成员具备相辅相成的技术或技能，有共同的目标，有共同的评估和做事的方法，他们共同承担最终的结果和责任。

（二）团队的构成要素

团队有几个重要的构成要素，可总结为5P，具体如下：

1. 目标（purpose）

团队应该有一个既定的目标，为团队成员导航，知道要向何处去，没有目标这个团队就没有存在的价值。

团队的目标必须跟组织的目标一致，同时，目标还应该有效地传播，让团队的成员都知道这些目标，有时甚至可以把目标贴在团队成员的办公桌上、会议室里，以此激励所有的人为这个目标去工作。

2. 人（people）

人是构成团队最核心的力量，两个（包含两个）以上的人就可以构成团队。目标是通过人员具体实现的，所以人员的选择是团队中非常重要的一个部分。

在一个团队中需要有人出主意，有人制订计划，有人实施，有人协调不同的人一起去工作，还有人去监督团队工作的进展，评价团队最终的贡献。不同的人通过分工来共同完成团队的目标，在人员选择方面要考虑人员的能力和经验如何、技能是否互补。

3. 定位（place）

这里的定位包含如下两层意思：

（1）团队的定位：团队在企业中处于什么位置；由谁选择和决定团队的成员；团队最终应对谁负责；团队采取什么方式激励下属。

（2）个体的定位：作为成员在团队中扮演什么角色，是负责制订计划，还是具体实施或评估，等等。

4. 权力（power）

团队当中领导者的权力大小跟团队的发展阶段相关，一般来说，团队越成熟的领导者所拥有的权力相应越小，在团队发展的初期阶段领导权相对比较集中。团队权限关系包含以下两个方面：

（1）整个团队在组织中拥有什么样的决定权。比如，是财政决定权、人事决定权，还是信息决定权。

(2)组织的基本特征包括哪些,比如,组织的规模多大,团队的数量是否足够多,组织对于团队的授权有多大,它的业务是什么类型。

5. 计划(plan)

计划具有两个层面的含义:

(1)目标最终的实现需要一系列具体的行动方案,可以把计划理解成为完成目标而制定的具体工作的程序。

(2)按计划进行可以保证团队的进度顺利。只有在计划的指引下团队才会一步一步地接近目标,从而最终实现目标。

(三)团队的特征

与一群人相比较,团队具有以下特征:

(1)团队成员之间为了完成共同的任务,相互支持,相互依赖。

(2)团队成员有共同的目标,有相同的衡量成功的标准。

(3)团队成员之间相互负责,共同对最终的产品或服务承担责任。

(四)团队成员的角色

高效的团队是由一群有能力的成员组成的。他们具备实现理想目标所必需的技术和能力,而且相互之间有能够良好合作的个性品质,从而出色地完成任务。团队成员的角色必须有各自的定位和分工。主要角色分工和特点如下:

(1)协调者:阐明目标和目的,帮助分配角色、责任和义务,为群体做总结。特点:稳重,易信任别人,公正,自律,爱积极思考,自信。

(2)决策者:寻求群体讨论的模式,促使群体达成一致,并做出决策。特点:有较高的成就,敏感,好交际,喜欢辩论,富个人魅力,精力旺盛。

(3)策划者:提出建议和新观点,为行动过程提出新的视角。特点:慎重,知识渊博,聪明。

(4)监督/评估者:分析问题,评估复杂事件,评估其他人的贡献。特点:冷静,聪明,言行谨慎,公正客观,理智,不易激动。

(5)支助者:为别人提供个人支持和帮助。特点:喜欢社交,敏感,以团队为导向,不具决定作用。

(6)外联者:介绍外部信息,与外部人谈判。特点:有求知欲,多才多艺,喜爱交际,直言不讳,具有创新精神。

(7)实施者:强调完成既定程序和目标的必要性,并且完成任务。特点:力求完美,坚持不懈,勤劳,注意细节,充满希望。

(8)执行者:把谈话和观念变成实际行动。特点:吃苦耐劳,讲究实际,宽容,勤劳。

二、团队精神

所谓团队精神,就是大局意识、协作精神和服务精神的集中体现。对团队精神的进一步理解可阐述如下:

(1)团队精神的基础是尊重个人的兴趣和成就。团队精神的形成并不要求团队成员牺牲自我,相反,挥洒个性、表现特长保证了成员共同完成任务目标。

(2)团队精神的核心是协同合作。

(3)团队精神的最高境界是全体成员的向心力、凝聚力，反映的是个体利益和整体利益的统一，并进而保证组织的高效率运转。

(4)良好的沟通能力是团队合作的关键。没有沟通就没有团队精神。

团队成员间良好沟通的具体要求如下：团队成员之间肯于公开并且诚实地表达自己的想法；团队成员之间主动沟通，坦诚交流，能尽量理解和接受别人；虚心，诚恳，积极主动地聆听别人的意见，并善于听取建设性批评；工作中避免和同事争吵。

三、如何开展团队合作

(一)团队合作的要求

1. 成员有共同的愿望

大家为了共同的目标团结协作，互相支持。有相同的衡量标准、明确的职责，最终高标准、高质量地完成任务。

2. 成员之间有开放的交流

大家毫不隐瞒地提出自己的观点和看法；能关注和倾听别人的建议；能在团队内直面和公开处理这些不同建议，并做出真诚的反馈；每一位成员都积极参与团队的活动，了解彼此之间工作的进展程度。

3. 成员之间相互信任，互相尊重

每一个成员都要诚实可信；交流要对事不对人，尊重彼此；大家对同属于这个团队感到自豪。

4. 在不同的领域，不同成员均可做团队领导

因为在某一方面，某一成员可能有其特有的专长。作为团队领导，对团队成员要进行正确的引导，并认可和奖励个人或团队所取得的成就。在重要的决策点，要采用多数人的建议，从而避免简单的错误。

5. 要有高效的工作程序

要制定团队的政策、标准和流程，依据流程制订计划并跟踪实施进度。有效地利用所有的资源，使大家的工作轻松而有效。在每一个决策点要基于明确的目标和决策标准，努力使决策的风险降到最低。要鼓励大家充分发挥创造力，鼓励创新。

6. 在团队内要求同存异

因为在团队里每个人都有不同的背景，具有不同的技能和知识，甚至有的国籍、文化背景都不同，所以要求同存异，充分利用每一个人的力量。在选择新成员时，要考虑成员之间的互补性，以及是否对整个团队的进步有帮助等。要把不同的意见拿出来大家一起讨论，不要浪费创造性的意见，要有新的意见产生，不要因为追求想法一致而失去创造力，否则团队的价值就没有了。

(二)团队组建的要求

1. 选人比育人更重要

每一个员工来到企业，作为领导人都有义务让其成长。培养人的前提是选拔人才，只有选对了人，用心培育，才会创造出更理想的效益。

很多企业之所以能做大，是因为有一群所向披靡的员工，有一个训练有素的团队，这些员工的薪资可能比平均水平高，可他们创造的效益更大。反之，很多企业做不大，是因为企业总喜欢招聘一些没经验、资质又不高的新手，招聘回公司后整天培训，可还是难出效益，偶尔有些悟性高的，当能派上“战场”时就跳槽了，培训的实际是在“为他人作嫁衣”。

企业一定要讲效益，一开始要选对人，这样在培训时，比从零基础培训要省时、省钱、省力。

2. 合理的团队组建

团队成员要互补，包括能力的互补和性格的互补。如果所有团队成员都是一种性格，那大家犯起错误来就会不堪设想，因为没人提醒和阻止。如果团队成员都很强势，那就会形成“多国争霸”，谁都不服谁，最后也只能不欢而散。

企业的用人原则是：用人所长，无不能用之人；用人所短，无可用之人。所以企业中没有完美的个人，只有完美的团队。

3. 统一的价值观

很多企业之所以做不大，是因为团队没有统一的价值观，价值观不统一就不能充分发挥员工的潜能，员工上班也都是各有心事，合作起来貌合神离，有劲不使或不往一处使。统一了员工的价值观就是疏通了企业的生命线。

4. 明确的战略和目标

人不是因为辛苦而停止，而是因为盲目而放弃。人在看不到前方时是最恐惧的。作为企业的领导者，要清楚地知道公司的战略和目标；员工也要清楚公司的战略和目标；企业的战略目标要清晰明了。很多企业口号很响，朝令夕改，执行复杂，最后大家几乎都忘了出发的目的，导致企业做不大，做不强。

5. 坚定的信念

企业的信念必须坚定，当团队成员盲目时，领导者一定不能盲目。只要方向正确就不怕路途艰难。

6. 笑对任何困难

《西游记》中，唐僧取到真经后又落水了，之所以会落水，是因为还差一难。人生也是如此。每一次困难都是财富，每一次困难都向成功增进了一步，困难是成功的基石。当困难积累到一定量时，还能坚持，成功就不远了。所以每一个团队成员都要笑对困难，用乐观、积极的态度面对所发生的事。

（三）团队冲突的处理

1.“冲突”会毁了整个团队吗？

冲突在团队中是常见的现象，冲突不一定会毁了整个团队。实际上，适度的冲突有时候甚至可以促进团队的成长和发展。冲突对团队的影响包括：

（1）促进创新和新思维：冲突可能会引发不同意见和观点的交锋，这有助于激发创新和新的解决方案。通过不同观点的碰撞，团队可能会找到更好的解决问题的方法。

（2）提升团队合作能力：适当处理冲突可以增进团队成员之间的沟通和合作能力。当团队成员学会了如何理性地处理分歧和冲突时，他们便可以更好地协作，从而解决问题并达到共同目标。

(3)增强团队凝聚力:当团队能够有效地处理冲突时,这种共同面对挑战的经历可以增强团队的凝聚力。团队成员可能会因为共同克服了困难而更加紧密地联系在一起。

(4)提高团队工作效率:通过应对困难和冲突,团队成员有机会学会处理解决问题的技能,从而提高团队的整体效率。

2. 冲突产生的原因

冲突产生的原因包括:以各自原则为基础的价值观差异;准备不足;时机不对;目标中有难理解的术语;职责不清;成员情绪化;渠道、信息、资源等混乱。

3. 冲突的解决办法

(1)给予反馈

给予反馈包括:针对对方的需求反馈;反馈应当是明确、具体的,可提供实例来进行;尽可能多一些正面、有建设性的反馈;反馈要把握时机;反馈要集中于对方可以改变的行为;反馈要对事不对人;反馈要考虑对方的接受程度;等等。

(2)接受反馈

接受反馈常用办法是:倾听、不打断;避免自卫;提出问题;总结接收到的信息;向对方表明自己将采取的行动;尽量理解对方的目的。

(3)寻求妥协

在一些冲突无法完全解决的情况下,妥协是一种有效的策略。团队成员可以在相对平等的基础上,让步一部分,以实现整体目标。妥协需要灵活性和权衡利弊的能力,它可以维持团队的稳定和缓解紧张情绪。

(4)制定明确的目标和规则

团队应该明确定义目标,并制定清晰的规则和责任分工,以避免冲突的发生。当团队成员对目标和规则有一致的理解时,冲突将大大减少。同时,团队应该建立一个公平、公正的环境,使成员感受到尊重和平等对待。

(5)引入中立的第三方

在一些复杂的冲突情况下,引入中立的第三方可以帮助团队成员平衡利益,并找到最佳解决方案。这个中立的第三方可以是团队的经理、人力资源专家或其他资深成员。他们可以提供客观的意见和建议,协调不同意见之间的矛盾。

职业课堂

团队力量成就赛场佳绩(体坛观澜)

集体的凝聚力,托举起个人的爆发力。所有人的付出,成就了赛场上的佳绩。

橄榄球运动有一条准则:"人人为我,我为人人。"

走上赛场的运动员都知道,只有队友间密切配合、无私付出、互相激励,才能成就彼此,打开胜利之门。团队意识,既体现着技战术的高下,也塑造着队伍的精气神。

首次亮相奥运赛场的中国女子橄榄球队,建队时间短、大赛历练少、对手实力强,正是依靠团队协作的精神闯入八强。比赛中的呐喊、失利时的鼓舞,都在汇聚每个人的力量。如果说球队像一架战车,那么每个球员都是其中的一颗螺丝钉——单独一颗自己转不动,少了一颗战车跑不动。用团队意志为战车加油，才有了实现梦想的突破时刻。

“同舟共济”这个词用来形容赛艇再贴切不过。女子四人双桨金牌团队成员张灵说，教练常告诉我们，一个人划得好固然重要，但是四个人一起努力才能划得更快。所以大家要相互信任、相互依赖、同舟共济，才能所向披靡。劈波斩浪时，四个人就像一个人，将团队意识灌注进每一次划桨，从动作到心灵的默契，正是千百次锤炼的收获。

团队意识并不仅仅体现在团队项目中。拧成一股绳，劲往一处使，每支来到奥运赛场的队伍，都有这样的故事。集体的凝聚力，托举起个人的爆发力。团队意志也是体育精神的内涵，不仅闪耀在场上，在场外同样动人。

夺得男子67公斤级冠军的举重选手谌利军，2020年10月肌腱断裂必须手术。“做完手术之后，医疗、康复、训练，一个都没耽误。3个月之后检查，已经完全恢复。感谢整个团队对我的精心呵护，让我及时在奥运会前找回巅峰状态。”

教练团队、科医团队、后勤团队……所有人的付出，成就了赛场上的佳绩。运动员每一次登场、每一个突破、每一块奖牌，都凝结着团队奋斗的心血，展现着团队协作的意志。

（资料来源：薛原.团队力量成就赛场佳绩.人民日报.2021-09-31.）

任务打卡

职业故事

倪梅端：鲜衣怒马少年时，不负韶华行且知

➤课堂讨论：如果你的观点与团队成员不一致，你会如何处理？

➤能力完成：制作一份团队组建计划书。

任务三 勇敢表达 扩大影响力

任务知识点

一、影响力

影响力对工作起推动作用，影响力能提升与人连接的能力，领导者的性格品质决定团队气质。人与人交往，常常是意志力与意志力的较量，不是你影响他，就是他影响你，对个人发展至关重要。

（一）影响力的概念及分类

影响力是用一种别人所乐于接受的方式，改变他人的思想和行动的能力。影响力又被解释为战略影响、印象管理、善于表现、说服力及合作促成的影响力等。构成影响力的基础有两大方面：

1. 权力性影响力

权力性影响力又称为强制性影响力，它主要源于法律、职位、习惯和武力等。权力性影响力对人的影响带有强迫性、不可抗拒性，它是通过外推力的方式发挥作用的。在这种方式作用下，权力性影响力对人的心理和行为的激励是有限的。

2. 非权力性影响力

非权力性影响力也称非强制性影响力，它主要来源于领导者个人的人格魅力，来源于领导者与被领导者之间的相互感召和相互信赖。

（二）影响力对工作的推动作用

1. 利用权力性影响力推动工作

构成权力性影响力的主要因素有：传统因素、职位因素和资历因素。

（1）传统因素是人们对领导者的一种传统观念，人们认为领导者不同于普通人，他们有权力，有才干，比普通人强。这些观念逐步成为某种社会规范，使人们产生了对领导人的服从感。

（2）职位因素即领导者在组织中的职务和地位。居于领导地位的人有一定的法定权力，有了这种权力，就可以左右被领导者的处境，使被领导者对其产生一种敬畏感。

（3）资历因素即领导者的资格和经历，一般来说，资历较深的领导者都有相当的影响力，人们一般对资历较深的领导者有敬重感。

权力性影响力来源于职权，作为下级必须服从上级，因而通过职权对被领导者作用的心理效果表现为服从感、敬畏感和敬重感。权力性影响力对工作的推动作用是显而易见的，因为权力性影响力作用于被领导者的方式一般是领导者向下属提出正式要求或发布指令。这些要求和指令通过口头和文字进行传输，如通知、法令、规章、批示等，而这些要求或指令是下属必须执行或服从的。那么作为下属应该怎么做呢？

第一，在工作中要做到做一行，精一行，爱一行。即便不能在这个组织中升级到高的职位或者领导，但至少要获得资历的积累。通过这样的方式，收获一定的权力性影响力，来推动工作的开展。

第二，在项目性的临时组织中，要尽快落实项目组任命，明确工作、汇报关系，利用这样的形式形成权力性影响力，推动工作一步一步向前。

2. 利用非权力性影响力推动工作

构成非权力性影响力的主要因素有品格因素、能力因素、知识因素和感情因素。

（1）品格因素是指一个人的道德、品行、人格、作风等，它是决定领导者影响力的根本因素。一个品德高尚的领导者会使人产生敬重感。

（2）能力因素是指一个人的才能。有才能的领导者会给工作群体带来成功和希望，使人们对其产生敬佩感。

（3）知识因素是指一个人拥有的知识。有丰富知识的领导者会得到人们的尊重，容易取得人们的信任，使人们对其产生信赖感。

（4）感情因素是人对客观事物好恶倾向的内在反映，领导者与被领导者之间建立起良好的感情关系，易产生亲切感。

非权力性影响力来源于个人魅力，因此，非权力性影响力作用于被领导者的方式是人格感召，包括人格影响力和榜样行为影响力，是领导者通过自身较高的素质，如丰富的知识、良好的品行、较强的能力以及与下属融洽的关系，使被领导者自愿接受领导，从内心信服领导者，因而对被领导者的作用表现为敬重感、敬佩感、信赖感和亲切感。

非权力性影响力是每个人都需要修炼的，个人魅力带来影响力，能推动各项工作的开展和人际关系的融洽和提升。

（三）影响力提升与人联结的能力

1. 与人联结的能力的重要性

在这个社会上，人从来都不是孤立的，一个人处理人际关系的能力是非常重要的能力，也就是说人与人之间的联结太重要了。

单枪匹马，可能会做成一些事，但要做大事是很难的，因为在这个社会上，钱不是万能的，很多时候人与人之间的沟通和联结反而更重要。特别是现在，信息高度发达，机会多，人和人之间的关系变得越来越重要了。

每个人都有长处，也都有短板，在这个高度分工合作的时代，大家联结好了共同做一件事情，事半功倍，让每一个人都发挥自己最大的作用，共同组团完成一件事情，就容易得多。

2. 如何提升与人联结的能力

在实际工作中，与客户的联结能力，或者说客户关系维系能力非常重要。例如，一些高层管理人员经常诧异地说："不久前与客户的关系还好好的，一会儿'风向'就变了，真不明白是什么原因。"客户流失已成为很多企业所面临的尴尬，他们大都知道失去一个老客户会带来巨大损失，也许需要企业再开发十个新客户才能予以弥补；而一个被认为"即将成功"的项目，也会因为客户的流失而危在旦夕。

但当被问及企业客户为什么流失时，很多企业老总会一脸迷茫，谈到如何防范，他们更是诚惶诚恐。实际上，除了常规的客户关系拓展和维系方法外，个人影响力在自己与客户的联结上也发挥着巨大的作用。

影响力强大的人，客户不会"轻视"，任何情况或信息的变化首先会想到他。因为，他在客户心里已经留下了不可磨灭的印象。客户的重大决策，也会第一时间与他讨论，因为客户也希望与他维持联结关系。

3. 领导者的性格品质决定团队气质

领导力本质上是一种影响他人的社会过程，领导者的性格决定领导风格，领导者的综合素质决定团队的综合素质。一支优秀团队的性格和气质，也是由其领导的性格和气质决定的。

一个团队不够强大，责任很大程度上在领导者。一个团队从弱小走向强大，靠的是什么？靠的主要是团队领导者的坚强领导力！

二、如何提升个人影响力

提升个人影响力要以"改善自我"为出发点，从外部沟通和自我修炼两个方面充分挖掘个人潜能、追求卓越。

（一）外部沟通

1. 注重可信度，表里如一

可信度是影响力的核心基础。一个不被信任的人，不论用承诺还是威胁的方式，都很难产生影响力。要建立可信度，首先要了解自己，清楚自己的信念与价值观。能清楚表达并实践自己信念的人，才能让别人信任。其次，要了解试图影响的对象，深入了解其价值观、信念与需要，并敞开大门让其参与。在参与过程中，他们就会接受自己的想法并转化为他们的目标，建立起共同的价值观。

2. 提高语言的说服力，使其能够打动人心

见解高明、准确才会有说服力，一个人的话有说服力，自然他本人就会有号召力。最常用的说服方法就是讲出某件事情重要的理由所在，或以事情的价值、个人的需要作为说服条件。有的时候，可以告诉他为什么会是这样，然后告诉他，“你可以选择怎么做，但是我希望你这样做，因为这样做是你最佳的选择”，那么他的选择多半是我们希望的结果。这样的沟通最有效，因为这样会让人感觉自己在为他的利益考虑，他的心被我们的语言打动了。

3. 知道什么人最难影响

最难影响的人可能是抱着敌意来听的人或是利益上有冲突的谈判对手，这两种人注定是和自己的观点相反的，要让其接受自己的观点，难度自然很大。要经过谈判，达成彼此都能接受的协议。

谈判不是去击败对方，而是解决双方共同关注的问题。可将问题与人分开，注重利益而非立场，创造对双方有利的选择。如果这些方面双方都可以达成共识，那么谈判从根本上就没有了冲突，剩下的就是细节问题。

4. 不要轻易使用命令方式沟通

命令往往就是无影响力的帮凶，命令常常使人感到不舒服、不自由，无论说的是什么，一旦是命令的口气就会让人反感。

虽然命令不是发挥影响力的好方法，但在没有时间共同讨论的紧急状况下，或需要个人在意愿性不强的情况下完成很重要的工作时，偶尔还是得使用命令让其完成任务。这是被逼无奈的，但做迫不得已的事时，就要坚决，无须考虑影响力，因为那时最需要的不是它。

（二）自我修炼

1. 平时多看书、多思考

多看书，多思考，可以拓宽知识面，拓展视野。书看得多了，自然就懂得多了，懂得多了，说出的话就会令人信服。

看书离不开思考。在读书、做事的时候，尽量从多角度、多方面来思考问题。分析越彻底，越有说服力。不要“死”脑筋，一根弦，因为“井底之蛙”的问题就在于它的视角太小。

2. 实事求是，注重调查研究

做事不要想当然，要想不出错，就要有调查、有研究，才可能得出正确的答案。没有基础的东西是站不住脚的。毛主席曾提出“没有调查，没有发言权”的著名论断。调查研究是一切工作的基础，有了调查研究的结论和支持，才更有说服力，令人心服口服，也自然而然地提

高了个人影响力。

3. 坚持做到公平、公正

日常生活和工作中要以公平、公正为准则。公平、公正往往是令人信服的最好武器。方法是，想清楚自己以后要坚守的原则是什么，有了底线，自然就有了做事的标准，有了标准，处理起事情来就简单了。

4. 具备勇敢精神

虽然有勇敢精神的人不一定都会成功，但成功的人一定都是有勇敢精神的人。凡事敢为先，自然而然就会在人们心目中树立起威望。

5. 具备牺牲精神

关键的时刻要挺身而出。肯于为了大家的利益而牺牲自己的利益，自然会得到敬佩和尊敬，自己在人们心目中的位置自然就会提高，个人对他们的影响力自然也就增强了。

付出总是会有回报的，如果短期的个人损失能换来他人的尊重，是非常值得的。无论如何，这至少可以证明自己是一个可以承担责任和值得依靠的人。

6. 提高个人素质和人品

人不可能完美，但是可以去追求完美，这需要坚持不懈的努力。

平时要努力养成三种美德：克制、谦逊和执着，而且三者要结合起来，因为克制和谦逊就如同刹车系统，只装了刹车系统的车是不会跑得太远的。而执着是一个加速器，一个只装有加速器、没有刹车系统的车也是危险的。做到了这三点，就会给自己带来很好的人际关系，使自己在别人心目中留下好印象，别人自然也就愿意和自己交往，一旦交往，便会不自觉地受自己影响。

7. 培养忠诚度

信守承诺是一个人忠诚的体现。忠诚的人是完整的人、可敬的人，原因在于一旦他做了决定，就不会轻易地改变，这需要的不仅是毅力和执着，更是勇气。一个没有忠诚度的人的任何承诺，人们都不会相信。

职业课堂

所谓领导力，其实就是影响力

通用电气前首席执行官杰克·韦尔奇说：“领导者的作用不是控制人们或掌控一切，而是引导、激励和激发他人。”几十年来，通用电气一直被视为商业模范，被《财富杂志》提名为领导力前十的组织。不得不承认，这份亮眼的业绩最终要归功于领导者杰克·韦尔奇。不管是小公司还是大企业，灵魂人物都是公司的领导层。你是怎样领导自己团队的？是利用手中的职权惩罚、恐吓和威逼，还是利用你们之间建立的良好关系激励他们？是利用你的能力让属下钦佩，还是利用你们之间建立起来的信任关系让他们忠诚？《领导力的5个层级》一书中说：“如果你认为你在领导，但没有人追随你，那么你不过是在散步。”影响不了别人就无法领导别人，领导力就是影响力。本书的作者约翰·麦克斯韦尔，是全球杰出的领导力专家，拥有40年高端领导经历，开设过有关领导力方面的各种课程。本书通过阐述领导力的五个层级，即职位、认同、业绩、育人和巅峰，揭示了培养领导力的本质，从而启发我们怎样培养领导力。

要领导别人，就要去影响别人。

一、职位层级：下属不得不跟随你

拥有某个职位的人，不一定有相应的领导力，只能说，这些人在被任命时，有人相信他们拥有领导力。当然，在刚被任命时，这些人可能根本不具备相应的领导力，但是，他们却拥有某些权力，可以决定他们用什么风格来领导下属。这些人既可以成为暴君，也可以成为团队建设者；既可以对下属发号施令，也可以与下属并肩作战。领导的本质到底是什么？有人认为，领导就是在某个职位上拥有一定权力的人。如果这样理解，那么说明自己还停留在领导最低的层级。生活中，停留在这个层级的领导比比皆是，当他们在位时，别人可能想方设法“跟随”他们，然而，一旦失去了职位的光环，他们便成了“孤家寡人”，抑或是路人甲。换句话说，他们是用职位来领导别人，本身并不具有领导力。在这些人眼里，职位就等于权力，坐上了某个职位就等同于拥有了某种特权。确实，从某方面来说，职位等于权力，但是仅仅满足于职位的人，无法真正获得别人的认同。比如，公司新来一位领导，他要管理公司，就得使用手里的特权分派工作。但是，如果这位领导只会使用手里的特权来进行管理，从不花时间和下属交流沟通去维持一个很好的关系，甚至，这位新任领导考虑到下属可能威胁到自己的职位，还会对下属进行打压或外调。如此一来，这位新任领导在下属心目中，很可能就失去了威望，最终打击了下属的积极性，导致下属工作仅仅是为了应付。在这种情形下，领导力纯属一句空话，处在这一阶层的领导，下属只是不得不跟随他们，一旦有更好的选择，他们便会头也不回地跳槽。事实上，领导者要先建立良好的自我认知，知道自己的长处和短板，拎得清自己能做什么、不能做什么，然后，走下“神坛”和下属建立关系。可见，真正的领导者，不是利用职位领导下属，而是用自己的价值观、态度等激励员工不断努力。

二、认同层级：下属想要追随你

有一点可以肯定，人永远比工作重要，领导要给员工赋能。如果一个领导从关心工作绩效转变到关心人，那么，经过一段时间的真诚相处，下属会真正开始追随你。要知道，员工会因为喜欢某项工作进入某家公司，也会因为讨厌某个上司而离开某家公司。领导只有处好和下属的关系，让下属感到被喜欢、被关心、被包容、被重视和被信任，下属的工作积极性才会被调动起来。这时，同事之间以及同事和领导之间的合作会大大加强，工作氛围也会随之改善，工作绩效自然会迈向更高一级台阶。所有关系都是相互的，要得到下属的认同，领导需要首先认同下属。在和下属互动时，领导要学会倾听。倾听是一种力量，也是一种尊重，当下属感受到被尊重时，才愿意对领导敞开心扉。当危机来临时，人们会紧紧抓住那些他们可以信任的人，远离不信任的人，他们会靠近那些与他们相关的人，远离无关的人。当然，作为领导，不能一味地依赖于关系，因为当领导过度依赖和员工的关系时，会把重点放在取悦员工上，从而忽略了建立关系的初衷。和员工建立联结，并不是为了取悦员工，而是为了帮助员工感受到被重视、被肯定，从而成为更好的自己。可见，企业中最重要的资源是人，培养好员工是增效的事，也是一家企业重要的事。

三、业绩层级：下属因为你为组织做的事情而追随你

所谓领导，就是带领下属一起创造辉煌的人。出成效，工作才有奔头。作为领导，如果没有拿得出手的成绩，很难让员工一直追随你，毕竟谁也不想跟你只聊关系不谈绩效，员工不可能跟着领导喝“西北风”。《10倍法则》一书的作者格兰特·卡登，做任何事都会进行十倍的思考，付出比常人多十倍的努力。他也因此成了国际销售专家、销售教练和励志演说家，拥有并经营七家私营公司，拥有价值超过50亿美元的多类资产组合。领导的努力，员工永远看得见，要知道领导就是员工最好的榜样。没有什么能像成果一样，可以带给人们自信心和成就感。优秀的领导者，会不断向员工传达组织的愿景，并带领员工创造佳绩。同时，员工会在实现愿景的过程中感受自己的成长和进步，自信心必然会为之倍增。这是一种良性循环，也是做出成绩的一个前提。当然，万事有利必有弊。很多领导者个人业绩确实不错，然而，他们所带领的团队业绩却不能让人恭维。事实上，衡量一个领导者是否具有领导力，不是看他做了什么，而是看这个人能否让团队取得成就。美国作家马克·吐温说：“做正确的事很美好，教别人做正确的事，甚至更美好，其实也更容易。”作为领导者，重要的不是做事，而是影响他人，与他人建立联系，与他人沟通，创造资源帮助他人。如果想成为优秀的领导者，就很有必要了解业绩层级的领导力法则。

(1)尊重法则：员工会追随比自己强大的领导者。

(2)吸引力法则：高绩效吸引高绩效，强强联合，团队才会变得更高效。

(3)镜像法则：看到别人怎么做，大家也会怎么做。

(4)制胜法则：领导会寻找优秀的人，为团队找出一条制胜之路。

(5)保持势头法则：永远保持“轮子”不断转动，让团队保持前进的势头。

(6)优先次序法则：如果什么事都做，那么最后什么事都将做不成，团队更多的是做获得高业绩的事。

(7)舍得法则：领导者应该先舍后得。

(8)接纳法则：当员工开始喜欢领导者时，他们已经开始接纳他了。

四、育人层级：下属因为你为他们做的事情而追随你

好的领导者，不是好大喜功者，他们永远想做出更好的成绩。在这个目标驱动下，他会不断成长，不断地对领导方式做出改善。当然，好业绩固然很重要，但是团队要不断发展壮大，光有好的业绩还远远不够，比业绩更重要的是育人。美国前劳工部部长罗伯特·莱克指出：“如果雇主无法提升员工的素质，他们就只能通过资本来竞争，任何人都可以复制实物资本，但有一种资源无人能够复制，那就是公司员工的敬业精神、团队精神和技能。”人，永远是企业中最重要的资产，尤其是当企业中不仅仅只有一个领导者，而是拥有一批优秀的领导者时，企业的壮大繁荣势在必得。试想，如果一个企业中只有一个领导者，那么当这个领导者离开时，企业中的员工可能就会像等待命令的士兵一样茫然。但是，如果企业中有很多个领导者，那么整个企业就会像一部机器一样有序地运作下去。要培养新的领导者，不要打压有潜力的下属，让企业永远有后继之人。俗话说，教学相长。事实上，在培养新领导者的同时，领导者自己也在成长，培养下属不仅不会让领导者自己失去领导力，反而会让他们变得更好。在寻找潜在领导者时，可以使用“4C法则”。

(1)化学反应(Chemical reaction):寻找自己喜欢并同频的人。

(2)性格(Character):与其改变别人的性格,重新塑造别人的品格,不如一开始就寻找好品格的人。

(3)能力(Capability):不断发掘优秀的人身上的潜能。

(4)贡献(Contribution):寻找真正的"潜力股"员工,回报永远比投资大。

五、巅峰层级:下属因为你本身以及你代表的价值而追随你

处于巅峰层级的领导者,可谓是凤毛麟角。纳尔逊·曼德拉、杰克·韦尔奇、比利·格雷厄姆等领导者就属于巅峰层级。这些领导者已经超越了自身所处行业组织的局限,他们有着非凡的能力,可以提升整个组织的士气,让每个人都感到愉快,整个组织因为有他们的存在而显得朝气蓬勃,充满活力和希望。如此巨大的影响力,带来的必将是超强的领导力。正如记者沃尔特·李普曼所说:"对一个领导者的终极考验是在他离开后,他人是否拥有坚定的信念和继续前进的意愿。"当然,处于巅峰层级的领导者也有一个劣势,就是一些人很容易妄自尊大,甚至做出一些偏激行为,如此一来,他们的影响力也会从巅峰急转而下,失去了原来的领导力。如果领导者达到了巅峰层级,需要警惕三件事:不要认为自己到达了领导者最高点;不要刚愎自用;永远不要失去目标,而要保持专注、谦逊和努力。要想超越自我,保持永远的领导力,可以尝试努力这样做:培养并指导继承人,让他们的知识和能力超越自己;给新任领导者腾出发展空间;关注员工的长处,而不是短板;放权于下属,不要做权力的奴隶;发掘潜在领导者的潜能。如果你有幸成为巅峰层级的领导者,那么,如下这些法则可以为你提供指导。

(1)尊重法则:人们通常愿意追随比自己强的领导者。

(2)直觉法则:领导者善用直觉评估每件事。

(3)时机法则:掌握时机与善用策略同样重要。

(4)传承法则:一个领导者的长期价值由其继承者决定。

(5)爆炸性增长法则:培养追随者得到相加的效果,培养领导者得到倍增的效果。

如果说一个企业是一艘船,那么领导者就是这艘船的掌舵者。东汉的班固在《白虎通义·三教》中说:教者,效也,上为之,下效之。有什么样的领导,就会有什么样的员工。领导者要有超强的领导力,把自己当作最好的楷模。当一个人拥有了影响力,便拥有了领导力。

(资料来源:约翰·麦克斯韦尔.领导力的5个层次.任世杰,译.北京:金城出版社,2017.)

任务打卡

➢课堂测试:测试你是老虎、孔雀、考拉、猫头鹰还是变色龙。

在网络搜索"性格测试:你是老虎、孔雀、考拉,还是猫头鹰、变色龙。"找到相关网页,点击进入测试。

➢实践拓展:向十位同学推荐美食或者好玩的地方,并根据成功率总结强化说服力的核心要素。

项目八 习惯做成事

项目指南

以做成事为导向，建立积极的心态，设定明确的目标，并通过实际行动逐步实现这些目标，养成做成事的习惯。

通过任务的实施和完成，大学生可以全面了解做成事情背后的逻辑及规律，激发自身潜力和动力，不断挑战自我，坚定做成事的决心，强化做成事的各项能力，从而迈向更高的成就。

学习目标

1. 学会分析工作任务。理解工作任务的具体目标是什么，明确完成任务的预期结果是什么，做到心中有标准、脑中有对策。

2. 了解成事心态的内涵及对职业生涯的重要意义。树立成事心态，优化工作方式。

3. 了解成事能力要素，掌握强化成事能力的技巧。

任务一 理解工作任务

任务知识点

一、理解工作任务的内涵

（一）工作任务的概念

工作任务是在工作过程中需要完成的具体活动或目标。这些任务可以是为了实现组织的目标或者履行个人的职责而设定的。工作任务通常是由上级领导或者团队负责人分配给个人或团队的，具有明确的要求和期限。完成工作任务是工作的基本内容之一，它直接影响着组织的工作效率和质量，同时对个人的职业发展和组织的整体目标实现也具有重要意义。

（二）工作任务的组成要素

1. 任务目标

任务目标是指期望任务完成后所达到的结果或成果。明确的任务目标有助于指导执行者的工作方向，确保工作朝着正确的方向前进，并最终实现预期的目标。

2. 任务时限

任务时限是指完成任务所规定的时间限制。它可以是具体的截止日期或完成任务所需的时间范围。任务时限的设定有助于确保任务按时完成，提高工作效率。

3. 任务资源

任务资源包括完成任务所需的人力、物力、财力等资源。这些资源的充足性和合理利用对任务的顺利完成至关重要，因此，在分配任务时需要考虑资源的分配问题。

4. 任务优先级

任务优先级反映了任务在整体工作中的重要性和紧急程度。对任务优先级的合理判断和安排有助于执行者合理分配时间和精力，优先处理重要而紧急的任务。

5. 任务分工

对于团队来说，任务分工是将任务分配给各个成员，并明确各自的责任和角色。合理的任务分工可以充分发挥团队成员的专长和优势，提高整体工作效率。

6. 任务风险评估

任务风险评估是对任务可能面临的风险和障碍进行识别和评估，以及制定相应的风险应对措施。这有助于在任务执行过程中及时应对各种意外情况，确保任务顺利完成。

二、理解工作任务的重要性

工作任务对做成事的重要意义在于为个人、团队和组织提供了做事的方向和目标，有利于提高工作效率和质量，促进团队合作，激发个人动力，并加强绩效评估和管理，从而达到“做成事，做好事”的目的。

1. 个人层面

工作任务对于个人而言，是一种职业行为的指向和驱动力。它不仅为个人提供了行动的方向和目标，还是个人实现职业目标、获得成就感和满足感的途径。个人在理解工作任务的基础上，更好地去完成任务，不仅能够提升自身的工作能力、积累工作经验，而且能够在职业发展的路径上迈出坚实的步伐。此外，明确的工作任务有利于个人更好地规划时间和资源，提高工作效率，从而在职场中获得竞争优势。

2. 团队层面

在团队环境中，工作任务是团队合作的纽带和桥梁。它使得团队成员能够明确自己的职责和目标，促进团队成员间的沟通和协作。充分地理解工作任务并进行合理分配能够发挥团队成员的能力，优化团队协作效果，并确保项目的顺利进行。团队通过共同完成工作任务，可以更快地实现目标，提高团队整体的工作效率和质量。

3. 组织层面

对于组织来说，工作任务是其运营和发展的基础。它帮助组织明确战略方向，确定各个部门和团队的目标，从而提高组织的工作效率和质量。通过绩效管理，组织可以基于工作任务对员工进行评估和激励，促进组织文化的建设，加强组织结构和管理流程的优化，进而实现组织的战略目标和业务增长。

三、如何准确地理解工作任务

1. 任务分析

任务分析是理解和执行工作任务的基础。通过任务分析，可以明确地知道需要完成的任务是什么，以及如何去完成这个任务，包括了解任务的背景、目的、要求、限制条件等。只有清楚了解这些信息，才能有效地执行任务。

进行任务分析的第一步是明确任务的目标和范围。执行者需要知道自己要得到什么样的结果，以及自己的工作将在哪些方面展开。第二步是分析任务的具体要求，包括任务的时间、地点、方式、方法等。第三步是考虑可能的困难和挑战，并寻找解决方案。最后一步是制订行动计划，包括任务执行的步骤、时间表、责任人等。

2. 信息搜集

在管理领域，准确理解工作任务的重要前提是信息搜集。信息搜集是获取、分析和应用相关信息的过程，它可以帮助管理者更好地理解和解决问题，从而做出明智的决策。

信息搜集首先是明确信息需求，明确需要搜集哪些信息以及这些信息对工作的重要性，这将有助于确定应该去哪里寻找信息。其次是选择合适的信息来源，例如网站、数据库、行业报告、采访等，要确保选择的信息来源可靠、准确。最后是组织和分析信息，在搜集到大量信息后，需要将它们组织起来，以便更轻松地分析和使用。可以使用文档、表格、图表、数据库等方式来实现，然后再选择合适的数据分析工具分析搜集到的信息，以便更好地了解市场、行业、竞争对手等方面的情况，从而做出更好的决策。

3. 制订执行计划

制订执行计划是管理工作任务的重要环节，一个良好的执行计划应当包括以下几个方面：明确目标、梳理任务、优化资源配置、提高工作效率、明确时间节点。

4. 监控和调整

定期监控任务的执行进度和效果，及时发现和解决问题，对于之前不能理解的工作任务在执行过程中要加深理解，能够理解的工作任务要更好地执行落地，并根据实际情况调整执行计划，重新分配资源和优化工作流程。

职业课堂

提高领会意图　抓贯彻落实的能力

所谓意图，就是希望达到某种目的的比较抽象的概括打算，领会意图是干工作的首要问题。在实际工作中，要想提高领会意图、抓贯彻落实的能力和提高工作效率，就要把握“抓住关键、找准依据、联系实际、末端落实、适时反馈”五个要诀。

一、抓住关键

领会领导意图，首先要了解领导要干什么、什么时候干、干到什么程度，这就抓住了领导意图的关键。一是着眼最终目的。上级发出的文件通知、明确的工作任务，无论采用什么样的方式安排，始终蕴含着领导的最终目的。要学会透过工作任务里的各种要求去看清领导意图的本质，重点解读领导最终要求干成什么事、实现什么样的目的、想要达到什么样的最终效果，然后再以此为突破口，来确定落实的具体方法和途径。二是立足内在背景。日常工作中，党和国家大政方针的出台，上级的指示和要求，本单位实际情况的变化、发展，都可以使领导萌发一些观点。反过来说，领导的意图往往也可以从这些背景条件中找到"注释"。只有准确把握领导意图的内在背景，才能更好地理解、领会其意图，也才能更好地结合实际抓好落实。三是熟悉和适应领导的工作方法。要熟悉和适应领导在长期工作中形成的工作方法，针对不同领导的特点调整自身的工作思路和思维习惯。要将领导在不同场合、时机发表的意见、提出的要求、流露出的零碎的"思想火花"汇总串联、连贯分析、综合提炼，梳理出领导某个方面的系统思想和理念。

二、找准依据

领会领导意图后开展工作时，通常情况下，先要分析领导安排这项工作的原因、思路，这些都涉及找准依据的问题。一是从主动询问中获得。主动询问，是了解领导意图、找准依据最直接的方法。有时宁愿受点批评，也要将领导意图弄准确、搞明白，确保及早筹划、落实到位。如在季节变换、任务转换、重大政策出台、重大任务来临、重点工作转移等时机，主动请示、询问领导，了解领导有什么考虑和打算，做到早着手、早介入、早知情，赢得工作的主动权。二是从领导批示中领会。领导阅读文件和材料的批示，蕴藏着领导许多有感而发的新思想，常常能反映领导对某一问题、某项工作、某个事物的看法，这些思想、观点、看法都是起草文件、落实意图、开展工作时应当准确理解和把握的要点。同时，还可从讲话材料中把握。领导一个时期的决心大都体现在一些重要讲话和综合性文件中，学习领导的讲话材料，可从中悟到其思想精髓，从而准确摸清领导的思想意图。三是从批评、表扬中领悟。批评和表扬是领导实施管理的重要手段。领导提倡什么、反对什么，在很多情况下，都可以从其批评和表扬中体现出来，因此，在领导批评人、表扬事、讲评工作时，要入脑、入心，从中找到导向性的意见，以此确定带团队、干工作的方向。

三、联系实际

领导意图只有紧贴实际才有生命力，落实起来才有执行力。联系实际就是要把相互联系的事情想深、想全，重点联系四个方面的实际。一是联系上级实际，与领导站在同一"高度"。上级实际是指上级筹划开展某项工作时，所具备的条件和具体情况。领导的意图既反映了他对某项工作的思路和要求，又体现了其独特的领导艺术、思维方法和处事原则，往往具有切中要害、揭示规律、触及本质等特点。要站到与领导同等的高度、同样的角度去观察和思考问题，拿出切实可行的方案。二是联系下级实际，与领导把握同一"尺度"。实现领导意图过程中，要充分考虑下级贯彻落实领导指示的客观条件，以及实现领导意图的能力强弱。当下级具备有效完成任务的条件时，要抓好督导落实，确保领导意图贯彻到末端;反之,当领导的意图与下级的实际情况不符而产生矛盾时,就应多做沟通工作,起到缓冲的作用,并及时查明情况、提出建议,尽量避免产生对立情绪。三是联系自身实际,与领导处于同一“角度”。自身实际包括本级单位开展各项工作的原因及进程、建设发展的总体态势。针对具体任务,要站在领导角度考虑如何安排部署,再根据领导意图,从实效出发,提出自己的看法和建议,使领导意图不断得到丰富和完善,遗漏的予以补充,偏差的予以校正。四是联系同行实际,与领导达到同一“广度”。关注和了解同行的情况,有助于开阔思路、拓宽视野。视野决定思路。在落实领导意图的时候,要把同行面临什么样的形势、担负什么样的任务、采用了什么样的措施,以及这些措施对实现领导意图会产生什么样的影响等,进行定性、定向分析,在学习借鉴、择优互补的过程中,达到丰富方法手段、提高工作标准的目的。

四、末端落实

一分部署,九分落实。抓落实,是贯彻力、执行力的直接体现,是对单位建设和个人发展的高度负责,是对领导的最大尊重。抓好末端落实的过程,实质就是将上级指示精神由大变小、由粗变细、由虚变实、由远变近的过程。一是区分轻重缓急。一个单位的工作千头万绪,可区分大事小情、轻重缓急;“眉毛胡子一把抓”,结果只能是任务完成了,要求没达到、质量上不去,有时还吃力不讨好。分清轻重缓急,要弄清楚哪些事必须先办,哪些事可以缓办,不能搞“齐头并进”;要弄清楚哪些事要“下大力”,集中财力、人力、精力办,哪些事可按制度规定适当用力照常办,不能搞“平均用力”;要弄清楚哪些事要越快越好、干净彻底地办,哪些事可以顺其自然、按部就班地办,不能搞“一线平推”。二是注重统筹协调。上级的指示、机关的通知很多,不同类型的指示要求也不尽相同。面对这种情况,需要从整体上系统地研究事物的内在结构,从多个思维起点、多个思维层面,选择多条思维线路,全面地思考问题。将要求相同、类型相似的任务整合在一块落实,将要筹划开展的工作、需要的步骤细化,具体到措施、内容、方式、时间节点、负责人等内容,绘制一个表格进行任务区分,从而进行综合比对、集成优化,实现最佳决策,谋求整体效益。三是把握阶段特点。尽管团队工作千头万绪、千变万化,但它却呈明显的阶段性。哪个阶段容易出现什么问题、应该重点抓什么、什么时间完成,都有其内在的规律可循。认清这些规律,把握好阶段性工作特点,能够有针对性地进行谋划部署,把各种可能遇到的情况预想在先,要完成各项任务、落实领导意图就会心中有数、手里有招,要干好工作也就不难了。

五、适时反馈

落实领导意图后应在适当的时候进行反馈。关于采用什么方式去反馈、通过什么渠道去反馈、利用什么东西去反馈,方法有三种:一是主动迎接检查。上级来检查,有的人心惊胆战、惴惴不安,害怕工作没干好、有疏漏而被问责。这个问题应辩证来看,工作干好了,主动地迎接检查,让领导充分了解单位全面建设的情况,这是一种积极的态度;而上级的检查,更是一种不可多得的反馈时机,检查中发现、纠正问题,对单位建设是利好的。二是总结经验、做法。根据领导意图完成一项工作,会有自己满意的地方、干得出色的环节,也会有因为各种原因造成的漏洞和不足。这时将“人无我有、人有我新、人新我特”的经验做法上报,让领导知道完成的这项工作有值得学习、借鉴、广泛推广的地方,就是一种正式而又全面的反馈方式。三是择机具体汇报。主动反馈信息,件件有着落,事事有回音,这既是一种表达自己的方式，也是一种对领导高度负责的态度。在合适的时机向领导汇报，对工作开展的过程要清楚明白，对具体情况的掌握要全面细致。

（资料来源：廖建明．提高领会意图 抓贯彻落实的能力．政工学刊．2023(11)．）

任务打卡

职业故事

董宇辉热到发烫的背后：他身上折射了普通打工人的什么光芒

➤课堂讨论：作为一名职场人，假如领导让你组织新员工欢迎仪式，你应该从哪些方面入手？

➤能力养成：根据课堂讨论，制定欢迎仪式的工作任务清单。

任务二　培养成事心态

任务知识点

成事心态指的是一种积极的心态或态度，能够帮助人们成功完成任务、实现目标或克服困难。这种心态包括乐观、自信、坚忍、积极进取等因素。具有成事心态的人通常能够面对挑战和逆境，不轻易放弃，持之以恒地追求目标，并从失败中吸取教训，不断成长和进步。成事心态有助于提高个人的执行力、创造力和适应能力，从而更容易取得成功。

一、成事心态的积极作用

1. 成事心态具有成功导向性

成事心态可以强化个人及组织的成功欲望，是取得卓越绩效的核心驱动力。在企业中，有成事心态的人表现：要做出比别人更好的业绩；对业绩不满足，完成工作之后总是为自己设立更高、更具有挑战性的目标；关注结果、效率和标准，并追求改进工作的方法，力求资源使用最优化；在困难面前不认输，下定决心去完成有难度的任务。

成事心态能激发强烈的成功欲望，促使人们对未来充满信心，在野心勃勃、朝气蓬勃的激情和锐气驱动之下，精神抖擞，斗志昂扬，在征服一个又一个绩效高峰的过程中，达到自我实现的最高境界。

2. 成事心态对职业生涯规划具有重要的作用

成事心态对职业生涯规划具有重要的作用，主要体现在以下几个方面：

（1）优化职业规划

持有成事心态的人在职业规划上更具有前瞻性和积极性，他们会提前设定清晰的职业目标，并采取实际行动去实现这些目标。

（2）增强职业适应性

持有成事心态的人通常能够更快地适应职业环境的变化，因为他们乐于接受挑战，并直面挑战，将其视为成长的机会。

（3）促进职业发展

成事心态有助于个人在职业发展过程中保持动力和专注，即使面临挫折也能迅速恢复，继续前进。

（4）提高职业满意度

成事心态能够促进个人在工作中找到满足感和成就感，因为持有成事心态的人更加专注于过程中的学习和成长，而不仅仅是结果。他们对工作投入更多的热情和精力，从而提高工作满意度和职业投入度。

二、成事心态在工作中的表现

1. 积极进取

在工作中，积极进取的心态表现为主动寻求机会，全力以赴，不怕困难，不畏艰辛，始终保持对工作的热情和投入。

2. 永不放弃

无论遇到多大的困难和挫折，都能坚持下去，不轻易放弃。这种坚持不仅仅是对目标的追求，更是一种坚定的信念。

3. 创新思维

在工作中，保持创新的思维，不断尝试新方法，寻找更有效率、更优质的工作方式，这对个人的职业发展以及企业的整体发展都有着重要的作用。

4. 持续学习

在职场中，学习是没有止境的，无论是专业知识，还是专业技能，都需要不断地学习和积累，这样才能不断提高自己的专业技能和综合素质。

5. 保持自信

自信是职场成功的关键。要相信自己的能力，勇敢地面对工作中的挑战。在遇到困难时，要相信自己有能力解决问题，不轻易放弃。

三、如何培养成事心态

1. 充满必胜的信心

影响一个人的往往不是事物本身，而是他对事物的看法。对事物的看法必然会影响一个人的信心和行为。信心是一种精神状态，是一种积极的态度，是将想法付诸实现的原动力。信心的力量很大，它可以帮助自己改观现状，实现圆满结局。信心是“不可能”这一毒素的解药。如果做“成事”成为一种习惯，就会越来越自信。目标能否实现常常取决于自己的信念够不够坚定，竞争意识够不够强烈。

2. 聚焦主要目标

如果期望事情迈向成功，那么就必须聚焦目标。聚焦目标意味着要摆脱所有可以做但不是必须做的事，专注于应该做的事。事事都有轻重缓急，必须从中找出最重要的那件事，这样目标和行动之间就有了更紧密的联系。

在奔向目标的过程中，不要因为其他目标而忘却既定目标，也不要贪恋路边的风景与掌声，要时刻牢记，自己的工作目标是什么，要达到什么样的结果，但别忘记自己的目标，也别忘记时刻校正自己的努力方向。

3. 以终为始，践行不止

为了成事，必须有强烈的成功动机和坚定的信念，要坚信，过去的成功或失败不等于未来，也不会影响未来。

毛主席在著名的《实践论》中说："要想知道梨子的滋味，就要亲口尝一尝。"要获得真知，就要亲身去实践，实践是最好的导师。只有行动才能增长才干，只有行动才能获得成功。

行动说起来容易，做起来难。有思想是一种能力，能行动也是一种能力。离开了行动，自信、勇气都是空谈，或是一种阿Q式的自我安慰。

行动才是对自己是否真正具备自信、勇气的严峻考验，不管等待自己的是什么。就算碰壁，也是一笔财富。困难和挫折可以让自己变得睿智坚韧！

4. 灵活应对，实现成功的路不止一条

在成事的道路上，大多数情况下会出现一些问题，问题本身更是千奇百怪。而真正好的解决方案都是从多个备选方案中挑选出来的。这需要对已有的解决方案进行再思考，并且不断推翻已经形成的解决方案，最终找到更适合的解决方案。

总之，单一线性的思维方式大概率不能很好地解决问题，要常常反思，永远保有不断推翻以往而重来的勇气，这才是一流的智慧。

5. 不到最后一刻决不放弃

有些工作项目周期比较长，一定要坚持。在这个相对漫长的过程中，遇到各种困难、挫折是非常正常的，为了成功，切忌有始无终，半途而废。要有极大的韧性和毅力，正视所遇到的挫折和失败，坚持不懈，不达目的决不罢休。项目不到最后一刻，就要抱着必胜的信心，全力以赴，争取成功。即使最终项目失败了，也要总结项目中的所得所失，并找到失败的原因。

6. 1%的希望，投入100%的努力

现实生活中，有很多事，也许没有多少希望可以实现，但还是有人，抱着哪怕只有1%的希望，也要付出100%的努力，去做他们认定的这件事。虽然希望很渺茫，但是只要坚持努力，也许就会成事。

万丈高楼平地起，所有的成功都需要辛勤付出。要把握每一个机遇，抓住每一个有利因素，进行各方面不懈的努力，争取赢得最终的胜利。

职业课堂

专注和自信是抗压"利器"

业绩有没有完成，项目有没有进展，工作关系是否融洽，这些问题无形中会给人们带来压力。每个人也会面对不同的工作压力。如何能更好地抵御来自工作的压力？英国诺

丁汉大学心理学院和医学院研究人员开展的一项研究显示，在工作的重压下，能保持专注力和自信心的人可以更好地应对压力。

压力不利于身心健康，身处职场的人在应对繁杂的工作时，常会感到压力重重，让人身心备受考验。压力、抑郁和焦虑，可通过激活神经和内分泌系统、扰乱自主神经和免疫过程，直接影响心血管系统，或改变人的行为，间接导致心血管病风险的增加，从而增加高血压、心肌梗死、心律失常和心力衰竭的风险。《美国心脏病学会杂志》子刊一项综述指出，房颤与心理疾病之间互为因果。压力和焦虑常为房颤的诱因，而一旦发生房颤，人也更容易出现焦虑和抑郁，是一个恶性循环。广东省人民医院的研究人员撰文指出，精神压力诱发的心肌缺血并不少见，患病率为12%～75%，好发于独居人士，未婚人士，女性，抑郁、焦虑合并冠心病的人。

一项美国的研究表明，压力引起的体内炎症水平的加剧，会促进代谢综合征的进展。代谢综合征是指一个人同时有血糖代谢异常、超重或肥胖、血脂紊乱和高血压几种情况。有代谢综合征的人患心脑血管病的风险增加 3 倍，过早死亡的风险也大幅增加，有人将其称为“死亡四重奏”。发表在《美国心脏病学会杂志》上的一项纳入近 60 万 18～49 岁居民的研究发现，情绪低落或抑郁的年轻人更易患心血管病，心脏健康状况不佳。研究发现，与没有情绪低落或抑郁的同龄人相比，感到情绪低落或抑郁的年轻人心脏病发作、中风的风险更高。研究者还指出，情绪低落也会让人的生活方式更不健康，比如吸烟、饮酒、睡眠不足和不运动，这均不利于健康。

有没有一种方法，让工作没有压力？刊发于《公共科学图书馆·综合》开放期刊上的研究指出，当代职场人难免要每天面对各种电子信息的轰炸，并由此导致压力大增，精神健康状况下降，只有保持专注才能更好地抗压。这里说的“专注”不同于一般的“专心”，而是特指心平气和、专心做事的一种精神状态。在这种状态下，人做事不会加入个人主观情绪，而只会专注于事情本身。英国诺丁汉大学研究团队针对 142 名职场人展开调查后，通过分析问卷答案得出结论：与专注力不强的参试者相比，专注做事者能更好地抵御信息过载造成的焦虑、抑郁等问题。

除专注力外，研究还发现，树立自信同样有助于数字化工作环境中的精神健康。研究人员强调，数字技术对人们健康的影响越来越大，现代职场人应当学习做到专注和自信，这是实现健康职场生活的两大要素。在职场中，自信使个人更加有信心和决心去追求自己的事业目标。自信的人更容易获得他人的认可和赞誉，能够更好地应对工作中的各种变化和挑战。自信还可以帮助防病。广东省人民医院研究人员发表的述评文章指出，积极心理包括幸福、感恩、同情心、自信及希望等，对心血管疾病有预防作用。不仅如此，当身处绝境时，足够的信心还可以让人峰回路转。发表在《癌症医学》上的一项研究显示，被诊断为非转移性癌症的人群中，自我感觉消极的人比感觉积极的人，死亡风险高出 3.62 倍。有信心的患者大多心态平和向上，有助于维护身体免疫功能，帮助自己战胜疾病。

想要专注于工作，不妨从做一个有目标的人开始。有目标让人变得充实，不容易受到各种外界压力源的干扰，并且会在压力变大时更快地恢复节奏。另外，只有专注才能让人全心全意投身于事业本身，而不受周围其他负面信息的影响，从而享受工作，从工作中获取更多的成就感。美国密歇根大学的研究发现，那些有成就感的退休人群，生活更加积极健康。相反，无成就感的人退休后容易有吸烟、酗酒等不良习惯。除了工作中保持专注，积极乐观的心态也是抵御负面情绪的有力"武器"。拿破仑曾经说过，积极的心态，就是心灵健康的营养。这样的心灵，能吸引财富、成功、快乐和身体的健康。哈佛大学学者发布的一项研究表明，保持乐观、积极的心态，如幸福、感恩、同情心、自信及希望等，可能是长寿的关键。人的性格决定了人的行为，行为又影响了健康。保持健康不妨从改变性格开始。一是保持乐观。一项对5100多名成人的研究发现，生活态度积极的人，心血管更健康。二是懂得感恩。越有感恩心的人情绪越佳，睡眠质量也更好。三是开朗。美国疾病控制与预防中心的研究发现，本身爱生气但一直隐忍的人，心脏病突发的风险比受到刺激便说出来的人高2.3倍。四是保持社交。美国一项涉及30万人的研究表明，孤独感的危害等同于酗酒或每天吸烟15支。

（资料来源：燕声．专注和自信是抗压"利器"．保健时报．2024-03-21.）

任务打卡

职业故事

李彦宏曾对毕业生这样说

➢课堂讨论：选择班级最熟悉的人，说说他身上具备的成事心态要素。

➢能力养成：请借助自我分析工具（如：社会360°评价、short分析等）列举自己所拥有的成事心态要素，并按照强烈程度进行排序。对于较弱的要素或者缺失要素，制定对应的强化措施。

任务三　强化成事能力

任务知识点

一、成事能力是一个人做成事的核心

（一）成事能力的内涵

成事能力是一个人或组织实现目标、完成任务、达到预期成效所必需的能力和素质。它不仅涉及个人或团队的硬实力，如专业技能、知识水平等，还包括软实力，如沟通能力、团队协作能力、领导能力等。

成事能力对于个人和组织的发展至关重要。它关系到个人职业生涯的成功与否，影响到组织目标能否实现和市场竞争力的强弱。在快速变化的环境中，成事能力可以帮助个体和组织把握机遇，应对挑战，实现可持续发展。此外，成事能力还能带来创新和变革，推动社会进步和发展。在当今竞争激烈的社会中，成功不再仅仅取决于一个人的学历、背景或天赋，而更多的在于其所拥有的成事能力。

（二）成事能力的几个维度

1. 逻辑力

逻辑力也称为逻辑思维能力，是指一个人在处理问题、推理和论证时所表现出的能力。它是成事能力中的一个重要组成部分，对于有效解决问题、做出决策以及沟通表达都具有重要意义。

良好的逻辑力能使人深入地分析问题，理清问题的本质、原因和影响。通过逻辑思维，可以将复杂的问题分解为简单、易于理解的部分，并从中找出解决问题的线索和方法。一个拥有较强逻辑力的人能够进行准确、严密的推理，不仅能够准确地理解和应用逻辑规则，还能够有效地运用推理方法解决现实生活和工作中的问题。良好的逻辑力能使人清晰地阐述自己的观点，并以严密的逻辑推理支撑其论点，从而使论证更加有力、更具说服力。

2. 内驱力

内驱力是指一个人内在的动力和动机，驱使其行动、追求目标，并坚持不懈地去实现自己的理想和抱负。与外在的奖励或惩罚不同，内驱力源自个人内心深处的渴望、兴趣和价值观，是自我激励和自我管理的关键。

拥有内驱力的人能够清晰地认识自己的目标和愿景，明确知道自己想要实现什么，并能够制订具体的计划来实现这些愿望。内驱力能使人自我激励，不依赖外部的奖励或惩罚来驱使自己行动。拥有内驱力的人能够有效地管理自己的情绪和行为，克服拖延和消极情绪，保持高效的工作状态。拥有内驱力的人具有持久不懈的精神品质，能够在面对挑战和困难时坚持不懈，不轻易放弃，并能够从失败和挫折中汲取教训，不断成长和进步。

除此之外，内驱力能使人更加深入地了解自己，认识自己的优势和劣势，明确自己的价值观和信念，并不断追求自我提升和成长。拥有内驱力的人往往具有较强的自主性和独立性，能够自主地制订计划、做出决策，并独立地行动，去实现目标，不受外界影响。

3. 社交能力

社交能力是人在社交活动中所必需的一系列能力，它涉及与他人的互动、沟通、合作以及社会适应等多方面的技能。成事能力与社交能力之间存在密切的联系，一个完整的成事过程往往需要良好的社交能力作为支撑，而社交能力的发挥也需要一定的成事经验和技巧。

二、强化成事能力的技巧

强化成事能力涉及多个方面的内容，包括提升个人的专业技能、综合素养、社交能力、逻辑性等。这些能力的提升可以帮助个人在实际工作和生活中更好地应对挑战，解决问题，进而实现目标。强化成事能力可以着重做好以下几个方面：

1. 加强学习

强化成事能力的基础在于学习，通过学习，可以获得新知识、新技能，提高对问题的认识和分析能力。职场人应通过学习理论知识、业务知识，增强对工作中问题的敏锐性和鉴别力，提高解决实际问题的能力。学习不仅仅是知识的积累，更是一种思维方式和价值观的形成，这有助于个人在面对复杂情况时做出正确的判断并更好地应对。

2. 强化实践与反思

实践是将所学知识转化为实际能力的重要途径。通过在工作中应用所学知识，可以检验和巩固学习成果,同时也能发现问题并寻找改进的方法。在实践过程中,要培养知行合一的习惯,通过实际行动体现学习的价值。

3. 不断进行案例分析

通过对成功案例的分析,可以了解在特定情境下哪些策略和方法是有效的。案例涉及不同的领域和情景,通过分析这些案例的成功经验或失败教训,可以更直观地理解如何在实际工作中运用策略和方法。

4. 提升专业能力

专业能力是个人成事的关键。它不仅包括扎实的基本功,如逻辑思维能力、数据分析能力等,还包括对所在领域的深刻理解。要通过不断学习和实践,提高自己在某一领域的专业水平,从而提升在该领域的成事能力。

5. 调整心态与态度

除了知识和技能之外,一个人的心态和态度也会影响他的成事能力。例如,积极的心态、强烈的责任心和持之以恒的努力,都是成事的重要因素。因此,培养正面、积极的心理状态,保持乐观向上的工作态度,对提升成事能力至关重要。

6. 整合可用资源

善于利用资源,懂得利用资源,将利用资源转变成自己每天的习惯,成功的道路就会缩短很多。无论是在生活中还是在工作中,可利用资源无处不在,不管有多少帮助,资源是多还是少,只要懂得利用,哪怕只是微不足道的方面,都会对个人的成长和成功有所帮助。卡耐基说过,一个人的成功只有15%取决于专业知识,而85%取决于其人际关系和处事能力。所以,要充分利用现有的资源、挖掘潜在的资源,把事情做成,实现个人的价值。

三、理解成事能力的重要因素

1. 目标明确

明确的目标能够给人们指引和动力,让人们知道自己想要达到什么样的成就。明确的目标可以帮助人们更好地规划和安排自己的时间和资源,避免浪费在琐碎的事情上。当人们有明确的目标时,注意力会集中在这个目标上,从而提高效率。

2. 积极行动

积极行动是成事必不可少的步骤。目标只是一个蓝图,只有通过行动才能将它变成现实。积极行动意味着不仅仅是想,而且坚定地付诸行动。积极行动需要克服拖延和恐惧,勇往直前去追求目标。执行者需要制订具体的计划,并付诸实践。

3. 良好的心态

良好的心态是成事能力的重要因素。心态决定着一个人对待挑战和困难的方式。一个人拥有积极的心态,便能够以乐观和勇气面对困难,并从中获取成长和启示。错误和挫折只是成事路上的挑战,而不是终点。良好的心态能够使人们保持冷静和坚毅,不受外界干扰和消极情绪的影响。它能够增强人们的自信,使人们坚定地追求自己的梦想。

职业课堂

俞敏洪：坚持奋斗，成就最好的自己（节选）

“我们为什么要那么努力地奋斗？那是因为奋斗决定着生命的质量。”俞敏洪说，“我们这一代人是在饥饿中长大的，所以看到一点点让自己生活可以变好的曙光，就会拼命地像动物本能一样地去追求。”

“人和动物最大的不同，就是可以通过奋斗，改变自己的命运。甚至可以为了未来的美好，牺牲当下的部分快乐。”俞敏洪用自己的亲身经历告诉大家，在艰苦的环境中，奋斗会让人感到无比的乐趣。他拼搏奋进，三考北京大学。他在备考期间，每天早上6点起床，晚上12点睡觉，虽苦却无比充实。他大三时不幸患上肺结核，却利用住院治疗的一年时间，背完一万个单词，为以后的成功打下坚实基础。当人不怕困难时，就能把困难转化为成就自己事业的机会。

俞敏洪用质朴无华的语言、贴近生活的事例说明，奋斗是生命内在丰富性的证明。他说，个人有两种证明自己的方式：一种是通过奋斗去获得外在的财富，这是能力的一种体现。还有一种是过着内涵更加丰富的生活，来证明生命内在的丰富性。在这种生活中，个人觉得自己在做的事情超级有意义，自己无比热爱自己正在做的事情，并变成了自己的成就，而且这种成就逐渐被外界认可。

他勉励青年：“我们要通过奋斗，一辈子通过追求，将外在荣耀和内在的丰富性结合起来，成就最好的自己，成为特别了不起的生命。”他同时告诫当下年轻人，不要耽于衣食无忧的生活和父母的呵护，要通过奋斗把人生过得丰富多彩。

“改变命运不是一蹴而就，需要点点滴滴的努力。任何轻而易举地到达，都不能带来生命的奇迹和持续的动力。”俞敏洪结合自己爬泰山的经历，娓娓道来：“坐缆车到泰山顶的人会庆幸自己很容易登上山顶，但他们却永远得不到我一步一个脚印爬到山顶的乐趣。在这段爬山的过程中，沿途的风景、自我的鼓励都成为我成长路上的一抹亮丽色彩。”

“人生最大的幸福源于自己努力过后的成就感。”俞敏洪讲经历、话感悟、说奋斗，鼓励青年，任何事情只要去做，就一定要做出成就感。

“人生，总得有梦想，总要有希望。所有付出过的努力都将获得回报与收获。”即使已经跻身中国最具影响力商业领袖、上市公司创始人，俞敏洪却依旧严格自律，勤奋努力，充分利用跑步途中、出差路上的时间，听课读书。他保持着最初的质朴，到今天为止，依旧坚持每年阅读100本书，听20到30门课，要求自己每年必须写出一本书。

俞敏洪结合自己创业的经历给青年学子们提出了三点忠告：努力搞好外部环境，处理好人际关系，做一个真诚且“无害”的人；打造好内部环境，坚定理想，付诸努力；严格自律，保持内心平衡，勤于思考做事的“方法论”，不断提高效率。

他给青年四点建议，指引他们努力奋斗、追求理想的方向：要有专注力，做一件事要做到有成就感为止，做到这件事本身产生乐趣为止；要多读书，拓展思想的深度与宽度，为自己获得更多成功的机会；把困难看作人生的机遇，把任何的艰苦都当成自己成长的路径；保持适度的快乐感，热爱生活，劳逸结合，坚守理想，逐梦前行，为生命涂上亮丽的色彩。

“我们生命中有彩虹的日子都是自己创造出来的！”俞敏洪在演讲最后表示要环游世界，自己“写”出一个更精彩的世界。

（资料来源：王大勇，王宇鹏，高雅. 坚持奋斗，成就最好的自己. 中国青年网. 2019-09-20.）

任务打卡

职业故事

坚持不懈终有成果

➢课堂讨论：回顾《肖申克的救赎》，与同学讨论肖申克的哪些特质帮助他成功越狱。

➢能力养成：记录自己的做事风格。给自己安排一件事情，然后去完成，并将过程和结果以图文方式记录下来，提交给老师。

项目九 习惯思考

项目指南

时代的复杂性和不确定性犹如悬崖与沼泽，时常拦住我们前进的脚步，要把思考作为习惯。

在这个复杂性丛生的时代，什么才是让我们脱颖而出的重要能力？什么才是让我们应对今日巨变的本质法理？什么才能让我们在不确定的世界中寻找到确定性？只有从“把思考作为方法”“把思考作为答案”真正转变为“把思考作为习惯”，才能更好地探究问题的本质，真正在困境中做到“反脆弱”。“把思考作为习惯”，这个思考框架可以帮助我们打破自己的“元无知”状态，锻造自己的“学习力、规划力、决策力、创新力、习惯力”，不断联结他人，掌握多元的思考工具，学会像乐团指挥家一样应对复杂系统。只有这样，我们才能在自己的人生之路上不断进阶，成长为一个超级思考者与强大的问题解决者，持续点燃生命之火，实现对自我人生的积极掌控。

在本项目中，通过任务的实施和完成，可以使大学生养成勤于思考的习惯，学会做事提前准备，并能在求职时为自己制作一份精美的简历，成功完成面试，找到心仪的工作。

学习目标

1. 能够理解习惯思考的内涵和重要性，掌握思考能力的核心，进行习惯思考训练。
2. 了解战略思维、创新思维和批判思维的特点及培养方式。
3. 掌握思考的方法，养成思考的习惯，提升自己的竞争力。

任务一　培养战略思维

任务知识点

一、战略思维概述

（一）战略的概念

有人说战略是选择：决策之际，N 个选项摆在面前，选择一个而放弃其他的，这是战略。

有人说战略是聚焦：协同关键资源达成最核心的目标，不被其他非关键目标所动，这是战略。

还有的人说战略是扬长避短：发挥自身的长处，避开对方的短处，成倍地放大竞争优势，高效地获取胜利，这是战略。

战略总给人一种虚无缥缈的感觉，我们整天在谈论，却还是不得要领。好像任何一种“招数”都能上升到战略高度，扬长避短、以小博大、差异化……

那么，到底什么是战略？

实际上，关于什么是战略，管理学之父彼得·德鲁克曾经一语中的，他说：“战略不是研究我们未来要做什么，而是研究我们今天做什么才有未来。”战略围绕两个关键词展开，终局和布局：先将视线升到万米高空，俯瞰 5～10 年后的行业态势（预判终局），再回到地面，根据终局确定当下的每一步（当下布局）。站在企业的角度来说，所谓战略，就是企业需构建今后 5～10 年的市场洞见和竞争意识，深入思考以下两个方面的问题。

（1）预判终局（定目标）——未来是什么样子的？我们想成为什么？要确立组织长期的发展目标、使命与远景。

（2）当下布局（择方案）——为了让未来变成现实，我们今天必须做什么？选择能达成目标的手段与方法，即行动方案。

（二）战略思维的概念

战略思维就是挣脱“有限理性”的限制，拓展思维空间，寻找“满意的”战略目标及行动方案的思维过程。也就是寻找终点（目标），并从终点思考以下问题：现在处于什么状态？从起点走到终点的路径是什么？从而凸显战略思维的作用和价值。

1. 战略思维是一种系统思维

从系统论角度分析，战略思维构成一个系统，其构成因素：①战略思维主体：企业家、首席执行官（CEO）及相关的战略规划部门专业人员、咨询师等，主要功能是思考和谋划战略；②战略思维对象：主要是企业的战略目标、使命与宗旨、战略实施步骤等；③战略思维的环境：主要是战略思维所必须考虑的组织环境，包括自然、科技、经济、政治、法律等因素。

因此，战略思维是战略思维主体思考、分析、决策并实施、反馈和修正战略的过程。战略思维必须依靠思维主体取得与战略相关的环境、情形、企业优劣状况等相关的信息，并借助思维方法和工具进行比较、判断、选择、决策等思维活动，这一过程与思考者的视角及境界密切关联。所以，从系统论的观点出发，战略思维可定义为战略管理者等思维主体基于对企业生存环境及自身资源与能力的认知，构建企业战略目标及行动方案的思维过程，这也是管理者能动适应环境、提升自身境界的过程。

2. 战略思维是一种复杂的思维方式

战略思维不同于一般的科学的逻辑思维，很难通过分析和归纳找出某种规律性的结论，也很难通过统计建模揭示战略目标与行动方案之间的关联。因为战略思维是较为复杂的思维方式：思维需考虑的因素众多，企业战略思维需考虑自身的状况和环境中的众多因素，如果是跨国集团的战略，则需考虑政治、经济、社会及世界格局等因素，影响因子的数量级非常大。战略目标具有多样性，有长期目标、短期目标，有总体目标、职能目标和事业目标；战略目标与实现路径之间的联系具有多样性，有线性关系，有网络关系，还有生态联系。战略思维具有动态性，是由此及彼的过程，环境在变，思维主体在变，目标也在变，战略思维就是在环境和自身状态约束下，一个追逐移动目标的复杂的动态过程。

3. 战略思维是一个认知过程

从心理学视角看，战略思维是一个认知形成的心理过程。这当然是基于战略思考者的视角来分析的。在形成战略之前，他们有自己的认知模式，对行业环境、竞争优势、组织决策等有自己的思维框架和核心观点。他们戴着这个"有色眼镜"去感知环境、解释环境，在考量自身资源和能力后，确定定位和竞争策略，并将战略实施过程的绩效表现和竞争优势作为反馈变量，不断强化或者修正战略。

战略思维作为认知过程，也是一个学习过程，如果考虑管理团队共同的战略思考，战略思维还应是一个共同学习的过程。

（三）战略思维的特点

（1）思维空间具有广阔性和开放性。

实现思维对象空间和思维主题空间的统一，避免两者不一致的情况出现。

（2）思维过程具有超前性和预见性。

战略思维的超前性和预见性是指思维主体对客观对象发展变化的超前认识。科学预见是战略运筹的前导，既然战略一般要适用一个较长的时期，那么战略决策者必须具有未来意识。

（3）思维结构具有多维性和立体性。

从多方面、多层次、全过程认识、分析社会经济的运行变化，把握内在的规律性和发展趋势，从而制定出科学的企业战略。

（4）思维主体具有创新型和求异性。

领导者能够推出新思想，提出新认识，发明新方法，制定新的符合事物变化发展规律的战略目标。

（5）思维结果具有综合性和整体性。

从思维对象的宏观整体出发，对发散思维结果进行收敛、筛选和集中。

（四）没有战略思维的主要表现

1. 随波逐流

有些人对环境过于敏感、浮躁、投机、跟风，表现为强烈的机会主义，不能拒绝诱惑，没有战略定力，这就是随波逐流的体现。

有些人的意志不坚定，太容易受他人影响，易导致企业这艘船不能坚守主航道，缺乏长久的坚持，总是受外界的影响不断改变自己的方向，最终难成大器。

2. 只顾眼前

有的人一味追求"落袋为安"，只注重眼前利益，没有远见，自己还美其名曰"务实"，其实是格局不行。在创业初期这样尚可以，但是如果做到一定规模还如此"务实"，就成了致命伤。最常见的例子，就是只顾眼前的营业收入与利润，只要有可观的利润就满足了，不愿意也不舍得为经营长线的价值而投入。

长线是什么？就是眼前还看不到收益的事情，比如团队建设、人才孵化、企业核心竞争力的培育、具有划时代意义的产品迭代升级等，这些都是不能偷懒的。拿团队建设来说，有的企业主认为自己有钱，别人给年薪一百万我给两百万，“挖人”就行，但这样是很难真正建好核心团队的，取巧和偷懒会带来更大的问题。企业核心能力的培育也是一样的道理，都是需要长线思维和持续的大投入才行。创业初期，企业能活下来就行，生存才是王道，无所谓战略，然而当掘得第一桶金之后，若只顾眼前利益，必然导致“路径依赖”，也就是过于依赖现有的发展模式与盈利方式，不愿意做出实质性的改变，结果错过战略机遇期，不能与时俱进。

3. 叶公好龙，走捷径

有些人所谓的战略，其实就是“口头禅”，表现得很热爱战略，很尊重专业的战略策划，但基本都是夸夸其谈。这种人往往看上去很爱学习，是“听课狂”，甚至是“策划爱好者”，满口都是天下大事、前沿理论，然而，当一个好的战略呈现在其眼前的时候，他反而不以为好，甚至会抱怨。这种人认为的好是什么呢？往往是奇迹，是灵丹妙药，是取巧，追求一夜暴富、一夜成名，反正就是不能太辛苦。这种人为了找这些“灵丹妙药”，为了取巧，到处去学各种新颖奇特的理论、概念，“追”各种大师，花大价钱去“买点子”，一切的出发点都是为了走捷径，贪巧求速，越是热爱这样的“战略”，离战略的本质就越远。

二、战略思维能力

（一）领导力五力模型

根据领导力概念谱系，领导力是支撑领导行为的各种领导能力的总称，其着力点是领导过程；换言之，领导力是为确保领导过程的进行或者领导目标的顺利实现服务的。鉴于领导力对组织能产生巨大的影响力，各国研究者对于领导力进行了大量的研究，产生了多种领导力理论。领导力研究机构主要分三类：国有研究机构、合资研究机构和国际研究机构。相对而言，国有研究机构更具学术性，合资研究机构更务实，而国际研究机构则更着眼未来。中国科学院课题组经过课题攻关，基于领导过程构建了领导力五力模型。基于领导过程进行分析，可以认为，领导者必须具备如下领导能力：

（1）对于群体或组织的目标和战略的制定能力（前瞻力）。

（2）对于被领导者的能力，包括吸引被领导者的能力（感召力）及影响被领导者和情境的能力（影响力）。

（3）对于群体或组织目标实现过程的能力，主要包括正确而果断决策的能力（决断力）和控制目标实现过程的能力（控制力）。

领导力五力模型中的五种领导能力对领导者而言都非常重要，但这些领导能力并不处于同一层面。在五种领导力中，感召力是最本色的领导能力，一个人如果没有坚定的信念、崇高的使命感、令人肃然起敬的道德修养、充沛的激情、宽广的知识面和独特的个人气质，他就只能成为一个管理者而不能修炼为一个领导者，因此，感召力是处于顶层的领导能力。但是，一个领导者不能仅仅追求自己成为“完人”，领导者的天职是带领群体或组织实现其使命。这就要求领导者能够看清组织的发展方向和路径，并能够通过影响被领导者实现团队的目标，就此而言，前瞻力和影响力是感召力的延伸和发展，是处于中间层面的领导能力。同时，领导者不是仅仅指明方向就万事大吉的，在实现目标的过程中随时都会出现意想不到的危机和挑战，这就要求领导者具备超强的决断力和控制力，在重大危急关头能够果断决策、控制局面、力挽狂澜，也就是说，作为前瞻力和影响力的延伸和发展，决断力和控制力是处于实施层面的领导能力。

1. 领导感召力

感召力是最本色的领导能力，领导学理论中最经典的特质论研究的核心主题就是感召力。感召力主要来自以下五个方面：具有坚定的信念和崇高的理想；具有高尚的人格和高度的自信；具有代表一个群体、组织、民族、国家等的伦理价值观和臻于完善的修养；具有超越常人的大智慧和丰富曲折的阅历；不满足于现状，乐于挑战，对所从事的事业充满激情。

2. 领导前瞻力

前瞻力从本质上讲是一种着眼未来、预测未来和把握未来的能力。具体分析，前瞻力的形成主要与下述因素有关：领导者和领导团队的领导理念；组织利益相关者的期望；组织的核心能力；组织所在行业的发展规律；组织所处的宏观环境的发展趋势。

3. 领导影响力

影响力是领导者积极主动地影响被领导者的能力，主要体现为：领导者对被领导者需求和动机的洞察与把握；领导者与被领导者之间建立的各种正式与非正式的关系；领导者平衡各种利益相关者，特别是被领导者利益的行为与结果；领导者与被领导者进行沟通的方式、行为与效果；领导者拥有的能够有效影响被领导者的各种权力。

4. 领导决断力

决断力是针对战略实施中的各种问题和突发事件而进行快速和有效决策的能力，主要体现为：掌握和善于利用各种决策理论、决策方法和决策工具；具备快速和准确评价决策收益的能力；具备预见、评估、防范和化解风险的意识与能力；具有实现目标所需要的必不可少的资源；具备把握和利用最佳决策及其实施时机的能力。

5. 领导控制力

控制力是领导者有效控制组织的发展方向、战略实施过程和成效的能力，一般是通过下述方式来实现的：确立组织的价值观并使组织的所有成员接受这些价值观；制定规章制度等规范并通过法定力量保证组织成员遵守这些规范；任命和合理使用能够贯彻领导意图的干部来实现组织的分层控制；建立强大的信息力量以求了解和驾驭局势；控制和有效解决各种现实的和潜在的冲突以控制战略实施过程。

（二）优秀领导者具备的素质

通过对国际商业机器公司（IBM）、通用电气公司（GE）、宝洁和摩托罗拉等公司的领导力模型比较，可以发现优秀领导者应该具备的素质分别是：高瞻远瞩（envision）、激情（passion）、执行力（execute）、鼓动力（energize）、决断力（edge）。

1. 高瞻远瞩

领导者能否为组织决策、设计建立一个有效合理的发展目标和战略规划，直接关系到组织的发展绩效。领导者能敏锐地发现有利于利润增长的有意义、有新意的变革及其征兆，同时能够提出实现这一变革的设想、战略和切实可行的计划，也就是要有战略思维。成功的领导者能够广泛听取、吸收信息意见，审时度势，从时间、战略和全局上考虑和分析问题，抓住时机，确立目标。同时，力图将目标明确化、愿景化，使下属真正理解并建立信心，持久透入，成为组织的信仰和价值观。在组织目标的确立过程中，领导者的洞察力起关键作用，领导者确立产品的发展方向和服务范围，每一项改革和创新都意味着对领导者洞察力的检验。高瞻远瞩是成功领导的必要条件。

2. 激情

通过观察平时在生活中接触到的上班的人，或是在电视媒体上看到的成功人物，不难发现，凡是事业成功的人，都是非常热爱自己的工作的。不会有一个人对自己的工作毫无兴趣，甚至讨厌，却能在事业上成功。激情，不单单是领导者，也是每个员工应具备的素质。只不过，领导者应具备的激情又多了一个含义，不仅仅是指领导者本身要热爱自己的工作，对事业怀有激情。同时，领导者还有把这份对工作的激情传达给下属、员工，在团队中，营造出积极工作的氛围。当一个组织，从领导到员工都拥有对工作的极大热情，一定会全身心地投入工作中，不畏艰难，甘愿付出，即使有时候工作辛苦，但也能从工作中获得极大的满足感和成就感，甚至能为自己的工作而感到幸福。身为一名领导，已经不能独善其身，而是更要对下属负责，和下属一起为公司工作。如果领导者自身拥有对工作的极大热情，并带动下属，一定会为公司创造更多的价值。

3. 执行力

执行力就是把决定付诸行动，公司是商业性质的，要求员工能高效率办公，保质保量按时完成工作，不可能下达一个任务后，左等右等员工把任务完成，这是不切实际的。当公司确定战略目标后，把目标细化分配给部门，部门再把目标细化分配给员工。当领导者得知目标后，必须采取一系列的行动来实现目标。行动之前，必定会有构想。领导者要做的不仅仅是根据目标提出构想，更重要的是把构想变成切实可行的行动计划，并带领下属执行计划，实现目标。领导者可以通过适当的紧迫感将全团队的注意力集中到执行计划、取得成果上。当然，在行动的过程中，会遇到困难或意外的干扰，领导者要和下属同心协力，克服困难，找到解决问题的办法，完成计划。

4. 鼓动力

领导者个人确立了组织目标对于组织发展是远远不够的，更重要的工作是要使这一目标成为组织共同的信仰和追求，在组织内形成共有的价值观。只有组织成员共同拥有真心投入或遵从的群体目标，才能产生群体行动，并激发起更大的责任感和创新精神，从而使目标产生激励作用。所以，领导者必须拥有鼓动、激励员工的能力，让员工努力工作，积极奉献。

5. 决断力

领导者在工作中，需要时常做出决策，决断力就是领导者做出决策的关键。如果一个领导者拥有优秀的决断力，他就能沉着冷静地面对内外部变化，迅速正确地做出最正确的决策。即使在信息不完全的情况下也能果断地行动，也就是说能处理复杂和不确定的情况。在企业陷入危机时，领导者也能通过自己的判断力和决策力化解危机。作为一个优秀的领导者，当然还需具备更多的素质，比如创新能力、组织能力、沟通能力、接受公司的价值观和企业文化等等。

（三）领导力的核心

有的人认为领导力的核心是“权威”，有了“权威”自然就有领导力，也有的人认为领导力的核心是“组织”，一个人有了组织能力，自然也就有领导力。其实这些都不是领导力的“核心”。领导力，是领导者拥有真正战略思维。在处理团队事务中，能感应、顺应事务的“系统自动力”，这样领导者就拥有了处理事务本身的能量，而这种能量本身就能影响团队中的其他人，其他人在这样的领导者身边，不仅心服口服，而且会有依赖、信任、崇拜的感觉。战略思维能力对应于前瞻力或高瞻远瞩，因为前瞻力就是在充满不确定因素的商业环境中，领导者能否看清组织或团队的发展方向、发展目标和发展路径，有远见地规划团队长远策略，正确预测未来，从而实现团队的目标。就好比一个船长，知风知水，总是能把船指引到顺风顺水中，这样船上的水手自然也会开开心心信服这个船长。如果船长总是逆风逆水行船，动辄就让水手下水去当纤夫，水手自然也就越来越少。所以，真正的战略思维、创新思维，能让领导者获得事务“系统自动力”的能量，这是真正的领导力的“核心”所在。

（四）战略思维的重要性

1. 企业管理者需要战略思维

战略思维是企业管理者必备的一种素质和能力。在风云变幻的市场经济环境中，面对激烈的市场竞争，企业要想发展壮大，成为商业领域中的佼佼者，其管理者领导力的强弱，往往决定着企业兴衰与事业成败。而企业管理者本身战略思维能力是否过硬，更是深刻影响其领导力能否高效发挥的关键因素和重要支撑。所谓企业管理者的战略思维，就是指管理者在面对错综复杂的局势时，善于把握事物变化的总体趋势，准确判断事物的发展方向，高瞻远瞩、谋划全局、精心博弈的一种综合性思维能力，往往体现着企业管理者洞察问题、分析问题和解决问题的高度、广度和深度。而战略思维的根本目的，就是围绕全局、把握全局，突出全局、掌控全局，追求全局利益的最优化，而不斤斤计较局部利益之得失。试想，如果一名企业家不具备战略思维，或者战略思维不过硬，即使获得了雄厚的资金支持，也难以将企业做大、做强。从一些典型的企业发展案例综合审视，在面临严峻风险及挑战时，只有战略思维过硬的企业管理者，才能做到未雨绸缪、临危不乱、冷静应对，科学制定发展战略，做出正确的决策部署，并带领员工毫不动摇地向着既定目标奋进。实践证明，企业管理者只有具备过硬的战略思维，才能从复杂多变的环境中发现企业管理的基本规律，从而科学认识到企业管理的本质所在，才能聚焦企业发展的关键点和转折点，找到制约企业发展的短板和瓶颈，从而抓住机遇，抢占先机，夺取企业发展的战略制高点，在商场博弈中保持战略主动。而做到这些，必须要提升企业管理者的战略思维能力。战略思维能力是对更高层次领导的要求，也是对基层领导的更高标准的要求。

2. 普通员工也需要战略思维

有的员工可能会说，总揽全局的战略思维是公司老板的事，是大领导的事，他们应当成为战略家，而我们在中、基层或部门工作，处于局部地位，做的是具体的事，何必要提高总揽全局的战略思维能力呢？其实，无论领导还是员工，提升战略思维都是必要的。因为：

第一，全局和局部的区别是相对的，不是绝对的。相对于全局而言，自己是局部；相对于自己所管辖的部分而言，自己又是全局，也有一个总揽全局的问题。因此，每一个企业员工都应当具有战略思维能力。

第二，即使从自己所处的局部地位来说，也需要了解全局，具有全局意识，这样才能自觉服从和服务大局，而不是妨碍大局，甚至危害大局。一切工作都有全局和局部关系问题，都必须懂得全局高于局部、局部服从全局的道理。这就需要有战略意识和战略思维能力。有人说，没有战略思维的领导做产品，具有战略思维的领导做市场。这句话没错，但是如何把老板的战略思维落地，让公司其他管理层和员工跟上老板的思维，也是企业各级管理者该思考的问题。

你是不是经常陷入事务性的工作中？你是不是经常被自己的老板说高度不够，缺少战略思维？你可能经常会有这样的疑问：我一个初入职场的小白，一个从事基层工作的小职员，需要培养“战略思维”吗？答案是肯定的，无论职位高低，但凡一个想往上发展的人，都需要培养这种思维。因为不能等到了公司高层或创业了，才需要这种思维，而是只有先具备了这种思维，才能做到公司高层。“战略思维”就是站得高、看得远、有全局视野的能力。阿里、腾讯刚起步的几年，有很多人当时面试成功，却没有选择这些公司；有些人即使选择进入这些公司，却没坚持下来，在上市前夜离开，错过了成为亿万富翁的机会。虽然这些人中很多现在过得还不错，但因为缺少战略思维，对中国互联网崛起的前景缺乏感知力和决断力，所以错过了大好机会。所以，战略思维作为领导力的核心能力，每个人的工作都需要战略思维，即使作为普通员工。同样，其他领导力，诸如感知力、影响力、决断力、执行力等，都不只是领导才需要。领导力本质上是一种影响他人的能力，成功的职场人都要有领导力，无论是做下属时影响领导和同事，还是做领导时影响下属，以及创业时感召团队，都需要领导力。

三、如何培养战略思维

（一）用“以终为始”看待事情

所有事情都要经过两次创造——先是在脑海里酝酿，其次才是实质的创造。个人和团队在做任何计划时，均需先拟出愿景和目标，并据此塑造未来，全心投入这个目标。“以终为始”是自我领导的原则，唯有盯住真正重要的愿景，然后勇往直前坚持到底，才能最终实现它。一个特别重要的战略思维——点、线、面、体的战略选择，其实就是“以终为始”的战略思想。普通人和富人的区别是什么？普通人勤恳努力，在意的是每一个当下的点，而任何一个点都不会产生过多的收益。那么成为富人呢？就要借助面和体的崛起。这个盈利点附着在哪个面上？这个面在和谁竞争，在哪个经济体上？这个经济体是在快速崛起，还是沉沦？比如很多人找工作，并没有站在“以终为始”的思维高度。特别是职场新人，不要把薪酬待遇放入首要考虑因素，而是要优先加入优秀的团队，提升能力，这样才能创造更大的价值，薪酬待遇自然而然也就能提升。

（二）广泛涉猎，拓展视野

学习应该是一种生活方式。涉猎广泛的学习，除了可以拓宽视野，提升个人认知水平，更好地理解这个世界之外，还能提升格局。学英语，不为口语，只为阅读英文原版书。学投资，让金钱不眠，只为财富自由。学认知心理学，了解别人更了解自己。读历史，不仅是了解历史，更是研究前人的经验，寻找规律，判断风险，总结得失，推测未来。无论处于什么行业，什么职位，不要只局限于自己的专业领域，广泛涉猎，视野会更加宽广。沃顿商学院在对两万多名管理者进行的研究中确认了六项技能对战略性思维非常关键，它们分别是：预见、挑战、阐释、决策、协调和学习。

1. 预见

在互联网行业，占有“首发”优势可以让企业赢在起跑线。要想准确判断未来的利益，预见的能力至关重要。缺乏预见的能力，可能会导致公司来不及对市场趋势做出反应。如乐高的管理层错失了游戏和玩具领域的电子革命;如果阿里巴巴能够提前看到社交沟通工具的潜力,也许今天阿里巴巴不会无法在这个领域占一席重要的位置。可以通过以下的方式来锻炼自己的预见能力:

(1)通过与客户、供应商和其他合作伙伴交谈来了解他们的挑战和困难,从而发现未来的商机。

(2)通过市场调查和分析竞争对手的战略及推行的项目来评估他们对新活动或者产品的反应,他们其实也在做未来的预测。

(3)研究快速成长的竞争对手,检查他们采取的哪些行动让自己困惑和被动。当然他们做的不一定是对长期发展最优的。

(4)思考和想象未来的各种可能,通过这种方式把不可预料之事找出来,从而做准备。

(5)从流失的客户中找出可改进的地方。

(6)出席其他行业或者其他职能部门的会议和活动,因为信息是预测的根基。

2. 挑战

战略性思考者质疑现状,不会因为过去是这么做,未来也继续那么做。他们挑战自己和别人的假设,鼓励不同视角。开始时,周围的人会不习惯这种挑战性思维,甚至觉得他们具有“破坏性”。其实,这只是想通过很多视角认真考虑并检视问题,然后才采取决定性行动,给企业找到最佳的方案。比如在互联网行业,这方面的能力更是重要。别安享过去成功的做法,而停止寻找新的突破。一旦不挑战自己,挑战过去,那被淘汰只是时间问题。耐心、勇气和开放的心态是挑战性思维的基本条件。可以通过这些方法提高挑战能力:

(1)专注于问题的根源而不是现象。运用丰田创始人丰田喜一郎的“五个为什么”方法来找出背后的原因。比如“这个月产品退货率提高了5%”“为什么”“因为产品间歇性地发生故障”“为什么”等等。

(2)找出行业或企业里存在已久的假设,并向不同的人询问这些假设的由来和是否成立。这不一定能获得答案,但是在沟通的过程能够协助相关人员开始思考。

(3)通过举行一些“安全区”会议鼓励讨论,鼓励大家在会议上提出想法。即使想法间有冲突,也是被寄予希望并受欢迎的。

(4)在决策过程中加入反对者,以便让挑战早日浮出水面。鼓励队友成为反对者并且允许反对声音的存在。

(5)向谁获取意见是关键。如果从不会直接被战略决策影响到的人那里获取意见,他们的意见对挑战性思维没有任何帮助。

3. 阐释

阐释能力是其他能力的“润滑剂”。当领导者对常规提出挑战或对未来做预测时,所提出的观点和信息会复杂、冲突和富有争议性。领导者在这个时候就需要善于阐释,协助同事更好地理解他们的观点。芬兰前总统巴锡基维(J. K. Paasikivi)喜欢说:“智慧源于识别事实,并加以辨别和重新思考,直至提示其隐藏含义。”可以通过这些方法来提高阐释能力。

(1)在分析模棱两可的数据时,列出观察到的至少三种可能的解释,并邀请不同的利益相关者提供观点。

(2)强迫自己既关注细节又着眼大局。领导者不能只有宏观视野,没有对细节的洞察。

(3)积极寻找缺失的信息和证据来驳斥自己的假设,也许可以找到自己的盲点。

(4)用定量分析来补充观察,而交叉检查可以让自己看到更全面的情况。

(5)通过放松自己来寻找更好的表达方式。离开一下——去散个步、看部电影、听听音乐来促使自己有开放的心态。

4. 决策

有些人习惯在没有完整信息的情况下快速做决策,因为他们知道如果不想失去先机,在快速变化及竞争性强烈的行业是有必要这样做的。但对大部分战略性思考者来说,他们倾向于坚持多种选择,并且不过早受困于简单的做或不做的选项。他们有一套基于平衡的精准和速度、考虑了各种因素的权衡和长短期目标的准则。因为他们是经过一套严密的流程才做出决策的,相对之下,他们有(也需要)勇气坚持自己的信念。在日新月异的互联网行业,做决策的周期就必须更有效率。做决策既要保持效率,又要思考严谨,这是这个行业带给领导者的挑战。领导者可以通过以下的方法来提高决策能力:

(1)重构二元决定,坦率地问自己的团队:“我们还有没有什么别的选择?”即使有了明确的选择,还是可以再探讨其他可能性。

(2)把大的决策细分成小块,理解其组成部分,从而更好地看到非预期的后果。这种方式有助于让自己看到一些夹在中间的机会。

(3)根据长期和短期项目制定决定标准。有了标准,才能培养自己的思考模式。

(4)让别人知道现在决策过程中处于什么阶段。是仍在寻求不同的想法和讨论阶段,还是已经在决策和选择的结束阶段?毕竟不可能无止境地寻求方案。

(5)决定哪些人需要直接参与进来,谁会影响到决策成功。调动起团队的力量来做最佳的决策。

(6)对于风险较大的决策可以采用试行或实验计划而不要采取大的冒险行动,可进行阶段性的投入。随着项目的进展来调整投入的力度能够做出更合适的决策。

5. 协调

战略性领导者不只能制定战略,他们更需要推进战略的落地。这项工作必须与各个部门、分公司和关系企业协作,非常考验协调能力。他们需要找到共同点,得到拥有不同意见和目的的利益相关者的认同,通过主动沟通、建立互信以及频繁参与来协调资源。协调能力能够把可用的资源调动起来,把不同观点的人凝聚在一起,为共同的目标努力。领导者可以通过以下的方法提高协调能力:

(1)不要怕和相关部门分享计划方案,经常沟通,确保想提供支持的人知道如何提供协助,减少因为信息不同步出现两个最常见的抱怨:“从来没有人问过我”和“从来没有人告诉过我”。

(2)确认内、外部的关键利益相关者所关注和在乎的重点,试图找出隐藏的日程或者联盟。

(3)运用结构化、有促进性的谈话来暴露有误解或者受抵制的领域。这需要耐心的沟通和理解。

(4)直接找到抵制者,了解他们的顾虑并进行相应处理。

(5)在开展计划或战略时,谨慎关注利益相关者的立场。当他们的立场被考虑了,他们也会考虑我们的处境。

(6)认可、表扬并奖励支持团队协调的同事,让大家知道这是好的行为。

6. 学习

战略性领导者推行一种探索精神的文化,在成功和失败的结果中找出教训。领导者以一种公开的、有建设性的方法研究自己和团队的失败,找到其中隐藏的教训。比如互联网行业本身就有很多试错的机会,但只是试错,没有学习,最后企业需要付出很大的代价。领导者的学习能力让他们可以在任何时候、任何情况都学习。领导者可以通过以下方法提高学习能力:

(1)制订行动后的回顾计划,记录重大决定或者从里程碑事件中学到的教训,广泛交流由此带来的洞见。

(2)奖励那些尝试了、值得赞赏的事情但结果却失败的经历,让团队知道失败并不是"羞耻"的事。

(3)开展年度学习型总结会来查找决策和团队互动在哪些方面可能存在不足。

(4)确认哪些动议没有达到预期的效果,查找根本原因。

(5)创立一种重视探索精神并视错误为学习机会的文化。

(三)学会洞察人性,看透规律

世事洞明皆学问,人情练达即文章。人性中有些东西是永恒的,这与是否是"80后""90后""00后"无关,某些规律不是按照代际来划分的。我们读史书,其实就是通过历史认识人性,认识规律。

1. 深刻理解公司级的目标

一般来说,很多当下属的总觉得自己理解了,但是为什么领导总说没理解呢?这是因为目标有显性的和隐性的,显性目标会写在纸上,领导们也会不断强调,比如增长数字、市场地位、公司愿景等,好理解。而隐性目标往往是分散在各个部门里,是要通过了解各部门的目标,才能整合出来的。只有把目标体系梳理清楚,才能用"老板思维"去看问题,有的放矢地开展自己的工作。比如,谁都想要获得领导的信任,升职加薪。但站在领导的角度,一个人真的知道领导是怎么看自己的吗?在这家公司里、在这个发展阶段,优先升职加薪的标准是什么?真的搞清楚了自己的发力点了吗?具体例子是:作为一个业务部门的管理者,必须要让领导看到你为这个部门带来了增量价值,带领这个部门给公司创造增量价值,而不是只在存量上优化。无论是工作方式上、业务形态上、人才吸引上,还是收入规模上,只要任何一个方面有增量,都可以算数。只要领导没看到你创造的增量,就认为你没有胜任。这就是站在不同的维度,对于同一个岗位的不同标准。只有将这个标准统一,并且按照更高标准做事,才有可能让上级认为自己有"战略思维"。

2. 想办法挖掘领导的想法

要趁领导相对空闲的时间，直接与领导沟通、交流和请教。多问好问题，用问题推动结果。提前想好问题和节奏，比如问部门目标怎么优化，问自己的工作方向是否正确，问自己该多学点什么。当然，和领导交流要抓住时机，不一定约专门的时间。比如，在等电梯时、出差路上、一起吃饭时，或者参加团建的时候，都能聊聊。有时候，挖掘领导的想法就是几句话的事。

3. 想问题时，不要只想一步

在做决策的时候，要多加一个思考的维度进去，从更长、更深、更高的维度来看问题。每次都推演一下，现在的决策引发的下一步、再下一步的结果，就知道要如何取舍了。比如，下次再做自己的部门工作总结的时候，多考虑一下相关配合部门，甚至是关系不太好的部门的感受，想想怎么说能更好地调动这些部门一起合作，在老板眼里，就是开始有一点战略思维了。

4. 多角度了解和看待问题

可以试着从第三方视角看待公司或部门面临的挑战和机遇。读书的时候多研究梳理一下产业发展史，工作的时候积极地与行业专家建立个人关系，参加行业会议时多与同行聊聊，多听听不同领域的专家对这个行业发展趋势的看法。如果能把这些信息带回公司，找机会和领导聊聊，再听听他的反馈，那就更容易打通思路了。

5. 换位思考

日常多练习换位思考，而且是真的在头脑中演练这个换位的过程。比如，公司开会的时候，在领导还没表态之前，可以假设自己是领导，从领导的角度看，想想该怎么决策、怎么反馈、设立什么样的目标才合理。然后，等领导真的发言了，就可以将自己头脑中的想法来印证一下，看看哪些一致、哪些不一致。正确率其实不重要，重要的是如果经常这么练习，会越来越有全局意识，正确率也会越来越高。而且，这个练习还有个很好的附加价值，就是随着时间的推移，会更加自信，更敢于在会议上发表自己的见解。培养自己的战略思维，是职场上关键的一次能力跃升。这些向上思考、挖掘上级想法的锦囊，不是让自己成为一个心机很深的人，而是提醒自己做个有心人。只有熟悉游戏规则，才能成为制定规则的那个人。

（四）应用科学的方法，遵循科学的思维方式、思维程序加工获得的信息

思维方式要从封闭走向开放、从静态走向动态、从线性分析方式走向系统综合方式、从单维走向多维方式、从确定性走向非确定性方式、从定量精确方法走向定性与定量结合的方法。

学会运用系统科学的要素分析、结构分析、系统与环境的输入与输出分析、整体分析等方法。

（五）崇尚实践、勇于实践，投身于实践之中

实践的需要是提高战略思维能力的动力，实践过程是提高战略思维能力的根本途径，实践结果是提高战略思维能力的最终目的，培养和提高战略思维能力，需要善于总结实践经验。

职业课堂

职场发展的九种战略思维

1. 先增值，再升职。对于一个刚刚进入职场的人来说，如果你希望未来不断升职，有更好的发展，那就要快速成长，提升自己的利用价值。

2. 先求同，再存异。无论是和同事、领导还是客户，在沟通时要学会多听、多看、少说，求大同，存小异，让别人正确，让他人舒服。

3. 先完成，再完善。在执行力方面不要太过追求完美，因为很多问题都是在成功的路上不断完善的。如果等一切完美无缺了再上路，机会早就错失了，这是很多人不成功的一个重要因素。

4. 先行动，再存档。成功需要学习，成功必须学习，而且是即时即刻做决定，马上开始，不是等买好纸笔、电脑，做好记录准备才开始。因为学习的目的不是导向知识，而是导向行动。

5. 先跟随，再带领。个人成长有多快，事业发展就有多快。如果你期待成为一个很棒的领导者，就得先做一个最忠诚的跟随者。曾有一位小学生问一位老红军："爷爷，二万五千里长征这么难，你们是怎么走过来的？"红军爷爷微笑着说："跟着走啊！"

6. 先试错，再成功。创业的路上从来都是荆棘丛生、艰难曲折的，世上从来没有一个不经历失败的成功。人们害怕失败，所以不敢行动。事实上，害怕失败的成本远远大于试错的成本。

7. 先交心，再交流。建立良好人际关系的秘诀在于"交心"。只有先交心，再交流，才能建立良好的人际关系。

8. 先做好自己，再感召他人。人们都会说做事先做人这句话，问题是如何做人？如何做一个更好的人？聆听是做好人的基本素养。

9. 先管理情绪，再化解矛盾。愤怒是魔鬼，愤怒中人们的智商等于零。所有取得巨大成就的人，都是自己情绪的管理高手。你想成功，必须先学会说"别着急，先等一下"或者"晚些时候我一定给你一个满意的答复"。所有成功者面对问题都采取"应对"的态度，把大事化小，小事化了；相反，所有失败者都采取"反应"的态度，终将小事闹大，大事酿成悲剧。

（资料来源：根据网络资料整理.）

任务打卡

➤课堂讨论：职场中被同事误解怎么处理？领导工作任务分配不合理怎么办？

➤能力养成：列举两种以上在职场中管理个人工作情绪的办法。

职业故事

什么是"一杯咖啡吸收宇宙能量"

任务二　培养创新思维

任务知识点

一、创新思维概述

（一）创新思维的概念

创新思维是指以新颖独创的方法解决问题的思维过程，通过这种思维能突破常规思维的界限，以超常规甚至反常规的方法、视角去思考问题，提出与众不同的解决方案，从而产生新颖的、独到的、有社会意义的思维成果。

创新思维的本质在于用新的角度、新的思考方法来解决现有的问题。

1. 创新

创新是指以现有的思维模式提出有别于常规或常人思路的见解，利用现有的知识和物质，在特定的环境中，本着理想化需要或为满足社会需求，而改进或创造新的事物、方法、元素、路径、环境，并能获得良好效果的行为。

对于创新，人们有多方面的理解。有的东西之所以叫创新，是因为它改善了人们的工作质量，改善了人们的生活质量，提高了人们的工作效率，巩固了企业在市场上的竞争地位，或者是对经济、对社会、对技术产生了根本影响。创新不一定是全新的东西，旧的东西以新的形式出现，也叫创新。旧的东西采取新的切入点，总量不变、改变结构，结构不变、改变总量都属于创新。

有一个公司通过很多方法提高劳动生产率。四车间劳动生产率提高得最多，但到一个临界点时，很难再提上去了。有的人发现四车间员工年龄都很大，建议增加几个年轻人进去。几个年轻人来了之后，效率果然又提高了。这就是创新。创新到处都有，创新在每一个人身边。

2. 思维

思维是人类认知世界的一种复杂的精神活动。这种认知过程和感觉、知觉相比，具有很强的能动性和主观性，是基于客观事物和主观经验对事物进行认知的过程。思维和感觉、知觉一样，是人脑对客观事物的反映。但一般来说，感觉和知觉是对事物的直接反映，而思维是在对客观事物概括的基础上对表象的概括，以及在经验基础上对事物进行认识的过程。

有两个推销员到一个岛上去推销鞋子。第一个推销员到了岛上之后，发现这个岛上的人都没有穿鞋的习惯。于是他放弃了，他认为鞋子在这个岛上是没有销路的。第二个推销员到了岛上之后，也发现这个岛上的人都没有穿鞋的习惯。他非常高兴，他认为在这个岛上鞋子的潜在市场太大了。于是他马上联系公司空运鞋子过来。不同的人具有不同的思维，对同样一个问题，他们得出的结论是不同的。

（二）创新思维的重要性

1936 年 10 月 15 日，相对论之父爱因斯坦在美国纪念高等教育 300 周年的大会上说，由没有个人独创性和个人志愿的统一规格的人所组成的社会将是一个没有发展可能的、不幸的社会。管理大师彼得·德鲁克曾说，对企业来讲，要么创新，要么灭亡。人类社会发展的历史，就是一部创新的历史，是一部创造性思维实践、创造力发挥的历史。

创新是前提，创新思维是创新实践，是创造力发挥的前提。思路决定出路，格局决定结局。

创新思维不光是一个前提，也是企业竞争的法宝，是一个单位、一个地区、一个国家竞争的法宝。今天的社会是竞争的社会，靠什么竞争呢？靠特色、靠创新、靠点子、靠思路。

习近平总书记曾这样说，“创新是一个民族进步的灵魂，是一个国家兴旺发达的不竭动力，也是中华民族最深沉的民族禀赋。”“当今世界，和平合作的潮流滚滚向前，开放融通的潮流滚滚向前，变革创新的潮流滚滚向前。”“综合国力竞争说到底是创新的竞争。”“在激烈的国际竞争中，惟创新者进，惟创新者强，惟创新者胜。”

习近平强调，“变革创新是推动人类社会向前发展的根本动力。谁排斥变革，谁拒绝创新，谁就会落后于时代，谁就会被历史淘汰。”“如果我们不识变、不应变、不求变，就可能陷入战略被动，错失发展机遇，甚至错过整整一个时代。”

实践证明，大到一个国家，小到一个地方、一个企业，创新都是引领发展的第一动力。“抓创新就是抓发展，谋创新就是谋未来。”因此，习近平总书记始终要求“必须把创新摆在国家发展全局的核心位置”。

二、培养创新思维的方法

1. 展开幻想的翅膀

心理学家认为，人脑有四个功能部位：一是能够感知外部世界的感受区；二是将这些感觉收集整理起来的贮存区；三是评价收到的新信息的判断区；四是按新的方式将旧信息结合起来的想象区。只善于运用贮存区和判断区，而不善于运用想象区的人一般不善于创新。据心理学家研究，一般人只用了想象区的15%，其余的还处于“冬眠”状态。

想象力是人类运用储存在大脑中的信息进行综合分析、推断和设想的思维能力。在思维过程中，如果没有想象的参与，思考就会发生困难。特别是创造想象，它是由思维调节的。

爱因斯坦说过：“想象力比知识更重要，因为知识是有限的，而想象力概括着世界的一切，推动着进步，并且是知识进化的源泉。”爱因斯坦的“狭义相对论”就是从他幼年时幻想人跟着光线跑，并能努力赶上它开始的。幻想不仅能引导人们发现新的事物，而且还能激发人们努力探索，去进行创造性劳动。幻想是构成创造性想象的准备阶段，今天还在幻想中的东西，明天就可能出现在创造性的构思中。

2. 培养发散思维

所谓发散思维，是指倘若一个问题可能有多种答案，那就以这个问题为中心，将思考的方向往外散发，找出适当的答案，答案越多越好，而不是只找一个正确的答案。人在这种思维中，可“左冲右突”，在所有适合的答案中充分表现出思维的创造性。1979年诺贝尔物理学奖获得者、美国科学家格拉肖说：“涉猎多方面的学问可以开阔思路……对世界或人类社会的事物形象掌握得越多，越有助于抽象思维。”比如对“砖头有多少种用途”这样一个问题，至少有以下各式各样的答案：造房子、砌院墙、铺路、挡住停在斜坡的车辆、代尺画线、垫东西、搏斗的武器，等等。

3. 发展直觉思维

所谓直觉思维，是指不经过一步一步分析而突如其来的领悟或理解。很多心理学家认为它是创造性思维活跃的一种表现，它既是发明创造的先导，也是百思不解之后突然获得的硕果，在创造发明的过程中具有重要的地位。物理学上的“阿基米德定律”是阿基米德在进入浴缸的一瞬间，发现水从浴缸边缘往外溢，同时感到身体被轻轻托起，从而得出来的。又如，达尔文在观察到植物幼苗的顶端向太阳照射的方向弯曲时，就想到了它是幼苗的顶端含有某种物质，在光照下移向背光一侧的缘故。但他在有生之年未能证明这是一种什么物质。后来经过许多科学家的反复研究，终于在1933年找出了这种物质——植物生长素。

直觉思维在学习过程中，有时表现为提出怪问题，有时表现为大胆猜想，有时表现为应急性回答，等等。培养创造性思维，当这些想象纷至沓来的时候，可千万别忽略了它们。青年人感觉敏锐，记忆力好，想象极其活跃，在学习和工作中，在发现和解决问题时，可能会出现突如其来的新想法、新观念，要及时捕捉这种创造性思维的产物，善于发展自己的直觉思维。

4. 培养思维的流畅性、灵活性和独创性

流畅性、灵活性、独创性是创造力的三个因素。流畅性是针对刺激能很流畅地做出反应的能力。灵活性是指随机应变的能力。独创性是指对刺激做出不寻常的反应，具有新奇的成分。这三个特性是建立在广泛的知识的基础之上的。20世纪60年代，美国心理学家曾采用所谓急骤联想或暴风雨式联想的方法来训练大学生思维的流畅性。训练时，要求学生像夏天的暴风雨一样，迅速地抛出一些观念，不容迟疑，也不要考虑质量的好坏，或数量的多少，评价在结束后进行。这种自由联想与迅速反应的训练，无论是质量，还是流畅性，对于思维能力都有很大的提升，可促进创造性思维的发展。

5. 培养求知欲

积极的创造性思维，往往是从人们感到“惊奇”，在情感上燃烧起对这个问题追根究底的强烈的探索兴趣时开始的。要有意识地为自己出难题，激发自己的求知欲。青年人的求知欲很强，然而，若不有意识地利用起来，就会自然萎缩。求知欲会促使人们去探索科学，进行创造性思维，而只有在探索过程中，才会不断地激起好奇心和求知欲，使之永不枯竭。

职业课堂

超出预期

要想超出别人的预期，首先要知道别人的预期是什么。如果领导或客户认为你能做到“一般”，那就做到“良好”来给他看；如果领导或客户认为你能做到“良好”，那就努力做到“优秀”。总之，要尽自己所能让他们感觉你所提供的价值超越了他们所期望的，让他们禁不住称赞你。这样，你在领导和客户心中的地位就会大大提升，从而为自己的职业发展之路装上了“助推器”。因此，超出预期才是工作努力的目标。

1. 对待工作的态度要超出预期

事实上，每个人都不可能找到百分百完美的工作。职场生活就是人生的一部分，人生不可能永远顺风顺水，同理，在职场中也是困难重重。很多高收入、光鲜的职场成功人士背后都有着不为人知的艰辛。很多创业者在享受着时间自由、收入较高的好处的同时，也承担着巨大的工作压力和无处不在的风险。

对待工作，首先应该学会的是，不要盲目憧憬，不要过分期待，要常怀平常心。

其次，要意识到，工作机会来之不易，对待每一个机会，都要像尊重自己一样尊重它。有一份工作意味着有独立的收入，有独立的收入意味着经济上可以自给自足。

当你愿意为一份工作付出时间，开始从外形上打造职业形象时，说明你开始用郑重的态度对待这份工作，并尊重这份工作。是否尊重工作可以从很多细节表现出来，如着装、职场礼仪、不抱怨的态度等。

2. 工作结果要超出预期

如果迫切希望获得领导的认可，承担更多有技术含量的工作，就需要尽快养成提高工作标准的习惯，在所负责的工作中，拿出一份超出预期的成绩。

多数员工在接到领导布置的工作任务后，会习惯性地在规定时间内把任务完成，很少会去想一下领导的真正意图。可以想想这个工作的前因后果，思考一下它与其他项目的关联。

当领导发现你工作细致、善于收集信息、亲和力也不错的优点后，便会慢慢将一些关键的对外联络的事务交给你。

当你能用一些明晰、可量化的工作成绩向领导证明工作结果已经超过预期，你的能力不限于做目前的工作事项的时候，机会就会悄然而至。

3. 解决问题的能力要超出预期

当从事一项工作时，应先了解工作内容、负责的区域，然后才能从生疏过渡到能够熟练完成工作。

能在自己的工作范围之外，主动为领导解决一些问题的员工，总能得到赏识。当领导遇到较为棘手的问题时，主动分担、积极出谋划策，这正是使领导建立信任和同理心的好机会。如果能就这个问题拿出全面的分析，给出几条解决问题的意见，让领导直接做选择题甚至是判断题的时候，领导对你的印象分就会大大增加。所以，如果能有意识地不断扩充知识，并在适当的时候让领导看到，显示出解决问题的能力已经超出了他的预期，升职的大门就会悄悄地打开。

超出预期的思维来源于眼光和高度的不同。作为基层员工，如果能用主管的眼光来审视自己；成为主管，如果能用部门经理的思维高度来要求团队成员，工作成果自然而然就脱离了平庸的范畴，那时，离更上一层楼也就不远了。

（资料来源：王真文. ICT职业素养训练(心态篇). 大连：大连理工大学出版社. 2021.）

任务打卡

职业故事

齐勃瓦——像老板一样为公司着想

➤课堂讨论：超出预期完成工作的意义是什么？

➤能力养成：总结 2～3 项你超出预期完成的事情。

任务三　学会自我批判

任务知识点

一、自我批判概述

身在职场的每个人做任何一件事，都是一个不断改进和自我完善的过程。若要减少失误，少走弯路，就要不断地总结、学习，不断地自我超越，学会进行自我批判。自我批判是自我认知的过程。自我批判更是提升自我、分析得失、探索事物发展规律的认识与实践过程。

1. 自我批判是自我认知的过程

人无法避免犯错，关键是“不怕犯错误，怕就怕不能进行自我批判”。通过自我批判可以对自己有更清醒的认识，认识到人无完人，才能提高自律能力，不断修正错误，警醒他人，教育大家，为后人走出一条新路。只要永葆自我批判精神，不断学习，不断实践，不断总结，在人格升华的同时，行为就会不断趋向合理、正确。

2. 自我批判是提升自我、分析得失的过程

自我批判是一种自我反思的行为，有助于发现自身的不足和问题，进而寻找到解决问题的方法，实现自我成长。

（1）自我批判有助于发现自身的不足。在日常生活和工作中，每个人都难免会出现一些错误和失误。如果不进行自我批判，就会一直重复同样的错误，无法发现自身的不足。

（2）自我批判有助于提高自身的能力和素质。人们通过自我批判，会不断地反思自己的做法，从而促使自己学习和成长，提高自身的能力和素质。

（3）自我批判有助于增强自信心。人们在进行自我批判的过程中，会发现自身的不足和问题，但同时也会发现自身的优点和长处。通过发现自身的优点和长处，可以增强自信心，更加自信地面对生活和工作中的挑战，进而实现自我成长。

3. 自我批判是探索事物发展规律的认识与实践过程

对事物的正确认识很难通过凭空臆想得到，而是一个实践、认识、再实践、再认识，向更

高层次循环的过程,也是一个从自我否定到自我肯定的过程。没有亲身实践,就不会对事物有本质的认识,也就不会进行正确的自我批判。只有具备正确的价值观,不断实践,不断衡量自己,找出差距,才能正确地自我批判。要不断学习,掌握新知识,在实践中反思与总结。只有不断反思与总结,思维才可能贴近实际。一个不爱学习、不求上进的人,就像一个不愿攀登的登山者,永远不可能迈上新高峰。

自我批判需要达到一种境界,是对品德的锤炼,是对个人、对团队、对社会的一种责任。自我批判需要触及灵魂,抛开面子,勇敢地揭开自己的伤疤,暴露自身的缺点,而不是文过饰非,隐瞒自己的不足,这需要一种境界和勇气。人人都知道自我批判是避免犯错误、完善自我的睿智之举,但是,在自己的同事、上下级面前,不免要丢失面子;在加薪、调级、升职的时候,要冒着失去机会的风险。因而,自我批判是一个勇敢地剖析自我的过程,需要勇气。

华为公司创始人、董事、首席执行官任正非把自我批判分为思想批判和组织批判两部分,其核心思想有三点:①自我批判不是自卑,而是自信,只有强者才会自我批判。也只有自我批判才会成为强者。②自我批判是一种武器,也是一种精神。③提倡自我批判,但不压制批判。

自我批判是一个长期的、持续的过程,需要有高度的自觉心和同理心,并有较强的自律精神和清醒的自我认知。

二、如何进行自我批判

(一)重视自我批判

自我批判是个人进步的一个好方法。自我批判的对象究竟是谁?弄不清对象,找不准靶子,势必成为盲目的行动。自我批判的对象是自己,不是别人,是对自己进行批判,而非批判别人。因此,在进行自我批判时一定要遵循"三讲三不讲"的原则,即讲自己,不讲别人;讲主观,不讲客观;讲问题,不讲成绩。当想要批评别人时,先来对照检查一下自己,看看自己是否做好了,以要求别人的标准来要求自己,从主观上去挖深层次的根源,不要强调客观外在的理由,多找找自己的问题和不足,不要在已有的成绩上沾沾自喜。

(二)克服自我批判的障碍

俗话说:"责人易,责己难。"人们总是容易看到别人的毛病,而难以发现自己的不足。从人性的角度来看,自我批判有着重重障碍。自我批判需要克服以下障碍:

1. 面子上的障碍

中国人向来很看重面子,"人活一张脸,树活一张皮",有些人为了保全面子,就捂起自己的疮疤,犯了错误死不承认,即使认识到自己的问题所在,也要找各种各样的理由去解释、去推脱。

2. 利益上的障碍

从自己身上挑毛病,有时会影响自己的眼前利益,暂时会吃一些亏,而吃亏总是人们不情愿的事,为了避免吃亏,就将问题"捂"得严严实实,唯恐别人发现。

3. 行动上的障碍

许多事情说起来容易、做起来难，喊几句口号、动动嘴皮子，总比亲自去做要容易得多。思想上的巨人，行动上的矮子，这类人在人们周围并不鲜见。

要进行自我批判，就要有剖析自己的勇气和决心，敢于丢掉面子，能吃得起眼前的小亏，经受住暂时的委屈和挫折，养成习惯，身体力行。

（三）把握自我批判的标准

开展自我批判，必须把握好标准，否则就会偏离自己本来的目的而陷于混乱、走入误区。需注意以下几点：

1. 不能为批判而批判

强调自我批判要触及灵魂，找到问题的本质和思想根源，使自己达到一种境界。这样做的目的不是专心致志地去修身养性，或者是搞灵魂深处的革命，而是通过对心智模式的调整，去改进自己的行为。因为一个人的内心世界无论多么高尚，个人修炼的境界无论多么超脱，别人都是无法看见，也无法衡量和考核的。只有当把它落实到行动上，体现在工作中，才真正有意义。

2. 不能为了否定而批判

进行自我批判，不是全盘否定，不是彻底革命，而是改良和扬弃，目标是建设和优化自己，提升自己的核心竞争力。因此，一定要从实际出发，实事求是，不能为了点滴的改进而否定已经取得的成绩，制造出更多的问题来。过度的自我批判，甚至会破坏成熟、稳定的运行秩序，这是不可取的。

3. 要掌握好自我批判的平衡性

自我批判不能从一个极端走向另一个极端，要把握好一个度，既要进行批判，又要注意保护，要在两者之间寻找一种平衡。

（四）掌握自我批判的方法

自我批判有许多方法，概括起来主要有以下两种：

1. 自我反省、反思、总结

每天都要多次地反省、反思、总结，用高标准对照、检查自己，找出自己的优势和不足，进而发扬优势，消除不足，实现自我超越。

2. 学会学习

俗话说：人贵有自知之明。这一个“贵”字，道出了“自知”的难度。很多时候，单靠自己的力量，难以做到自知，必须借助外力。因此，学会学习也是自我批判的一种方法。那么，怎么样学习呢？

（1）向竞争对手学习

竞争对手在产品、服务等方面的优势，其实指明了我们努力的方向。向竞争对手学习是快速提升自己的一个捷径。

（2）向客户学习

客户的批评和建议，指出了我们的改进方向。这是学习中不可忽视的一个方面。

（3）向领导、同事学习

领导的严格要求、同事的真诚批评且敢于直言都是我们走向进步所不可缺少的外力，要闻过则喜，学会以谦逊的态度接受批评、建议，让自我不断提升。

（五）了解自我批判的形式

自我批判可以通过民主生活会、自我批评大会、干部述职、考评反馈、征求客户意见、自我反省、反思会等形式进行。过程可以是公开的，也可以是私下的；可以是痛哭流涕的，也可以是润物无声的；可以是有目的、有计划的，也可以是偶然的、随机的；可以是全面的，也可以是就事论事的。

世界上唯一不变的就是变化。稍有迟疑，就会失之千里。故步自封、拒绝自我批评，差距可能就不止千里了。是为面子而走向失败和死亡，还是丢掉面子和错误，迎头赶上呢？一个人或企业若要更好地活下去，只有不断超越。要超越，首先必须超越自我，超越的必要条件是及时去除错误。而去除错误，首先就要敢于自我批判。唯有敢于自我批判，树立正确和更有价值的奋斗目标，坚定前行，才会收获快乐、美好和富有意义的人生。

职业课堂

勇于自我批判，从扬长避短到扬长补短

人们总是善于发现别人或者外部的问题，而一旦涉及自己就会表现出“系统不兼容”的状态。正所谓“良药苦口利于病，忠言逆耳利于行”。

很多人听到负面反馈甚至是批评时，第一反应就是反驳对方的观点，甚至变得怒不可遏。这种人看事情的眼光肯定会有很大问题。

相反，能虚心接受批评的人，其格局自然大，且最重要的是，他们能在别人的批判中找到自身的劣势，并加以改善。

用冷静、理性的态度对待批判，往往获益更甚，因为旁观者清，他人的质疑与批评更能点醒自己，去发现未曾察觉到的思维死角。

曾子云：吾日三省吾身。但要真正做到实属很难。自我批判是自我革新、进步的一种方式，人只有不断地发现问题，寻找答案，才能让思维得以升华，自身的格局也会随之变大。请记住，“中听的话不中用，中用的话难入耳，难入耳的话才是实话，讲实话的人才是关心你的人，关心你的人才会讲真话。”

通过自我批判挖掘自己的优势和劣势，要考虑扬长避短还是扬长补短的问题。对于职场人来说，如果在职业早期，一定要发挥长板，做好扬长避短。比如，做到高级经理以前，长板是可以让自己超越竞争对手的武器。从内心深处接受短板给自己带来的一切损失，告诉自己：早晚我得拿回来。但到了职业中后期，一定要补足短板，比如，做了高级经

理以后，要把一些必要的短板补上，因为越往上走，越考验一个人的综合能力。

长板决定跑多快，而短板决定跑多远。

（资料来源：王真文. ICT 职业素养训练（心态篇）. 大连：大连理工大学出版社，2021.）

任务打卡

职业故事

任正非在"烧不死的鸟是凤凰，在自我批判中成长"专题仪式上的讲话

- 课堂讨论：当别人指出你的缺点时，你是什么样的反应？
- 能力养成：分类总结自己的优点和缺点。

第四部分

职业化地做正确的事

项目十 做好求职准备

项目指南

要打好一场求职战，知己知彼，方能“斩获”心仪的 Offer。做好万全的准备是打好求职战的前提，能帮助自己顺利找到心仪的工作。

在本项目中，通过任务的实施和完成，大学生可以了解就业的核心流程，从而做好求职的计划与准备。学会简历制作，完成一份既能反映自身情况，又符合求职岗位需求的简历。准备一次出彩的面试，来应对初入职场的紧张与不安。

学习目标

1. 通过制订就业计划，了解大学生就业的核心流程，做好求职的计划与准备。
2. 掌握如何制作一份吸睛的简历，能够制作出符合求职岗位需求的简历。
3. 通过对面试准备的学习，了解面试的“真相”，能够更加沉着地应对面试。

任务一 制订就业计划

任务知识点

一、机会总是垂青有准备的人

1. 有准备才能抓住机会

“凡事预则立，不预则废”。在生活中，无论做任何事，早些做准备，不仅可以减少许多烦恼和麻烦，还可以更合理、更有效地利用时间。

有句话说，机会总是留给有准备的人。那些看似比自己优秀的人，可能并没有那么厉害，不过是赢在了微小的细节处。有的人凡事都要早一步，日积月累，就成了旁人无法企及的高手。

乔布斯曾经说过这么一句话：“在你生命的最初 30 年中，你养成习惯；在你生命的最后

30 年中,你的习惯决定了你。”所有的不平凡,都源自一个个平凡的小习惯。所以,做任何事情,都要提前做好准备。提前做准备是一种习惯,能使人遇事从容应对;提前做准备也是一种态度,能让对方看到自己的用心和真诚,体现出自己对人、对事的尊重和重视。

2. 优秀的人总是提前做准备

现代社会是一个充满竞争、拼努力的社会,虽然绝大部分人都是普通人,但世上从来不缺优秀的人,优秀并不是一蹴而就的,而是日复一日下功夫、做准备,蜕变而来的。准备得越充分,证明自己优秀的概率越大。因为优秀的人,总习惯提前做准备。

都说机会是留给有准备的人,同样机会也留给优秀的人,只有准备充分了,才有表现自己、证明自己的机会。如果没有准备好,即使给你一个表现自己的机会,也只会表现出自己的不足。特技演员的表演给人们的感受是感动和震撼。然而,只有台上一分钟、台下十年功的艰辛准备,才能确保他们表演时的万无一失。显然,这种准备是以年为计量单位的。

因此,优秀并不是与生俱来的,他们只是已经习惯了提前做准备,优秀对他们来说是水到渠成的。

二、如何提前做好准备

1. 确定目标

大学生要了解行业发展方向,了解专业就业方向,确定短期、中期、长期学习目标。例如,大一学年是否进行自考专升本,考取普通话、计算机等通识类证书;大二学年是否考取职业资格证书;大三学年是否参加跨校专升本考试;等等。

2. 养成职业素养

如同写作需要积累素材,只有积累得足够多,量变才能带来质变。在校大学生也应提前做好职业素养的积累与养成,例如,学会处理人际关系;学习商务交往礼仪;接受诚信教育;等等。

3. 提升个人能力

大学生要认真学习专业知识,积极参加各类活动,包括行业竞赛、文体活动等,德、智、体、美、劳全面发展,全方位提升个人能力。

4. 找到行业榜样

榜样是前进的动力,一个行业榜样是大学期间不断鞭策自己努力向上的原动力。站在巨人的肩膀,会提升得更快。

三、了解大学生就业的核心流程

1. 确定求职目标

求职不顺利的学生,大都是因为没有提前确定求职目标。为什么呢?因为任何时候,全力准备、面对目标使出全力,一定比没有目标或分散目标,更能获得好的结果。企业在进行简历筛选的时候,并不看重求职者有多少目标,而是看重简历的“质量”,再进入下一步的流程。有了明确的目标,简历才有针对性,质量自然不低。

2. 选择求职渠道

常见的求职渠道见表 10-1。

表 10-1　　常见的求职渠道

求职种类	求职渠道	具体方式
政府类	国家公务员考试	国家公务员官网，每年国家公务员考试都有专题网站
	省级公务员考试	各省（直辖市）人事考试网（人力资源和社会保障局二级网站）
	事业编制考试	在省、市、县三级人事考试网（人力资源和社会保障局二级网站）都有发布
高校类	各高校官网	考研、考博、就业招考信息发布
企业类	企业官网	官方网站或官方校招网站
	企业校招会	重点学校的校园招聘宣讲会
	企业自媒体	公众号、微博、抖音等
岗位类	招聘网站	智联招聘、前程无忧、中华英才网、猎聘网、58 同城、大街网等
	招聘 App	拉钩网、BOSS 直聘等
综合类	招聘会	综合招聘会（主办方不同，性质不同）
技巧类	企业内部招聘	企业内部优先推荐权

选择适合自己的渠道很重要。比如，对很多互联网企业来说，人力资源经理（HR）更看重拉钩网和 BOSS 直聘。所以，HR 可能每天都对这两个 App 上的简历进行处理，而其他渠道，可能隔几天看一次，这就在一定程度上减少了其他渠道求职者的面试邀约率。

3. 切换视角准备简历

简历要怎样准备才能引起 HR 的注意呢？要以不同的视角来看待和准备简历。具体见表 10-2。

表 10-2　　看待简历的角度

角度		
求职者的角度	内容	说明自己是谁，有什么能力，有什么经历，有什么优势
	目的	让企业了解我是谁，知道我怎么样，从而选择我
HR 的角度	内容	学校背景是否符合公司要求，实习经历和其他素质是否符合岗位要求
	目的	判断是否值得花费成本进行面试

学会从以上两个角度准备简历，就离找到一份心仪的工作不远了。

职业课堂

海思总裁致员工的一封信

尊敬的海思全体同事：

此刻，估计您已得知华为被列入美国商务部工业和安全局（BIS）的实体名单（Entity List）。

多年前，还是云淡风轻的季节，公司做出了极限生存的假设，预计有一天，所有美国的先进芯片和技术将不可获得，而华为仍将持续为客户服务。为了这个以为永远不会发生的假设，数千海思儿女，走上了科技史上最为悲壮的长征，为公司的生存打造“备胎”。数千个日夜中，我们星夜兼程，艰苦前行。华为的产品领域是如此广阔，所用技术与器件是如此多元，面对数以千计的科技难题，我们无数次失败过、困惑过，但是从来没有放弃过。后来的年头里，当我们逐步走出迷茫，看到希望，又难免有一丝丝失落和不甘，担心许多芯片永远不会被启用，成为一直压在保密柜里面的“备胎”。

今天，命运的齿轮转到这个极限而黑暗的时刻，超级大国毫不留情地中断全球合作的技术与产业体系，做出了最疯狂的决定，在毫无依据的条件下，把华为公司放入了实体名单。

今天，是历史的选择，所有我们曾经打造的“备胎”，一夜之间全部“转正”！多年心血，在 一夜之间兑现为公司对于客户持续服务的承诺。是的，这些努力已经连成一片，挽狂澜于既倒，确保了公司大部分产品的战略安全，大部分产品的连续供应！今天，这个至暗的日子，是每一位海思的平凡儿女成为时代英雄的日子！华为立志将数字世界带给每个人、每个家庭、每个组织，构建万物互联的智能世界，我们仍将如此。今后，为实现这一理想，我们不仅要保持开放创新，更要实现科技自立！今后的路，不会再有另一个十年来打造“备胎”然后再“换胎”了，缓冲区已经消失，每一个新产品一出生，将必须同步“科技自立”的方案。前路更为艰辛，我们将以勇气、智慧和毅力，在极限施压下挺直脊梁，奋力前行！滔天巨浪方显英雄本色，艰难困苦铸造诺亚方舟。

——何庭波

任务打卡

职业故事

松下幸之助的求职故事

➤课堂讨论：作为大一新生，应该怎么样为自己做好就业准备？

➤能力养成：收集并整理选择入职的行业的招聘信息及招聘要求，分析自己欠缺哪些能力。

任务二　制作一份吸睛的简历

任务知识点

一、如何撰写简历

（一）简历的作用

毕业季一到来，毕业生便要经历 HR 的层层“折磨”，其中第一层“折磨”也是淘汰率最高的一关，就是筛选简历。

在求职过程中，简历是第一块敲门砖，它的含金量高低直接关系到自己能否获得面试机会。因此，撰写简历是大学毕业生求职的第一课，但是，很多同学对此不够重视，也缺乏相应的经验。在没有工作经历的情况下，一份简洁、层次分明、逻辑清晰、故事性强的简历，往往成为获得面试机会的决定性因素。简历具有以下作用：

(1)我的"名片":展示自己 。

(2)我的敲门砖:帮自己赢得面试机会。

(3)帮助自己在众多求职者中凸显出来。

(4)证明自己是适合这份工作的最佳人选 。

简历是用来推销自己的首要工具,也是用人单位用来判断求职者是否适合职位的重要依据。依据相关数据统计,求职者在整个求职过程中,简历一般会发挥 80%以上的作用,它对于求职者成功获得 Offer 起着决定性的作用。对于没有"内推"资源的求职者来说,简历几乎就是打开通向面试大门的唯一一把钥匙,招聘经理在面试之前所获取的所有关于求职者的信息都来自简历,它是推销自己这一独特品牌的陈述报告。只有获得了面试的机会,才有资格和机会坐下来和用人单位慢慢谈。

(二)制作简历前要了解什么

在战场上讲究"知己知彼,百战不殆",这句话也可以应用到求职过程中。求职者要知道 HR 在看简历的时候最想看到的是什么,希望从中看到求职者的哪些信息,才能据此制作完美的简历。

1. 了解 HR 看简历的目的

其实,这个目的非常简单,就是要找出应聘者中适合企业招聘岗位的人,这是 HR 的工作。这个目的决定了一份能够胜出、吸引人的简历一定要与企业的招聘岗位相匹配。所以,作为求职者,在简历中应当突出描述自己与该职位相匹配的工作经历,切勿闲话冗长,这样既浪费了自己的时间,HR 也没兴趣看。

HR 一般会通过实习或工作经历,判断求职者能否胜任新岗位、能否做出业绩。简历中如果包含大量的数据,能说明自己的实习工作能力和为原公司做出的贡献,很容易抓住 HR 的眼球,这样"强"的简历何愁得不到面试机会。如果能为自己的业绩提供有力的证明,提供在原公司的工作信誉,也能为自己的简历加分。

2. 了解 HR 筛选简历的时间

一个 HR 每天会面对许多的求职简历。称职的 HR 会认真、仔细地筛选每一份简历,但是平均花在每份简历上的时间也不会太多。据某些 HR 讲述,自己花费在一份简历上的时间不过 20 秒至 30 秒,有的甚至只花费 10 秒左右。

当然,HR 停留在简历上的时间,取决于所应聘的岗位,因为不同岗位的工作技能、工作量等因素,决定了 HR 筛选简历的时间。所以,作为求职者,毕业生应当尽可能地保证自己的简历能让 HR 在 10 秒内产生继续看下去的兴趣。

3. 要知道形式与内容同样重要

简历并不只是把自己能做什么写清楚就行,在简历的形式上也要下点功夫。简历用什么模板、格式是否对齐、字体和字号是否一致、要不要附照片、要不要附职业资格证书等,都需要仔细斟酌。

4. 了解简历筛选流程

第一层筛选是硬指标的筛选,一般用网申系统筛选,系统的力量可以帮助 HR 减轻很多人工的工作,主要从以下方面进行:学历(专科、本科或研究生)、学校(名校还是普通学校)、专业(看岗位限制)、绩点(看公司要求)、语言(看岗位及公司要求)。

第二层筛选,人工简历分类阶段:

A 类简历:有对口的实习经历,实习内容与未来工作内容有相通性,技术类岗位有相似的项目经历。

B 类简历:有实习经历,但经历与未来工作内容不相关,综合素质不错。或者无实习经历,但有丰富的学校社团经历。

C 类简历:"三无"简历。

最后一层筛选,进入 HR 处理流程,机会是 A 类大于 B 类。

接下来会优先安排 A 类简历的求职者面试;如果 A 类面试完,岗位仍有空缺,再安排 B 类简历的求职者面试,从中择优;如果还没招齐,会再展开补招工作。

简历是做出来的,但更是实干出来的,它是大学生活的一个缩影。在大学里付出多少努力,会决定自己有一个什么样的职场起点。

(三)解读岗位描述

无论撰写简历,还是面试,一定要好好研究岗位职责描述(Job Description,JD),根据 JD 内容来调整简历和准备面试。

比如,销售人员岗,为什么需要内容描述呢?从公司内部来看,整个销售部的员工工作本质一样,但工作内容、工作方式并不一样,不同岗位职责肯定是有差异的。作为 HR,并没有真正参与业务运转,所以,用人部门通过 JD 把这些信息传达给 HR,HR 再通过各个平台和招聘渠道传达给求职者。所以,一份 JD 里面会传达三个重要的信息:我们在做什么、我们需要你做什么、我们希望你有哪些素质。解读 JD 要学会找关键词,出现的协作对象、工作内容、行业用词代表着不同的工作方向。当把这些关键词找出来后,你就会明白,这个岗位处于一个什么样的位置,工作的方向是不是自己所感兴趣的,简历究竟要体现出什么,面试官会问什么,对这些都可以做出相对精准的判断。

(四)简历的主要内容

1. 基本信息

基本信息一般都放在简历最前面,主要包括:姓名、性别、年龄、最高学历、专业、工作年限、所在城市、联系电话、邮箱等。

基本信息里可以有对自己的简单介绍和对自己优势的精简概括,一般 15 到 20 字即可。如果写的话,一定要突出特色,能引起 HR 或面试官的注意。

当然,如果是像拉钩网之类的招聘网站的在线简历,一般有自己的格式,按要求填上就好。

2. 求职意向

求职意向就是打算寻求什么岗位的工作。在设计求职简历的时候,一定不要将求职意向遗忘。如果忘了填写求职意向,可能会导致 HR 无法匹配到求职者要应聘的职位。一份简历中填写多个不相关的求职意向也是不可取的,否则会让 HR 认为求职者的职业发展目标摇摆不定。

这里提醒大家：初入职场一定不要太过于限定自己的职业选择范围。因为有很多种职业大学生根本不了解，有的职位去尝试了，可能会发现其实是非常适合自己的。所以，强烈建议大学毕业生多尝试一些不同的岗位。

填写求职意向要注意以下几个问题：

(1)求职意向应放在基本信息之后，便于 HR 快速匹配，提取简历中的有关内容。

(2)当有多个不相关的意向职位时，需分别准备简历。

(3)求职意向要与自己目前的技能水平相匹配。

(4)求职意向并不是职业发展规划的终极目标，填写时要注意措辞。

(5)求职意向写好之后，要想好面试的时候如何回应 HR 的提问。HR 最可能问到的问题：你为什么选择这个岗位？你的优势是什么？如果没有准备，很可能就会被 HR 问住。

3. 自我评价

自我评价怎么写才有特色？首先要从对方(企业和 HR)角度出发，想想企业最需要具有什么能力的人。然后，挑出 2 个到 3 个觉得自己具备的优点，以优点作为关键词，外带一个小案例的形式写出来，每个优点的字数 50 字以内即可。比如：有较强的组织领导能力，大学三年带领过 2 个社团、组织举办过 10 次以上大型校园活动；自媒体经验丰富，原创能力强，运营个人微信号、知乎号一年，积累原创文章 20 篇以上，粉丝 8000 多人。

企业最需要具有什么能力的人？从通用能力来说，执行力、关注细节、计划性、自主性、沟通协调能力这些与工作密切相关的素质，是任何一个岗位都非常看重的。从专业能力来说，每个具体的岗位都有一些比较重要的专业能力，比如，如果应聘的是互联网企业的产品经理或运营岗位，那就将数据分析、用户思维、用户调研能力、竞品分析能力等作为个人优势写出来。对于初入职场的人来说，以通用能力入手来写更为妥当。建议把上面说的几个通用能力作为自己的优势，挑选 2 个至 3 个，结合自己的经历，写出相应的案例，这样的简历在 HR 那里会有很强的竞争力。

4. 教育经历

教育经历一般从大学以上写起就可以，高中一般可略过。除了学校、专业以外，平均学分绩点是教育经历中最能加分的地方。如果平均学分绩点大于 3.0，一定要写在简历上。通常填写至十分位，并且把总分写出来，属于排名比较靠前的可以写出名次，尚未毕业则写当前已知的平均学分绩点。如果低于 3.0，那就不写，因为会减分。

对于大学学习的课程，可以写，也可以不写。一般来说，课程对于求职的价值不大。只有在简历内容较少时，或者专业与应聘职位要求不符时，才建议写出相关课程，但是不要罗列过多，写几门可能与工作有关的核心课程就行，最好不超过一行。只写与申请岗位相关度高的即可，按相关顺序排列。

5. 实习/实践经历

实习/实践经历这部分对于一些学生来说是空白的。但是，哪怕只有一份兼职的工作经历，都应尽量写进去。实习和实践经历一般包括以下要素：起止时间、公司名称、岗位名称、工作内容、主要成果，工作内容和成果要重点写。工作内容主要写简介，通常 100 字到 200 字就好。先用一句话进行总结，然后分一、二、三点进行稍详细的说明。工作成果主要是写在职期间获得了什么成果，或者收获什么感悟。如果是成果，最好以数字呈现，比如多少人参与、获得多少收入之类。如果没有数字成果，可以写一下自己获得的能力和感悟。当然，感悟尽量与工作能力要求相关，并且描述要具体。

如果有项目经历，一定要写上，这个模块提供了一个很好的展示自己能力和优势的空间。可以写一次兼职、一次公益活动，或者一次实习，时间可长可短，这都不重要，重要的是通过这个项目展示出自身的优势和与工作相关的能力。项目经历部分的要素一般包括项目时间、项目职责、项目内容与成果。项目职责就是个人在项目中承担的角色，类似于工作岗位。项目内容和成果这个部分就要用到经典的 STAR 法则了。简单来说，就是当时面临的情景(Situation)是什么，个人的任务(Task)是什么，个人采取了什么行动(Action)，最终取得了什么效果(Result)。这四个部分连起来构成一个连贯、简短的故事。尽量不要以四个大写字母开头分割成四段的方式来写，这样会让 HR 觉得很“套路”。另外，还要注意一点，写项目经历不是要突出项目多厉害，重点是突出自己在项目中的重要性，要突出自己在其中的作用。

6. 荣誉/奖励

如果获得过奖项，要写在简历上，这一部分是加分项。但不要罗列很多，挑选几个最有含金量，且与求职意向相关的奖项作为重点展示即可。多次获得的奖项要合并写，不要重复罗列相同的奖项。比如，可以这样写：“荣誉奖项：一等奖学金（2015—2017 年）、市级优秀毕业生”。

7. 职业技能

关于职业技能这个部分，主要指的是一些硬技能，比如 Photoshop、数据分析工具、Office、Xmind 等的熟练掌握。如果没有的话也不要太担心。可以写上一些资格证书的获得情况，如 CFA 2 级、CPA、CET 六级等。

对于初入职场的大学毕业生来说，技能如何并不是最重要的决定因素。但是，有一点需要强调的是，一旦进入一个工作岗位，对于一些基本的技能，一定要尽快去学。一旦学会某个技能，下一次求职时，自己的技能项就不再是空白。

(四)简历中的典型问题

求职简历中要尽量避免以下几个方面的问题：

1. 千篇一律，空洞无物

不少毕业生的求职简历没有写出自己的专业特点，更没有反映出个人特长，却在简历中表明自己每一项技术都精通，给人一种无所不能的感觉。仅仅罗列“参加了很多项目”“技术能力强”等这样没有实质性的大话、空话，没有人会相信，也不会吸引用人单位的注意。

2. 过于抽象，没有重点

如果对个人经历的介绍过于简单，能反映自己技术水平的项目经验也没有着重去介绍，这样的简历会给人一种技术能力不强的印象，是很难打动人的。

3. 夸大其词,华而不实

有些人会在简历中夸大自己的能力,如在简历上写"亲自组织过某项活动",但实际上只是部分参与或者协助别人做过某个项目,这样的说法在面试时都可能"露馅"。简历里面轻易不要使用"精通"这样的词语,尤其是应届毕业生。

4. 内容繁多,篇幅过长

招聘者一般不会有太长的时间查看简历。因此,简历要求精练、简短,一般控制在一到两页纸即可。

5. 信息量少,过于简单

切忌将个人经验和经历描述得过于简单。企业重视大学生的个人经验和经历,如果能在简历中体现出自己对应聘岗位的提前了解和体验,将会大大增加自己的竞争力。这也是为什么我们一直强调让大学生利用好大学时间,多进行有针对性的社会实践和工作实习。如果经历完全是空白的,没什么可写的,最好先通过实习等积淀一些对工作的了解。同时,还要仔细分析自己的能力,并阐明自己能够胜任这份工作的原因,强调以前的一些经历与这份工作的关联性,最好标明自己实践和实习的具体公司名称和时间。

6. 看不出职业方向

有的求职者在个人经验里写了很多工作来表示自己很有能力,但是写太多的工作经历会显得杂乱,一会做销售,一会做编辑,一会做心理咨询,这种经历也可能使招聘单位犹豫,他们可能会认为这个求职者缺乏稳定性。

7. 没有针对性

很多大学生对就业选择感到迷茫,缺少具体目标。所以,他们经常一份简历用到底,对所有公司和岗位都通用,完全没有针对性。这样的简历,在浩如烟海的简历中,HR 不会"有感觉",也就很难突出重围。

8. 中英混杂,表达不清

一份中文简历中夹杂着英文单词,会显得不伦不类,也无法体现出英文水平。如果确实需要体现英文水平,可以另外准备一份英文简历。

9. 文字错误,排版混乱

简历中出现错别字、格式混乱,是撰写简历所要避免的。简单的做法是把 Word 中的拼写检查打开,将简单的错误改正,不要让简历中所说的"精通 Office 系列软件"成为谎言。除了注意拼写错误之外,还需注意简历排版,相同级别的内容记得使用同样的字体与字号。学会使用 Tab 键对齐,缩进的距离应相同。使用正确的行距与段落间距,避免出现字符无法完整显示的情况。通过调整字体大小及行间距、删减非必要内容、调整表格大小等方式将简历内容控制在一页内,避免多出一行而导致多余空白的出现。

(五)标准简历格式和范本

标准简历格式和范本如表 10-3 所示。

表 10-3　　简历

<table>
<tr><td>姓名</td><td>×××</td><td>出生年月</td><td colspan="2">2000 年 6 月</td><td rowspan="5">照片</td></tr>
<tr><td>外语语种</td><td>英语</td><td>毕业时间</td><td colspan="2">2023 年 7 月</td></tr>
<tr><td>电 话</td><td>158＊＊＊＊6342</td><td>邮 箱</td><td colspan="2">＊＊＊＊@sina.com</td></tr>
<tr><td>求职意向</td><td colspan="4">光电产品开发</td></tr>
<tr><td colspan="5">教育经历</td></tr>
<tr><td colspan="2">2020/9—2023/7</td><td>四川××学院</td><td colspan="2">光电信息工程</td><td>学士</td></tr>
<tr><td colspan="6">专业技能</td></tr>
<tr><td colspan="6">熟悉 Verilog HDL 语言，对逻辑设计有较深刻的理解，并能有效应用于实时图像视频处理。
掌握模电数电及电路方面的基本知识。
熟练掌握 Matlab 及 Matlab GUI 的开发，熟悉 C 语言编程。</td></tr>
<tr><td colspan="6">项目经验</td></tr>
<tr><td colspan="6">2019/12—2020/2 红外焦平面成像系统的设计与实现
开发工具：Quartus II、Matlab。
硬件环境：Altera Stratix II FPGA（EP 2S60）。
项目描述：该系统某导引装置服务，基于 SOPC 开发思想，通过 FPGA 设计完成整个系统的逻辑功能，实现体积小、开发周期短、实时性强的红外焦平面成像系统。
责任描述：项目调研。调研国内外红外非均匀性校正资料，编写 Matlab 程序，比较各种算法性能（时间、复杂度、算法复杂度、校正效果等）。
算法：仿真。为适应工程需求，改进所选校正算法，满足实时性和自适应性要求，并搭建 Matlab GUI 平台，实现图像处理效果的动态显示。
硬件实现：将红外探测器输出的模拟信号经过 AD 转换后送入 FPGA，进行非均匀性校正算法处理，利用 FPGA 控制外扩 DDR SDRAM 缓存数据，处理后的数据经 DA 转换后，显示在监视器上，编写并整理工程说明文档。</td></tr>
<tr><td colspan="6">荣誉及证书</td></tr>
<tr><td colspan="6">获得校级优秀学生一等奖学金 1 次、二等奖学金 3 次，专业排名 2/80。
获得大学英语四级考试证书、浙江省计算机 C 语言二级（优秀）和全国计算机二级网络技术证书。</td></tr>
<tr><td colspan="6">实践及实习</td></tr>
<tr><td colspan="6">2021/6—2021/8 在某物理研究所制导与信息技术部实习，参与了“非制冷红外焦平面阵列成像系统”和“双色红外探测器成像系统”项目。</td></tr>
</table>

二、如何投递简历

1. 规范求职邮箱

邮箱的选择：尽量使用较为正式的偏商务性质的邮箱，如 126、163 邮箱，避免使用偏娱乐性质的邮箱，如 QQ 邮箱。

邮箱的名称：邮箱的名字和邮箱的选择有着同样的要求，即正式、商务，避免出现“火星文”。最好使用自己的中文姓名全拼作为邮箱名称，这样便于 HR 快速查找自己的邮件并整理自己的资料信息。

邮箱的数量：如果求职方向不单一，可以准备 2～3 个邮箱，每个邮箱对应一个方向，这样就可以分类投递简历和接受 Offer 。

2. 重视投递方式

邮件主题需醒目。HR 每天都会收到大量的求职邮件，要想使自己的邮件在众多的邮件中一眼被 HR 看到，最关键的是拟订一个醒目的标题。建议突出自己的应聘优势，如所应聘职位是房地产公司运营经理，任职要求是拥有 5 年及以上相关工作经验，就可以在邮件主题中写具有 5 年及以上房地产公司运营经验。

简历到底该以附件的形式发送，还是以邮件正文的形式发送，并无具体的规定，因为不同的 HR 可能有不同的要求和习惯。一些 HR 每天要查看成百上千份简历，如果简历作为附件发送，很有可能因为下载不便而被搁置、遗忘。而另一些 HR 习惯先建立简历库，把所有简历下载归类后再分别筛选。如果直接粘贴在正文内，也有可能因 HR 嫌新建文档麻烦而错失机会。为了避免以上两种情况发生，求职者在投递简历时最好将简历同时作为正文和附件发送。

3. 掌握最佳发送时机

什么时间发送求职邮件也是很讲究的，虽然网络 24 小时通畅，但起到决定性作用的还是筛选简历的人。通常情况下，大部分邮件会在 1 小时内被阅读；发邮件的最佳时机是早上 7 点至 8 点，下午 2 点至 3 点。

职业课堂

理性看待“创意简历”

近日，有的网红在社交平台上分享了自己的简历，展示其在多个领域的才华和业绩，引发了网友的热议和模仿。有的求职者以这样的简历为模板，完善自己的简历。这样的风潮，折射出一些青年求职者的深层次需求，也暴露出一些问题。

按照网红做自我介绍的手法写“创意简历”，反映出一些年轻人在求职过程中的创新思维和更好展示自我的意愿。在就业竞争日益激烈的今天，传统的简历格式和内容已经难以满足一些求职者的需求。富有创意和个性的自我介绍，可以展示求职者的多种才能和独特魅力。个性化的自我介绍，也能体现他们对求职的认真态度和对职业的热爱，从而帮助自己在众多应聘者中脱颖而出。

不过，这种模仿也容易带来一些问题。过度追求个性化和差异化，可能导致求职者忽视简历的本质——展示个人能力、介绍工作履历的有效工具。如果求职者过于注重形式的新颖而忽略了内容的质量，那么，这样的简历很可能让用人单位感到眼花缭乱，无法真正了解求职者的实际能力。

在找工作的过程中，求职者应确保简历内容的真实性，不能虚构个人履历。有的求职者一味追逐潮流，使用夸张的语言乱写简历，或者编造工作经验和奖项。这不仅违背诚信原则，也会损害求职市场的公平性。如果求职者凭借假学历、假工作经历与用人单位订立劳动合同，则会构成欺诈行为。求职者在优化简历或制作个性化简历时，应当尊重事实，在此基础上突出竞争优势、反映真才实学。

总之，求职者制作简历，既应注重形式创新，也要确保内容真实，既要展现个性魅力，也要坚守诚信原则。同时，用人单位在筛选简历时也应遵循公平、公正的原则，为劳动者创造良好的就业环境。

（资料来源：余明辉．理性看待“创意简历”．新华网．2024-03-27．）

任务打卡

➤课堂讨论：“不合格”简历何其多，简历的“不合格”体现在哪些地方？

➤能力养成：撰写一份求职简历并进行修改。

任务三　准备一次出彩的面试

任务知识点

一、认识面试

（一）面试的含义

面试是在特定的场景下，由组织者精心策划的，通过招聘主持者与应聘者双方面对面的接触，采用边提问边观察的方式了解应聘者素质情况、能力特征及动机等信息，以确定应聘者是否符合岗位要求的一种人员甄选方法。

面试的考核内容包括应聘者的仪表风度、求职动机与工作期望、专业知识与特长、工作经验、工作态度、语言和文字表达能力、综合分析能力、反应能力、自我控制能力、人际交往能力、兴趣爱好等。

一般情况下，面试可以反映出求职者的各方面素质，所以面试是公司挑选员工的重要方法。面试向公司和求职者提供了在入职之前的一个双方交流的机会，使公司与求职者提前了解，以便更准确地判断是否招聘或入职。

（二）面试的过程

完整的面试环节包括笔试、面试（多环节）。

1. 笔试

笔试分在线笔试和现场笔试。

（1）在线笔试：线上作答，为防止作弊一般都要开视频，并有时间限制。

（2）现场笔试：现场测试，一般选择在面试前进行。

2. 面试（多环节）

面试分为一对一面试和群面（或小组面试）。

(1)一对一面试:一般进行多轮,包括 HR 、用人部门主管、总经理等,都会对求职者分别进行面试。

(2)群面(或小组面试):多个求职者共同参加面试,有小组讨论和宣讲等环节。

有的公司在面试前会先进行电话或视频沟通,沟通后确定是否进一步面试。还有的公司在面试时会要求求职者进行计算机快速答题,一般是心理测试和知识应用测试等。

(三)面试的作用

(1)为招聘单位提供多角度观察应聘者的机会,以了解其知识、能力、经验,推断其个性特征、动机,预测其未来实际工作的情形等。

(2)给应聘者提供了解工作信息的机会。面试是一个双向交流的过程,通过沟通,应聘者可以了解应聘单位的基本情况、应聘职位的工作内容等。

(3)为招聘单位提供介绍、宣传企业及听取应聘者对工作设想、见解的机会。

二、提前了解行业、公司及岗位情况

(一)了解行业

对于行业的了解,可以采用下面的方法:

1. 了解这个行业的整体信息

了解行业发展的整体态势,对这个行业有一个大概的了解,学习行业基本规律,从而建立起对这个行业的整体认识。可以通过行业调研报告、行业专业讲座网站、行业专家讲座等途径进行了解。

2. 关注行业知名企业的最新资讯

头部企业往往代表着这个行业的关键走向,研究这些公司的最新动态、人员调整、企业文化、业务发展等信息,能基本知悉这个行业的发展趋势。

3. 关注行业最新出现的发展比较迅速的企业

了解行业最新出现的迅速发展的企业的数量和质量,可以帮助求职者了解这个行业的发展方向以及新的可能性。

4. 了解行业的上、下游产业链,思考行业的价值链

可以了解行业企业从开始到结束都经历了哪些环节,每个环节的价值点在哪里,思考行业的价值链。

5. 对收集到的信息进行整理,形成自己的行业认知体系

如果信息比较松散,没有体系,了解会比较片面。整理信息有助于对掌握的行业信息进行优化和补充。

(二)收集公司资料

要提前收集、整理招聘单位的资料,包括企业介绍、产品、客户、行业或企业的最新信息。

(1)企业介绍:了解企业发展历史、企业文化、核心价值观。

(2)产品:了解公司的产品是什么、有什么特点。想一想怎么介绍这些产品,说出自己对这些产品的理解和认可度,也是给面试官留下好印象的法宝。

(3)客户:客户是公司产品的最终用户和服务对象,可以给他们做一个用户画像。

(4)行业或企业的最新信息:了解公司的发展现状和趋势、行业内竞争对手情况,搜索最

近的新闻和大事件对该公司有什么影响。

如果面试的是知名企业，在网上会很容易找到网友分享的求职经验，不妨多关注一下这方面的信息。

三、再次研读岗位 JD

(一)准备专业技术

从岗位 JD 上了解用人单位对求职者的技术要求，做到心中有数后，要进行有针对性的复习。面试官会在面试的过程中问一些基础的技术问题，这些问题一定要记清楚，知识一定要掌握牢固，最好是将这些知识点进行总结和记录，便于面试其他类似岗位时准备和复习。

技术面试以考查基础能力与实际应用能力为主，可能会要求手写一些小算法，比如排序、字符串处理之类的，也可能偏重对技术深度的考查。例如，可能对一些项目经历进行询问，同时，可能会要求画出项目的架构图、交互流程图等，并对项目存在的问题和改进方案进行询问。因此，相关的技术准备要充分。

(二)准备面试作品

这部分对于在校生找工作而言，绝对是很加分的。一来，这样的准备比起“我什么都不会，但是我愿意学”这句话，更有诚意。二来，也让自己具有和面试官交流的“谈资”。面试作品这种具有专业性的东西，更能让自己与面试官搭得上话，让面试官看到自己做面试作品时候的思路。如果做得好，面试官透过作品的思路自然就能看出能力；如果做得不好，还可以把自己的问题提出来，然后请教他，让他看到自己确实有思考，而且认真做了，但毕竟成长都有一个过程，遇到问题是很正常的。

关于面试作品，以产品经理实习生为例，可以写写产品分析报告；广告学专业的学生，可以做一些广告的分析；设计专业的学生则可以做一些设计作品。准备这些作品的时候，一定要注意体现专业性。

(三)准备问面试官的问题

面试并不仅仅是公司单方面的选择，求职者同样在选择合适的公司，这是一个双向选择的过程。在面试的过程中积极参与，会让面试官感觉自己对该职位非常感兴趣，这时候不提问题是不可取的，会给人一种不够积极的印象。其实，面试官让求职者提问是有目的的：一方面，他可能想知道哪些问题是求职者最关心和重视的 ；另一方面，给求职者一个机会提问，可以展现求职者的专业和态度。问得好的话，有加分的可能。但注意一定要提和工作相关的问题。

1. 可以问关于公司未来前景的问题

“公司在未来几年是否会探索新的市场?”“这个职位的职业发展机会有哪些?”或者 “公司的用人标准是什么?”这些问题都表明自己与公司在同一频道上，也能因此获取更多信息，有助于判断这个公司是否合适自己。

2. 可以问关于应聘岗位的问题

比较恰当的问题会给面试官留下很好的印象，他会觉得应聘者是因为很想进入这家公司，才会问这么多细节。比如，可以问以下问题：

(1)这个职位在公司的具体职责是什么？目前最紧要的任务是什么？

(2)公司对我面试的这个岗位的定位是什么？最希望个人达成的工作指标有哪些？

(3)如果我有幸加入,公司希望我三个月完成哪些工作?

(4)公司希望通过这个职位实现的长期目标是什么?

3. 可以问在面试过程中讨论到的问题

通过询问更多的细节,可以表明自己在持续关注任何不太明白的问题,并试图弄懂。要避免为了问而问,这会显得自己没有跟上面试的节奏。比如,可以这样问,通过刚才和我沟通,您能评价一下我吗?您觉得我的优势和劣势是什么?避免问任何可以被轻易回答的问题,或者可以通过互联网快速搜索到答案的问题,这类问题只会让面试官感到应聘者的懒惰。

四、介绍项目经验

1. 项目经验介绍准备

(1)在面试前做好准备,别紧张,因为关于项目,面试官也许并没有应聘者知道得多。其实面试官拿到简历的时候是没法核实项目细节的(一般公司在录用后,会用背景调查的方式来核实)。更何况,面试官最多会花几分钟从简历上了解应聘者的项目经验,所以,应聘者对项目的熟悉程度可能要远远超过面试官。

(2)一般来说,在面试前,应当准备项目描述的说辞,要自信而又流利。否则,一旦让面试官感觉自身经历的项目都说不清楚,那可信度就很低了。不少人拘泥于"项目里做了什么业务,以及代码实现的功能"等类似的细节,而忘记了最应该告诉面试官的项目关键信息,这就相当于把后继提问权直接交给面试官。

(3)建议按下面给出的要素准备项目介绍:

①介绍项目基本情况,控制在 1 分钟内。比如项目名称、背景,给哪个客户做的,完成的基本方面,做了多久,项目规模多大,用到哪些技术,用什么数据库。重点突出背景、技术、数据库及其他与技术有关的信息。

②主动讲自己在项目中的职责。描述自己在项目里从事的工作,要主动说做了哪些事情,这部分的描述一定要和自己的技术背景一致。

③可以讲一些项目的细节,特别是自己用到的技术细节。这部分尤其要注意,因为面试官后面会根据这个提问。如果自己做了五个模块,宁可只说能熟练讲清楚的两个模块。

④项目结果和价值体现。项目结果很重要,项目结果中自己的价值体现更重要。如果能用数据说,效果会更好。

⑤设想面试官可能问的问题。前面讲述的哪些地方可能面试官会问问题,自己可以预想或"设置"。如果不露声色地说出一些热门的要素,面试官基本就会直接问细节。

(4)一定要主动说出项目的亮点。或者有什么其他加分项能帮自己成功应聘到这个岗位,应当主动说出。面试的时候,如果面试者回答问题很简单,有一说一,不会扩展,或者用非常吝啬的语句来回答面试官的问题,那么处于被动情况的概率就会增大。

(5)要避免以下低级错误,否则可能会直接出局:

①前后矛盾。后面的回答无法证明自己的项目描述,这是要避免的。前后矛盾会给面试官留下逻辑性不强的印象。

②基本概念混乱。如果项目里用到的基本概念性问题都回答不上来,则会让面试官感觉应聘者基础较差。

③工作经验和简历上的不一致。如果简历上的技能描述和回答出来的明显不一致，则会让面试官感觉应聘者不诚实。

④明说不能加班、不能出差。单位还没确定录用与否，就跟单位讲条件，哪个单位都不会喜欢。

综上，面试前一定要有所准备，应聘者可以按前述介绍结合自己的项目经历做准备。

2. 面试心理准备

面试心理准备也非常重要。以下是一些有效的准备方法：

(1)深入了解自我

求职者需要深入了解自己的优势和不足，以便在面试中更好地展示自己的优点，同时表现出真诚和自信。

(2) 增强信心

求职者需要采取一些措施来提高自信心，例如浏览自己的简历，回忆自己的成功经历，或者与朋友或家人交流沟通，等等。

(3) 保持积极态度

求职者需要尽可能地保持积极的态度，包括微笑、展示真诚的面部表情和身体语言等，让自己呈现出一种放松、敞开的状态，并表现出恭敬和真诚的态度。

(4)注意细节

求职者也需要关注一些细节问题，例如穿着打扮得体、举止动作自然，也会增强信心。

总之，面试前的心理准备是求职者必须重视的一部分。通过深入了解自我、增强信心、保持积极态度和注意细节等方面，求职者可以更好地展示自己的优点和特点，提高面试的成功率。

职业课堂

新媒体运营

新媒体运营是借助现代化移动互联网，通过微信、微博、贴吧等新兴媒体平台工具进行产品宣传、推广、营销的一系列运营手段。利用新媒体平台可以进行内容的输出，然后沉淀粉丝，获得流量。例如，微信公众号就属于新媒体，用公众号实现拉新、涨粉、转化，这就是新媒体运营。对于新媒体平台来说，其内核的价值在于口碑的沉淀和用户互动。微博、微信、贴吧、知乎、豆瓣等都属于社交类平台。IN、秒拍、美拍、一直播、映客等属于娱乐类平台。百度百家、头条号、网易、一点资讯等属于信息资讯类平台。以上是新媒体运营当中常用的平台，在投入这些媒介渠道的时候，对每个媒介渠道都要做好定位。

用户运营

用户运营是指以用户为中心，遵循用户的需求设置运营活动与规则，制定运营战略与运营目标，严格控制实施过程与结果，以达到预期的运营目标。用户运营的核心：开源(拉动新客户)—节流(防止用户流失与流失用户挽回)—维持(已有用户的留存)—刺激(促进用户活跃甚至向付费用户转化)。用户运营要首先了解用户结构。用户的性别、所在城市、年龄、兴趣点有哪些，这些都是用于分析用户的数据资料。那么，用户运营都要做些什么呢？主要做以下工作：

(1)搭建用户体系：负责产品的用户拉新、激活、留存、召回界面等工作。

(2)建立用户流量池：不断提升拉新渠道的投资回报率，提高用户的活跃度跟留存率。投资回报率是指通过投资而应返回的价值，即企业从一项投资活动中得到的经济回报。

(3)制定用户运营策略：对用户进行分层，制定和落实不同层级维护策略和运营方案。

(4)制定用户运营方案：比如，双十一活动，要制定整改促销活动方案，并对整个活动效果负责。

(5)发现问题并提出解决方案：依靠数据，分析运营过程中遇到的相关问题，并提出解决方案。

产品运营

产品运营是指有针对性地开展用户活动，增加用户积极性和参与度，并配合市场运营需要进行活动方案策划。产品运营的工作内容有以下几方面：产品研发期(产品上线前)——要搞清楚产品的定位以及目标用户。产品种子期(产品内测期)——在这个阶段，产品运营的主要目的在于收集用户行为数据和相关的问题反馈，和产品策划一起分析讨论，进行产品优化。产品成长期(产品爆发期)——产品要爆发，活动策划是必不可少的一部分。产品成熟期——成熟期对产品的重大意义就是小版本的迭代更新。产品运营就要起好产品策划和用户之间的桥梁作用。产品衰退期——这个阶段，用户的流失加剧，用户活跃度也明显下滑，营收贡献也急剧下降。在公司策略方面，技术的支持减少，新产品开始推出。关于产品运营的发展前景，很多人以为产品运营最终的发展方向就是产品经理。其实，除此之外，还可以向运营经理方向发展。

社群运营

社群运营就是通过运营手段，集合并活跃这些群体，使他们与产品有持续、多频的联系。在互联网工作中，一切能通过一个主题把用户聚集到一起的团体，我们都可以理解为是一个社群。它是以社交工具作为承载(QQ群、微信群、贴吧、社群、线下活动)，满足用户与用户之间的沟通需求的团体或组织。社群的运营目的分为三点：拉新、促活和留存、转化。拉新：可以采用裂变的方式。首先要明确采用哪种方式裂变，是用户分享海报到朋友圈，朋友圈好友看到后扫码进群，还是用户邀请两个或者更多的好友加入。促活和留存：先要明确主题，是否能够产生共鸣。在群内需要产生大量有价值的内容，这些内容会让用户觉得这个群有价值而继续留存。转化：将客户转化为实际购买或参与的成员。在运营过程中，建议运营者先建立框架思维，再学习流程思维。

活动运营

活动运营是指针对不同活动进行运营，包含活动策划、活动实施，以及嫁接相关产业打造产业链。活动运营一直都被看作是最重要的营销手段之一，主要目的是用户拉新、促活用户、用户留存。一份完整的活动策划方案包括活动背景、活动主题、活动目标人群、活动时间、活动概述、活动规则、广告投放、风险控制、埋点、效果预估。对于活动运营来说，需要思维足够活跃，有很好的逻辑思维能力和数据敏感度，能够洞察到需要改进的地方。

沟通是很重要的一项技能。要保证活动完美执行，就要与公司各部门进行有效的沟通，只有高效的沟通，才能够产生高效的执行力。

（资料来源：根据网络资料整理）

任务打卡

- 课堂讨论：简述自己所制作的简历上的项目经验。
- 能力养成：搜集并整理相关资料，思考怎样做好面试的心理准备。

项目十一 角色转变

项目指南

实现从大学生到职场的角色转变需要拥有相关知识和技能储备,通过了解职场转变、提前准备、做好心理建设,大学生可以更加从容地进入职场。

在本项目中,通过任务的实施和完成,大学生可以了解自己与职场人的不同之处,从而理解职场转变。通过提前准备,学习怎么进行职场转变,并了解职场人应该具备哪些心理素质,从而做好职场心理建设。

学习目标

1. 通过学习大学生与职场人的不同,对职场转变形成初步认知。
2. 通过学习如何进行职场转变,深入了解职场转变的方法。
3. 通过学习职场人应具备的心理素质,发掘自身心理建设的不足,从而帮助自己做好职场心理建设。

任务一　从校园到职场的认知转变

任务知识点

一、正确认识大学生角色与职业角色

(一)大学生角色与职业角色的内涵

人的一生有多种角色的转变。角色转变就是个体从一个角色进入另一个角色的过程,如以下的角色转变:婴儿→幼儿园小朋友→学生→职业人;又比如,儿子(女儿)→父(母)。而从学生角色到职业人角色的转变是每个人必须经历的过程,也是人生中重要的一次转折。

1. 大学生角色的内涵

大学生大多处在18岁到24岁这一年龄阶段,是人生中增长知识、发展智力、求学成才

的关键阶段。大学生的中心任务是努力学习以专业知识为主的多方面知识，培养以专业能力为主的各种能力，是接受教育、储备知识、培养能力的重要阶段。大学生角色就是在社会教育环境的保证下和家庭经济的资助下，学习知识，培养能力，全面提高自身素质，努力使自己成长为社会的合格人才。

2. 职业角色的内涵

职业角色是在某一职位上，以特定的身份，依靠自身知识和能力并按照一定的规范具体地开展工作，在行使职权、履行义务为社会做出贡献的同时取得相应的报酬。职业角色的个性表现得非常具体，但是千差万别的职业角色却有其共性的特征：

(1)职业角色扮演者具有自己的社会职位和一定职权。

(2)每个职业都有相应的职业规范。

(3)职业角色扮演者有一定的基础知识和业务能力。

(4)职业角色扮演者必须履行一定的义务。

(5)职业角色扮演者须经济独立。

(二)大学生与职业人的根本区别

大学生与职业人的不同在于：一个是受教育，掌握本领，接受经济供给和资助，逐步完善自己；一个是用自己掌握的本领，通过具体的工作为社会做贡献，以自己的行为承担责任，并取得相应的报酬。他们的具体区别如下：

1. 承担的责任不同

大学生以学习、探索为主要任务，在校园里要多进行尝试，哪怕尝试后发现不适合自己，也有时间修正方向。大学生还处于人生成长阶段，在学习方面可以依靠导师，在生活上可以依靠父母。总之，大学生在校期间基本没有太大或太多的负担。

职业人要服从管理、承担责任。成为一个职业人以后，应尽快地适应社会。首先，必须学会服从领导和管理，迅速适应领导的管理风格。职业人在工作中要承担成本和风险的责任，承担相应的社会责任。实践表明，凡由大学生到职业人的社会角色转变比较快的人，相对容易更早地获得单位的认可，能更快地寻找到新的起点，也就更容易享受到事业成功和生活幸福的喜悦。

因此，大学毕业生应正确面对社会，正确处理工作与人际关系上的诸多矛盾，克服各种心理障碍，培养良好的适应能力，尽快适应工作环境，迈出成功的第一步。

2. 面对的社会环境不同

大学生在校园里大多是寝室—教室—图书馆—食堂四点一线的简单而安静的生活方式，处于相对单纯而简单的校园文化气氛中。但成为职业人后，面临的是快速的生活节奏、紧张的工作；没有了寒暑假，自由支配的时间变少，可能还要忍受不同的地域环境和生活习惯；由于缺乏实际工作经验，开始工作时往往不能得心应手，感觉工作压力显著增加，给心理造成很大的负担。

3. 面对的人际关系不同

处理好人际关系是每一个大学毕业生进入社会后要学习的课题。大学生在校园里的人际关系往往比较单纯，但社会上的人际关系相对于校园里的要复杂得多。

4. 所处的文化环境不同

作为学生，在大学里，学习时间可弹性安排，有较长的节假休息时间，教学大纲提供清晰的学习任务，学术上多鼓励师生讨论甚至争论，老师公平对待学生，以知识为导向，学习的过程以抽象性与理论性为主要原则等。但作为职业人，单位会规定上下班时间，不能迟到早退，可能还经常加班加点，节假日也相对较少，工作任务又急又重。

5. 社会规范不同

社会规范是指人们社会行为的规矩、社会活动的准则。它是人类共同生活的需要，在社会互动过程中衍生出来的，相习成风，约定俗成，或者由人们共同制定并明确施行，其本质是对社会关系的反映，也是社会关系的具体化。

总之，大学生找工作难，找到工作后做好工作不容易，工作做出成绩更不容易。因此，要充分认识大学生与职业人的根本区别，重视进入职场后的角色转变。

二、深入理解角色转变

（一）角色转变的内容

1. 从“要”到“给”的转变

大学时代因为父母的付出，可以从家里获得宠爱与照顾；因为老师的付出，可以在学校里获得知识与技能；因为社会、国家的付出，可以在社会中获得社会的资助与培养。但工作以后，则截然相反，需要赚钱谋生并照顾父母；需要一边工作一边学习新的技能；个人的提升主要依靠自己。

2. 从“索取”到“贡献”的转变

大学生要转换成职业人，必须先“给”，将“索取”的心态转变为“贡献”的心态，这是成为职业人的关键。从企业的角度来说，企业对一个人的判断有两个要求，一个叫作潜力，看新员工未来成长的空间；一个叫作贡献，看新员工的加入对这个团队能够产生什么样的价值。作为职业人，应考虑自己能为单位带来什么、能为单位创造什么。只有既能为企业带来实际的贡献，又有可持续发展潜力的员工才会受欢迎。

3. 地点和要求的转变

大学生在学校里如果考试成绩不好，会有补考的机会；如果和同学不能融洽相处，一般也不会对自己的学习造成影响；如果不喜欢哪个老师，可以选其他老师的课；迟到、旷课耽误的也多是自己的学习。然而，大学毕业生从校园走上社会成为职业人，如果工作失误，可能会造成重大的经济损失，也许没有挽回的机会；如果与同事关系不好，会被组织认为没有团队合作精神；如果迟到、旷工，耽误的是整个团队的业绩。作为职业人，在单位里需要成为社会、企业财富的创造者。

（二）角色转变过程中常见的问题

1. 对学生角色的依恋

一些大学毕业生在角色转变过程中容易依恋学生角色，出现怀旧心理。十多年的学生生活使得每一位毕业生在学习、生活和思维方式上都养成了一些相对固定的习惯。在职业生涯之初，一些人常常会自觉或者不自觉地把自己置身于学生角色之中，以学生角色的社会义务和社会规范来要求自己、对待工作，以学生角色的习惯方式来待人接物，来观察和分析事物。

2. 对职业角色的畏惧

一些大学毕业生在刚步入新的工作环境时，不知道工作应该从何入手，如何应对工作，怕担责任，怕出事故，怕闹笑话，怕造成不良影响，工作上放不开手脚，前怕狼后怕虎，缺乏年轻人的朝气和锐气。

3. 主观思想上的自傲

一些大学毕业生对人才的理解不够全面和准确，认为自己接受了比较系统且正规的高等教育，拿到了学历，学到了知识，已经是比较高层次的人才了，去干一些琐碎的、不起眼的工作是大材小用，有失身份，于是就轻视实践。

4. 工作作风上的浮躁

一些大学毕业生在角色转换的过程中受社会环境的影响，表现出不踏实的浮躁作风和不稳定的情绪情感。一会儿想干这个工作，一会儿又想干那个工作，不能深入了解工作性质、工作职责以及工作技能。

职业课堂

在全社会弘扬工匠精神

各级党委和政府要加大制度创新、政策供给、投入力度，弘扬工匠精神，提高技术技能人才社会地位，为全面建设社会主义现代化国家、实现中华民族伟大复兴的中国梦提供有力人才和技能支撑。

——摘自习近平总书记2021年对职业教育工作作出的重要指示

从一桥飞架三地的港珠澳大桥到时速350公里的京张高铁，从北斗卫星导航系统到空间站天和核心舱……一个个超级工程、一件件国之重器、一项项高精尖技术背后，除了科技发展的突破，也离不开工匠精神的支撑。我国有超过1.7亿技术工人活跃在各行各业，他们是支撑中国制造、中国创造的重要力量，肩负着我国从制造业大国迈向制造业强国的时代使命。

2019年9月，习近平总书记对我国选手在世界技能大赛上取得佳绩作出重要指示强调："要在全社会弘扬精益求精的工匠精神，激励广大青年走技能成才、技能报国之路。"2020年11月24日，习近平总书记在全国劳动模范和先进工作者表彰大会上指出："在长期实践中，我们培育形成了爱岗敬业、争创一流、艰苦奋斗、勇于创新、淡泊名利、甘于奉献的劳模精神，崇尚劳动、热爱劳动、辛勤劳动、诚实劳动的劳动精神，执着专注、精益求精、一丝不苟、追求卓越的工匠精神。"

工匠精神为社会发展进步提供了强大精神动力。

（资料来源：张烁，关月. 人民网-人民日报海外版. 2021-10-13.）

任务打卡

职业故事

飞驰吧，人生

➤课堂讨论：实习期因为犯错受到领导批评，应该怎么应对？

➤能力养成：搜集并整理应该如何调整自己的心态去完成角色转变。

任务二 做好准备并进行角色转变

任务知识点

一、角色转变的准备过程

（一）毕业实习期进行角色转变的准备

毕业前夕进行"半职业化"的角色转变，即完成毕业实习期的角色转变。一方面，为完成毕业报告做准备；另一方面，在实习单位积累工作经验。如何做到毕业前夕的"半职业化"角色转变、在实习单位积累工作经验呢？

（1）努力向单位同事学习，争取尽快工作上手。

（2）力争把所学专业知识应用到实际工作中去。

（3）从实际工作中积累经验，提高工作能力，为今后就业做好准备。

（4）将实际工作中提炼的经验上升到理论，为完成毕业论文打好基础。

（二）入职前心理上做好角色转变的准备

尽管世事无常，生活起伏，在人生的旅途中充满了许多不如意的地方，但依然有不少东西是可以把握的，那就是自己对工作和生活的态度。有人说，每个人身上都有一个看不见的法宝，它的一面写着"积极心态"，另一面写着"消极心态"。积极的心态可以使人达到人生的顶峰，而消极的心态会影响个人发展。

心态不只是影响工作，有时还决定了一个人的命运。如果一个人的心态很好，即使目前的工作不是很理想，也能够心满意足、心平气和。而这种积极的心态，表现出来就是良好的工作态度。如果对工作心不在焉，或者心烦意乱，这种消极的心态就会带来不愉快甚至形成恶劣的工作态度。能够做好自己不愿意做的事情，是人生的智慧，更是生存的策略。既然自己已经从事了这个工作，就要努力把事情做好，这也是一种人生的责任。

1. 要有良好的心态和心理承受能力

职场、社会与大学相比，生活环境、工作条件、人际关系都有着很大的变化，难免对踌躇满志的毕业生造成心理反差和强烈的冲突。有些大学生血气方刚，热情奔放，希望自己有发言权，但入职后可能并不受重用，甚至遭排斥，就会倍感失落、郁闷。这时，具备良好心态和心理承受能力是第一位的，要抱着谦虚好学的态度，从基础做起，逐步争取领导和同事的认可，这才是成功的开始。

2. 不要停留在舒适区域

每个人都有一个舒适区域，在这个区域内会觉得舒服、放松、稳定、很有安全感。例如，有的人不愿意被打扰，不愿意和陌生的面孔交谈，不愿意主动地去触碰他人，这在学生时代是很容易被理解的，甚至这样的同学还会被贴上“冷酷”“个性”的标签。然而，在工作之后，却要极力改变这一现状。否则，可能会对工作造成干扰。如果能很快打破之前学生时期所处的舒适区域，比别人更快地处理好业务，更好地处理人际关系，那就能更快地脱颖而出。在会议上，一个停留在舒适区域的人可能会消极地听取领导的话语，消极地待命，生搬硬套地完成领导交代的事情，而不关心此事以外的任何事情，这样的人是不受欢迎的。而敢于打破这个舒适区域的人，敢于在适当的时候提出自己的看法，并在得到领导认可和指点之后把手头的工作尽快地完成，随时愿意接受别人的批评和调整的人才能够快速融入组织。在工作上，当前者遇到一名新的同事时，他可能会忽略，继续自己的工作。而后者可能会大方客气地进行自我介绍，并了解对方和自己的关系。在走出校园的同时，就要把校园中的“随意性”从身边赶走，尽早地冲出自己的舒适区域，做好和社会交流的准备。

3. 做好应对紧张、忙碌工作的心理准备

大学校园生活相对悠闲、自在，有较多的自由支配时间，而职场生活则忙碌而紧张，一切都讲究快节奏，每天可能都要面对做不完的工作。这么大的角色转换，必然有一个从适应到不适应的过程，入职前必须认识到这一点，做好心理准备。

4. 从宏大的“人生理想”向现实的“职业理想”转换

就业压力大，选择余地小，工作与专业不对口，这些都会让大学毕业生感到理想与现实之间的巨大落差，以至于难以接受。自己先前宏大的理想将难以实现，因此在现实面前会失去目标，失去动力，感到理想的实现是遥遥无期的事情，而变得情绪低落。这时要做的是把理想转化为职业目标，并制定出切实可行的方式方法，去实现职业目标，搭起一座桥梁让自己从理想走入现实。

5. 有意识地对自己进行职前培训

现在大学教育的内容和实际的岗位需求或多或少存在着差距，因此，走上工作岗位前，大学生应根据要求在短时间内进行知识补充和业务能力的锻炼，并在心理上做好准备。

二、如何进行角色转变

（一）重视职业形象

职业形象是社会和他人对一个人从事某项职业的总体印象和态度。职业形象既展示了一个人的外表，又是其素质和水平的体现。良好的第一印象是职业成功的开端，在职业生涯中的作用是至关重要的。从业者的外在表现如服饰、发型、言语、举止等，往往给人留下很深的印象。外在美是树立良好职业形象的先决条件。与外在美相比，内在美的境界更高，能够更持久地树立良好的职业形象。和顺的态度、谦逊的作风和诚实守信的为人，是内在美的主要表现。

良好的职业形象是职业成功的重要条件，对刚毕业的大学生来讲，尤其具有不可低估的作用和意义。

（二）积极适应职业角色

1. 心理适应

新人刚跨入职场一般都是从基层做起，俗话说，“良好的开端是成功的一半”，因此，先要学会心理适应，学会适应艰苦、紧张而又快节奏的基层生活，保持身心健康，培养整体协作意识和独立工作意识和创造意识。同时，要克服以下五个“心理”：对学生角色的依恋心理、观望等待的依赖心理 、消极退缩的自卑心理、苦闷压抑的孤独心理、见异思迁的浮躁心理。

2. 角色适应

社会好比一个大舞台，每个人都有自己的角色位置。毕业生进入工作单位后，应先认清自己在工作环境中所承担的角色以及这个角色的性质、职责范围，弄清楚工作关系中领导赋予自己的职权和自己应承担的义务。如果角色意识淡漠，一意孤行，我行我素，擅作主张，该自己处理的不敢做主或推给领导、同事，势必与新环境格格不入。

3. 生理适应

既然步入了职场，就已经从学生转换成了职业人。原来的许多生活习惯需要改变。如调整生活规律、改变作息习惯等。当然，调整生活规律并非要把自己变成一个机器人，自己可以灵活决定是否调整，这主要得看工作环境与工作要求。

4. 生活能力适应

参加工作后，大学生往往要自己处理衣、食、住、行等事务，因此自理、自立是其无法回避的一种能力训练。要学会主动调节生活节奏，养成良好的生活习惯，打理好自己的生活。

5. 岗位适应

职场上注重的是动手能力和经验的累积。因此，新人要投入到再学习中。这时要学习的主要是让自己适应工作的知识技能，正所谓，干到老，学到老。学习不但是一种心态，更应该是一种生活方式。

（1）从零开始学习如何工作

迈入工作岗位后，保持一切从零开始的态度，牢记“三人行，必有我师焉”，虚心向同事学习工作经验，尽快熟悉工作岗位的业务知识，结合实际工作将所学知识灵活运用，学会发现工作的乐趣。这是一个充满挑战的过程，也是毕业生角色转变必须经历的重要一步。

（2）妥善处理工作中的人际关系

本着实事求是、诚信待人的态度与人沟通、交往，尽量缩短与周围同事之间的距离。在自己受到委屈或误解时，胸怀大度，克制感情，冷静处理；工作中出现失误时，主动承担责任。人际关系搞好以后，在工作、生活的各个方面，同事和领导都会给以积极帮助，对自身的成长大有裨益。

（3）要不断学习、锐意进取，用工作实绩赢得同事和领导的认可

大学生是人才的“坯子”，要锻炼成才，还需要在社会这个大熔炉里锻造，只有不断探索，不断提升自己，才能适应瞬息万变的社会。

通过学习掌握更多的知识，以优秀的表现赢得同事和领导的认可和信任，这对于从大学生到职业人的转变是至关重要的。

（三）做好本职工作

1. 热爱本职工作，培养职业兴趣

热爱本职工作、培养职业兴趣是学生角色向职业角色转变的基础。如果“身在曹营心在汉”，经过几个月甚至一年的适应后，还静不下心来，那么，不仅对角色转变不利，而且还会影响职业兴趣的培养和工作成绩的取得。甘于吃苦是角色转变的重要条件。只有愿意吃苦，才能实事求是地分析和对待角色转变中遇到的种种困难，并自觉地加以克服。

2. 虚心学习知识，提高工作能力

虚心学习知识、提高工作能力是角色转变的重要手段。随着科学的发展和技术的进步，新的知识和技能不断地出现，很多知识和技能需要在工作实践中去学习、锻炼和提高。大学生在学校期间虽然学到了不少知识和技能，但面对全新的职业，还是要从头学起，虚心向有经验的技术人员、师傅和同事学习，学习他们观察问题、分析问题和解决问题的方法，不断丰富自己的专业知识，提高自己的专业技能，最终达到自我完善。

3. 勤于观察思考，善于发现问题

勤于观察思考、善于发现问题是角色转变的有力保障。大学毕业生进入职业角色后，要善于发现问题，运用自身掌握的知识去努力解决问题，争取掌握更多的一手资料；只有学会分析研究职业对象的内部规律，才能培养自己的独立见解能力。

4. 勇挑工作重担，乐于无私奉献

勇挑工作重担、乐于无私奉献是完成角色转变的重要标志。大学毕业生走上工作岗位以后，应当从一开始就严格要求自己，树立主人翁意识，增强社会责任感，培养无私奉献的精神，任劳任怨，不计较个人的得失，努力承担岗位责任，主动适应工作环境，促使自己更好、更快地完成角色转变。

（四）全面完成角色转变

1. 从思维模式上完成转变

进入职场后，自己的社会责任、社会角色、社会义务、社会权利以及所处的环境都发生了变化，要按照新的环境和角色来约束自己，并承担责任。要把“以学为主”的思维模式转变成“以用为主”的思维模式。

（1）不要把领导当老师

在学校里老师教授知识，可以容忍学生的一些小过失，而在职场上，领导担负的责任大不相同。在学校，考试不及格还会有重新学习的机会。而工作中，领导交代的重大任务如不能按时、保质地完成，则可能造成重大影响。考试不及格，主要是自己遭受损失，而任务没完成，受损失的可能是整个部门或整个公司。所以，对领导，自己要担负起一个员工的责任，如果领导要求严格，要服从和理解，而不是挑剔。千万记住，在领导面前自己是员工，而不是学生。

（2）不要把公司当学校

也许自己在学校里成绩很优秀，组织能力很强，参加过很多活动，但步入社会后，环境将

会比校园复杂很多。首先,在职场上,成功不是孤立的,环境、机遇与自己的处事态度及经验都是影响自己成功的重要因素;其次,在工作中更强调团队精神及严谨的程序和规则,很多工作需要集体成员默契配合,集合大家的智慧和力量才能完成;最后,必须面对同事在思维习惯、做事方式上的差异。因此,对于初入职场的新人来讲,在工作上做出成绩远比在学校里取得理想的考试分数要难,远大理想可能与现实相差很远。

所以,处于新的职业环境,最重要的是以积极的心态去经历、去学习、去积累、去适应。要读懂职业的规则,努力发挥自己的出色才能。

(3)不要把职场当商场

职场中的出入绝不可能像商场中的出入那样随意,加入一个企业前要慎重,离开一个企业前更要慎重。凡事应多分析利弊,尽早、尽快地确立自己的职业目标。职业生涯规划的变更应围绕着职业目标进行,同时要培养职业忠诚度,因为这种职业责任感会直接影响工作成绩。

2. 从心理上完成转变

有些大学毕业生来到工作岗位后,遇到不会做或者做不好的事情时常会以自己是新人为借口,给自己留后路。而职业人的心理是:我为什么做不好?我哪里做错了?我应该怎么改正?自己会主动寻找原因和解决的办法。

3. 在行动上实现转变

大学生的行动力,或者说执行力相对较弱,这是入职后要重点解决的问题之一。大多数情况下,企业需要的不是思想家,而是实干型人才。所以,大学生要改变在校时的行为模式,把自己培养成一个行动高手。不要以自己是新人为借口,而要快速提升业务能力,做出业绩。

4. 在能力上实现转变

大学生入职后,会发现自己的工作所用和大学所学知识不完全一致,入职后,往往要"找时间"学习很多东西,这一点是非常关键的。要成为一个职场高手,必须通过学习来提高自身水平。但单位招新员工不是来学习的,不能因为自身的业务能力影响工作进度。要提高能力,一定要充分利用好下班后的时间。

5. 培养应对挫折的能力

"逆境成才",不要怕挫折和批评。很多时候其实是自己跟自己过不去,领导可能并非你所想象的那样难相处,不要偏激地把别人的"严厉"当成一种刁难。要把批评当成前进的催化剂,或许领导和同事都在默默地关注着你,期待着你的成功。

总之,初涉职场的大学生,只有充分认识自己,知道自己的优点与缺点、优势与劣势、所适与所不适,在这样一段特殊的角色转换期内,保持一颗学习上进的心,才能顺利渡过。在转型的过程中,敬业、乐观、诚信、有礼是职场新人成功的四大法宝。

职业课堂

职业意识

职业意识(Professional Awareness)是作为职业人应具有的意识,以前叫作主人翁精神。国外有心理学家认为，所谓职业意识是指人们对职业的认识、意向以及对职业所持的主要观点。职业意识的形成不是突然的，而是经历了一个由幻想到现实、由模糊到清晰、由摇摆到稳定、由远至近的产生和发展过程的。

职业意识既影响个人的就业和择业方向，又影响整个社会的就业状况。职业意识由就业意识和择业意识构成。就业意识指人们对自己所从事的工作和任职角色的看法；择业意识指人们对自己希望从事职业的想法。

职业意识是人们对职业劳动的认识、评价、情感和态度等心理成分的综合反映，是支配和调控全部职业行为和职业活动的调节器，包括创新意识、竞争意识、协作意识和奉献意识等方面。

职业意识是职业道德、职业操守、职业行为等职业要素的总和。职业意识是约定俗成、师承父传的。职业意识是用法律、法规、行业自律、规章制度、企业条文等来体现的。职业意识有社会共性的，也有行业或企业相通的。它是工作岗位最基本的需求，也是必须牢记和自我约束的。

诚信意识

诚信是公民道德的基石，既是做人做事的道德底线，也是社会运行的基本条件。现代社会不仅是物质丰裕的社会，也应是诚信有序的社会；市场经济不仅是法治经济，也是信用经济。“人而无信，不知其可也”。失去诚信，个人就会失去立身之本，社会就失去运行之轨。

顾客意识

顾客是商品的接受者、选择者、购买的决定者，顾客是商家的衣食父母，对待顾客的态度，实质上就是对待自己工作的态度。

团队意识

一个企业就是一个独立的团队，是由所有员工所组成的一个利益共同体，它既由大家来维护、创造，又给企业中的每个人带来经济利益。企业职工要维护团队的声誉和利益，不说诋毁团队的话，不做损害团队的事，保守团队的商业秘密；积极、主动地做好自己的工作，及时提出有利于企业发展的合理化建议；尊重和服从领导，关心与爱护同事；协助团队建立内部协作机制，开展有效而健康的部门、同事之间的合作竞争，互通商机，共同进步。

自律意识

自律意识是自我控制的重要心态。培养自律意识可以更好地管理自己的行为和决策。要提醒自己坚持目标和规划，增强自律的意识和动力。分清职业与业余的不同，从而在扮演职业角色时，能够克制自己的偏好，克服自己的弱点，约束自己的行为。

学习意识

时代在进步，社会在突飞猛进地发展，新的知识在不断出现。只有具备良好的学习心态和意识，不断“充电”“吸氧”，与时俱进，才能使自己跟上时代步伐，实现人生价值，取得职业生涯的成功。

（资料来源：根据网络资料整理）

任务打卡

➢课堂讨论：怎么样才能实现大学生到职业人的角色转变？

➢能力养成：分析角色转变越快、越彻底，发展机会也就越多的原因。可以查找相关资料和案例。

任务三 培养职场人应有的心理素质

任务知识点

一、职场新人有哪些不良心理

1. 自卑心理

职场新人容易产生自卑感，有些人往往只看到自己的短处，看不到自己的长处，缺乏应有的自信心，畏首畏尾。有自卑感的人，在社会交往中缺乏胆量，习惯于随声附和，无法发挥自己的优势和特长，没有主见。在社会上，职业偏见是客观存在的，当职场新人遭受冷遇和歧视后，他们可能会对自己的职业产生误解，或对自身产生怀疑，从而产生自卑心理。

2. 焦虑心理

高度的紧张、焦虑会使一些职场新人精力不能集中，甚至常常失眠和头痛。随着工作强度、难度和紧张度的加大，生活节奏也必然加快，一些独立生活能力不强的职场新人，在新的环境下不善于安排自己的生活，再加上工作任务繁重，常常陷入一种忙乱无序的状态。领导交代的任务如果没有完成或完成得不顺利，心理上便会产生沉重的负担，以至于常常惴惴不安。而复杂的人际关系和激烈的竞争又使人丝毫不能放松，因而他们时时处于紧张、焦虑之中。

3. 浮躁心理

有些刚踏入社会的职场新人喜好攀比，当看到与自己年纪相仿的同事加薪晋职时，就开始心浮气躁，工作安不下心，甚至盲目地跳槽。但受个人能力或外界条件所限，往往不能如愿，于是又陷入无尽的烦恼之中。长期在这种状态下生活，内心的和谐和宁静就会被打破，导致情绪紊乱。

4. 抑郁心理

由于习惯了以往的校园集体生活，有些职场新人工作后往往难以适应一个人的独立空间，生活单调而又枯燥，没有了朝夕相处的朋友，会感到异常孤独。在新的环境中，他们因畏惧复杂的人际关系，或缺乏人际交往的技巧，容易与周围的人发生争论、冲突，导致人际关系紧张，出现抑郁心理。

5. 失落心理

一些职场新人在工作初期带有很强的理想主义色彩，过于美化现实、美化职业，对工作生活的期望值较高，然而，这种一厢情愿的想法常常落空。当发现工作环境或工作条件比想象得差，得不到自己想要的待遇时，或者发现在单位没有被领导重视，自己的工作成果经常遭到同事或领导的否定时，失落和沮丧感便会在内心油然而生，情绪一落千丈，甚至失去继续工作的动力。

6. 退缩心理

如果走向社会前的自我评价较高，但社会评价却很低，职场新人易产生自我否定的心理。假如在工作中遭到几次挫败，可能就会自愧无能，失去勇气和信心，对自己是否有能力完成某些事情表示怀疑，结果可能由于心理紧张、拘谨导致原来可以做好的事情也做不好，胆怯畏惧，退缩不前，垂头丧气，耿耿于怀，以此避免自己的自尊心受到伤害。

7. 抱怨心理

有的职场新人由于工作环境、条件、待遇等达不到自己的期望，或者是对领导有不同意见但未被重视或采纳，而表现出对现实的不满，要么牢骚满腹，要么以消极的态度表示反抗。时间一长，工作满意度就会下降，内心也很烦躁，会给领导留下不好的印象，从而影响升职和加薪，也影响了个人的职业发展。

二、如何舒缓职场新人的不良心理

1. 不妨给自己“放假”

当遭遇暂时无法逾越的牵绊时，不妨给自己“放假”，设法挤出时间，主动休息，放松心情。会休息的人往往工作效率较高。所谓一张一弛，文武之道，后退是为了更好地向前进。

2. 寻找倾诉的对象

将心中的郁积一吐为快也能达到心理释放的效果。可与朋友聚餐、品茗、喝咖啡，彼此倾诉，获得朋友的指点，心理上会得到宽慰；或与家人相聚，也有助于忘却心中烦恼。

3. 保持良好的心态

不管在学业、职场还是在生活中，遭遇挫折在所难免。生活不可能是一帆风顺的，重要的是及时调整心态，寻找问题根源，探求解决方案。同时，还要学会控制自己的情绪，以平常心去面对一切艰难险阻，并懂得在必要的时候给自己减压。可以采用以下的方法调整自己：想想其他人，他们也曾是新人，也都是这样过来的。相同工作岗位，很多跨专业的人都会做，自己也一定能做，只是缺乏经验而已。放下自尊，多问问前辈，虚心学习，相信自己掌握基本技能后很快就会适应。

4. 多做户外运动

可以选择一些经济又环保的方式进行运动，如爬山、跑步，或者周末与家人或朋友去郊区野餐，都会使巨大压力得到释放，继而增加对美好生活的热爱之情。

5. 用爱好填补空余时间

用爱好来填补自己的空余时间，忙碌时就会忘了焦虑。第一份工作可能只是自己养活自己的第一步，借这个机会锻炼自己的学习能力、适应能力和与人交往的能力，并提升专业技能，以后的路会越来越宽。

三、职场新人如何培养心理素质

1. 克服自卑

很多有自卑心理的人甘居人后，缺乏自信，无从发挥自己的优势和特长。自卑心理如果不克服，久而久之，就会逐渐磨损一个人的胆识、魄力和广性。所以，有自卑心理的人应该勇敢地走出第一步，勇敢地挑战自己，让自己的心理素质得到提高。

2. 坚定自信心

自信心就是对自己行为的正确性坚信不疑，抱有必胜的充分信念。要相信自己能够胜任工作，战胜各种困难。无论处于顺境还是逆境，要始终保持必胜的信心，只有对自己充满信心，才能从容地应对工作。缺乏自信，就会在工作中缩手缩脚，遇难而退，错失良机。因此，自信心是一名合格的职场新人应当具备的基本条件之一。自信不是盲目的，而是在自我认识和自我评价的基础上建立起来的。要全面深入地了解自己，并对自身条件进行分析、比较、判断，弄清自己的长处和短处。

哲学家卢梭说："自信对于事业简直是一种奇迹，有了它，你的才干便可以取之不尽，用之不竭。"自信心是职场新人的精神支柱，它能使人激发出极大的勇气和毅力，敢于面对挑战，在困难面前临危不乱，处变不惊。

3. 理性看待学历的光环

关于理性看待学历的光环，可以从以下几个方面来理解：

(1)学历就像敲门砖，不代表智商而代表态度。经常有人吐槽，自己能力明明不差，但是找工作的时候却会被一些硬条件阻拦。如工作年限、户口、性别等。当然最常遇到的还是学历要求，如要求本科以上学历、研究生以上学历，双一流院校或专业院校毕业。学历往往将人阻挡在自己理想的职业面前，令人望之兴叹。学历为什么会成为企业筛选人才的硬性指标？研究生、本科、大专，不同学历难道工作能力就天差地别吗？非也。企业以学历为区分，看重的不是其背后的智商差别，相反，企业看重的是学历背后的人的自律能力和为了目标愿意付出的努力。不可否认，在现行的教育体制下，考上大学，进入名校，一定程度上代表了一个人十年寒窗的努力程度，而这样勤勉的态度，也是工作中必不可缺的。所以，学历至少可以说明一个问题，就是学历背后的人是否足够努力，是否有足够强的学习能力及认真的态度。每个行业都有准入机制和门槛，可以选择改变自己，迈过那一道门槛；如果这道门槛迈不过去，或者无心参与"千军万马过独木桥之战"，就只有选择绕路而行，用自己的能力证明自己的价值，这就是"方向对了，不怕路远"。

(2)学习是终身的修行，改变的是自己看待世界的方式。学历不能决定未来，但在获得这一学历的过程中所学到的东西真的会决定个人的思考深度。在不断深造的过程中，人的世界观和价值观会不断变化，考虑问题的方式也在潜移默化地发生改变。先人一步找到解决办法，快人一步抓住商机，这样的优势不仅源于自己的经验，也源于自己读过的书、走过的路、结交的朋友，而这些都是不断学习带来的。

(3)学历不是一生的依傍，能力才是硬道理。人在职场行走，能力才是最重要的。人可以靠学历锦上添花，但是却必须靠能力站稳脚跟。只有将自己的学识转化成实力，并善于推销自己，才能遇见伯乐，驰骋职场，让事业蒸蒸日上。

(4)钻研感兴趣的领域，做真心热爱的事业。行走职场，学历确实不可或缺。但读书是为了明事理，考试是为了检验自己，深造是为了更好地实现自己的人生理想。学习的最终目的是钻研自己感兴趣的领域，做自己真心热爱的事业。只有自己真心向往，才能无怨无悔，而且，只有持续不断地提升自己，梦想才能真正开花结果。

4. 带着激情去工作，有成功的欲望

热情是一种对人、对工作、对信仰的强烈情感。只有对工作充满热情，才能把愿望变成美好的现实。职场新人不仅要面对陌生的面孔，还要开拓自己的领地，克服各种困难。能坚持是因为有成功的欲望。只要这种欲望之火还在胸中燃烧成功就有了坚实的基础。应该说，优秀的职场新人大多是在这种欲望的驱动下走向成功的。

5. 适应、适应、再适应

进入职场，就得努力在职场上立足。职场是一个环境，包含着各种复杂的要素，有企业的运行规则，也就是规章制度，这是每个人必须遵守的；有工作团队，如班组、部门，工作团队有企业规定的工作职责，这是必须承担和完成的工作任务及考核指标；有劳动的专业分工，包括各种技术专业、业务专业和行政事务专业等。每个岗位都是劳动专业分工的一个环节，每一个工作团队都是劳动专业分工的一个模块，这些要素的有机组合构成了职场环境。这个环境对每个人提出了最基本也是最重要的要求，就是要与其他人发生工作联系，也就是与他人在工作中进行协作，共同完成工作任务。这就要求人和人之间，相互支撑，相互服务。在这种环境下，有两种规则必须遵守：一是企业的规章制度。企业的规章制度具有强制性，对每个人都会产生约束，如果违反就会受到处罚乃至解聘；再就是人与人之间的关系，包括与上司的关系、与同事的关系、与下属的关系。这种规则具有隐形性，会对每个人产生无形的约束，如果违背就会碰到挫折，包括被边缘化。因此，在如此环境下每个人都必须把“本色的我”转换成“职场的我”。也就是说，职场人要主动遵守职场的规则，主动地融入环境，也就是两个字“适应”，只有适应环境才能实现目标。反之，如果不去主动适应环境，而是抱怨环境、抵触环境，就会失去立足之地。适者生存，这是大科学家达尔文揭示的生物学规律，这样的规律同样适合当下社会的职场，所以，要“适应、适应、再适应”。只有这样才能实现“做自己”的梦想。

6. 敢于竞争、善于竞争

当今的时代，竞争机制已经渗入社会的各个领域甚至整个人生，因此，要敢于竞争。想在工作中取得成功，仅仅敢于竞争还不够，还要善于竞争，即竞争的底气和能力。善于竞争体现为具备良好的心理素质、实力和竞技状态。

7. 以良好的心态看待挫折

挫折是人生的必修课，是人生的必经之路，亦是人生的财富。人在职场，随时都会遇到突发状况，如果没有良好的心态，那么在事业上永远都只能是平凡微小的那一个。很多成功的人士都拥有良好的心理素质，他们在遇到挫折和困难的时候不气馁，即使紧张、害怕也不退缩，这就是他们成功的秘诀。

职业课堂

职场“八大忌”

一忌:把“没有”挂嘴上

例如,在会上,上级往往会向员工寻求意见,如会问“你们有什么意见吗?”员工一般会说“没有没有”,态度很谦虚,但是说者无心,听者有意。

把“没有”当谦虚,易被理解为没有主见。上级会认为,“没有”意见不是谦虚,而是没有准备,员工一旦被这样理解,那就危险了,要知道,机会永远都是偏爱有准备的人的。

二忌:常说“我不行”

例如,公司组织文化交流会,领导安排工作,对一名员工说“这次就由你代表我们团队上去发言吧”,但是这名员工本着谦虚的原则,连忙说:“我不行,不行。”结果,好好的机会就因为自己的不自信和谦虚而错过了。

或许在这种表现自己的活动上很多人都会出于种种原因而选择低调,但领导往往不这样看,他推荐谁,就是认为这个人能行。如果不积极表现自己,又怎么让领导另眼相看呢?

三忌:事毕不汇报

对于下级来说,“事毕不汇报”是职场的大忌,或许领导为了不给下属造成不信任感,不主动询问工作进度,但是这并不代表领导对工作不上心。相反,领导往往特别关注下属的工作进度,因为虽然他不是工作的直接执行者,却是责任的承担者,所以他需要尽数掌握工作情况,以保证工作完成的质量。

四忌:开会前不到位

马上开会了,却迟迟不到,不仅会给领导留下不好的印象,更会让人觉得该名员工对团队的归属感不足。如果是会议主持人,所有人都到了,就他没到,这同样很不好。参会却迟迟不见主人,会令所有参会人员有受到冷落之感,他们的参与度会大打折扣。

五忌:拖拉误事

拖延无论在什么时候都会给人造成不好的印象。为什么凡事都要有个轻重缓急?因为每个人每天都不会只将一件事做到结束,这其中还会有其他事,如领导的临时安排,同事来寻求帮助等。但并不是领导交代的事就一定是最重要,事有轻重缓急,应及时调整,合理安排。如果对某件事情把握不准,可直接询问领导这件事的重要程度,然后做出安排。

六忌:当场申辩

例如,领导在前一天发出通知,第二天早上上班前需要开一个部门会议,会议内容很重要,所有人必须按时到达。但是在第二天一早,某员工却迟到了近十分钟,被领导当场批评:“这么重要的会议怎么能迟到!”这时自己辩解:“本来我一大早就出发的,可是在路上车出了事故,路上又堵。”或许这的确是实情,但是要明白,申辩也要分场合。当场申辩有时会起相反的作用。

七忌:开小会

开小会往往体现在会议上。主持人在讲话,下面却三两人聚在一起交头接耳,这不仅会影响会议的进行，更是对会议主持人员的不尊重。频繁讨论不仅表明自己不认真，还容易影响身边的人。

八忌：羞于上问

如果想要在职场中做得更好，那么就要敢于上问。

为什么有人进入职场进步很快，有人却一直没有进步？羞于上问是职场员工进步不快的重要原因之一。有的员工不敢接近领导，恐怕有所失误受到批评；有的员工不屑请教领导，自恃才高，耻于上问；还有的员工不想被领导看轻，什么都憋在心里。这些都是大忌。

在职场中想要发展，表现自己是关键。要善于打破枷锁，突破自我，在成就自己事业的同时，助力企业发展。

（资料来源：根据网络资料整理）

任务打卡

➢课堂讨论：职场新人提升自己的心理素质和抗压能力有哪些妙招？

➢能力养成：根据自身情况，搜集并整理提升自己心理素质和抗压能力的好方法。

项目十二 珍惜岗位

项目指南

在当前社会，人们的工作节奏加快、强度加剧，工作压力增大，获得任何职位都需付出巨大努力，尤其是对于大学毕业生而言，就业门槛更是显著提高。在这样的就业形势下，每个人都应当珍惜自己的工作岗位，不论该岗位是短期的还是长期的，工作内容是简单的还是复杂的。作为一个工作者，要从多方面着手，提升自我能力，持续学习新的技能和知识，以适应不断演变的工作环境和科技的飞速发展。通过不断的学习和成长，员工不仅能够为个人的职业生涯增添光彩，也能为公司创造更大的价值。

在本项目中，通过任务的实施和完成，大学生可以提前了解现代企业制度，学会换位思考，积极提升个人能力，确保在将来的工作中做好本职工作，获得较好的发展。

学习目标

1. 学习和理解企业的规章制度，明确自己在岗位上的职责和使命。
2. 学会换位思考，适应职场沟通，从容应对职场人际关系。
3. 不断提升自己的专业能力，学习新知识，提高自己的工作效率和质量。
4. 转变思维，融入企业文化，将个人的发展目标与企业目标相结合。

任务一 学习企业制度 明确岗位职责

任务知识点

企业制度是指企业作为一个有机组织，为了实现企业既定目标和实现内部资源与外部环境的协调，在财产关系、组织结构、运行机制和管理规范等方面的一系列制度安排。

企业制度是企业组织、运营、管理等一系列行为的规范和模式的总称。企业制度体系是企业全体员工在企业生产经营活动中必须共同遵守的规定和准则的总称，其表现形式或组成包括法律与政策、企业组织结构（部门划分及职责分工）、岗位工作说明、专业管理制度、工作流程、管理表单等各类规范。

企业制度是在一定的历史条件下形成的企业经济关系，包括企业经济运行和发展中的一些重要规定、规程和行动准则。我国经济体制改革中提出，现代企业制度是建立在现代生产关系的基础上，适应市场经济的产权清晰、权责明确、政企分开、管理科学的各种规定、规则和行动规程的统称。建立现代企业制度是企业改革的核心。

一、企业制度的分类

从构成企业制度的基本内容出发，可把企业制度分成以下三类。

（一）按企业资产的所有者形式分类

从企业资产的所有者形式来划分，企业制度可分为个人业主制、合伙制和公司制三种基本类型。在这里，“所有者”与“所有制”是两个不同的概念。在实行市场经济的社会，普遍采用企业资产所有者形式这个标准分类。这三种基本类型是在市场经济数百年的发展过程中形成的。

1. 个人业主制企业

个人业主制企业是指个人出资兴办，完全归个人所有和控制的企业，这种企业在法律上称自然人企业或个人企业。个人业主制企业是最早产生的也是一种最简单的企业制度。

（1）个人业主制企业的优点

一是企业的开设、转让与关闭等，仅需向政府登记即可，手续非常简单。二是利润归个人所得，无须与别人分享。虽然个人业主制企业也要缴纳所得税，但是不双重课税，税负较轻，这一点与其他企业制度不同。三是个人业主制企业由业主自由经营，别人无权参与干涉，在经营上制约因素较少，经营方式灵活多样，所以处理问题机动、敏捷。四是技术、工艺和财务不易泄密。在市场经济的激烈竞争中，保守企业有关销售数量、利润、生产工艺、财务状况等一切商业机密，是企业获得竞争优势的基础。而对于个人业主制企业而言，除了个别财务资料须让税务机关知晓外，其他均可保密。五是企业所有者可以获得个人满足。这种企业成败皆由企业所有者承担，如果获得成功，企业所有者会获得成功的满足感。所以不少企业所有者认为，他们在经营企业过程中所获得的主要是个人的满足，而不只是利润。

（2）个人业主制企业的缺点

一是企业所有者要承担企业的无限责任。所谓无限责任，即当企业的资产不足以清偿企业的全部债务时，法律会强制所有者以个人的其他财产来清偿企业的债务。从这个角度上讲，企业所有者的所有财产都是有亏损、有风险的，一旦企业经营失败，就可能导致企业所有者倾家荡产。因此，风险性较大的行业不宜采用这种经营形式。二是企业规模有限。这种企业在发展规模上受到三个方面的限制：一是受个人资金，信用的限制，资本的扩大完全得依靠利润的再投资，企业自身积累也有限，因此不易筹措较多的资金以求扩张；二是受个人管理能力、自身精力，以及企业规模的限制，如果超出这个限度，企业的经营会变得难以控制。三是企业寿命有限。企业的存在是完全以企业所有者的资信能力、管理能力为依托的，因为企业所有者的继承人不一定有足够的能力维持住这个企业，所以企业是和企业所有者共存亡的。由此可见，企业的雇员和债权人也不得不承担较大的风险。在西方国家，债权人往往要求企业所有者购买保险，一旦企业所有者出现意外，债权可用保险公司给付的保险金收回债权，但这并不能消除企业的这个弊端。

2. 合伙制企业

合伙制企业是由两个或两个以上自然人共同出资，为了获利共同经营，并归出资人共同所有的企业。合伙人可以以资金或其他财物为资本，也可以以权利、商标、专利、劳务等代替。总的来看，合伙制企业不如独资和公司制企业的数量多。

(1)合伙经营合同

成立合伙企业必须经合伙人协商同意，然后采用书面协议的形式，把每位合伙人的权利和义务都确定于合约之中，这个书面合约即合伙经营合同。在合伙经营合同中至少要包括以下内容：①企业所得利润和亏损的分配办法；②各合伙人的责任是什么，包括出资额多少，承担哪些责任，以及主要业务分担等；③合伙人的加入和退出办法；④企业关闭、合并资产的分配办法；⑤合同上未定事宜出现争端时的解决办法。

(2)合伙人的类型

合伙企业中的合伙人是拥有这个企业并在合伙经营合同上签字的人。根据是否参加企业经营及承担有限责任还是无限责任，合伙人可以划分为以下三种类型：

①普通合伙人。在合伙企业中实际从事企业的经营管理，并对企业债务负无限责任的合伙人称为普通合伙人。普通合伙人有权代表企业对外签约，并对企业债务承担最后责任。如果企业的所有合伙人都是普通合伙人，这个企业就叫普通合伙企业。

②有限合伙人。合伙企业中对企业债务仅负有限责任的合伙人称为有限合伙人。有限合伙人仅以其所投入资本的数额承担有限责任。

③其他合伙人。除最常见的普通合伙人和有限合伙人外，有些企业中还有不参加具体管理的合伙人、匿名合伙人等。不参加管理的合伙人是指没有经营权的合伙人；匿名合伙人是只出资而不出名，只参与利润分配而不参加管理的合伙人。

(3)合伙制企业的优点

一是扩大了资金来源和信用能力。与个人业主企业相比，合伙制企业能从多方面获取资金，同时，因为有更多人对债务承担有限责任，其资信能力也随之增强，容易从外筹措资金。二是集合众人的才智与经验，提高合伙制企业的竞争能力。特别是当各合伙人具有不同方面的专长时，其优势就更加突出。三是增强了企业扩张能力。企业的资金筹措能力和管理能力增强，给企业带来了进一步扩大和发展的可能性。

(4)合伙制企业的缺点

一是产权转让困难。产权转让须经所有合伙人同意方可进行。二是承担无限责任。普通合伙人对企业债务负无限责任，这一点和独资企业相似。同时，当普通合伙人不止一人时，他们之间还存在一种连带的责任关系，即法律要求有清偿债务能力的合伙人对没有清偿债务能力的合伙人所负债务的连带清偿责任。三是企业的寿命仍不易长久。一个关键的合伙人死亡或退出，企业往往难以维持下去。四是合伙人意见产生分歧时，难以统一，从而会影响企业决策。五是企业规模仍受局限。合伙企业筹措资金的能力仍很有限，不能满足企业大规模扩张的要求。

3. 公司制企业

公司制企业是指由许多人投资创办并组成一个独立法人的企业。公司制企业在法律上具有独立人格，是独立法人，这是公司制企业与独资企业、合伙企业的重要区别。后两者都是自然人企业。

(1)公司制企业的优点

一是股份有限公司和有限责任公司的股东只承担有限责任，其风险要比个人业主、合伙人小得多。二是公司制企业用发行有价证券的方式来筹资，这种方式可以帮助公司筹措大额资金，满足公司大规模扩张的需要。三是公司制企业具有独立寿命。公司制企业作为法人，除非法律或公司章程规定事项出现，否则可长期生存，不受出资人寿命影响。如美孚石油公司成立于1899年，通用电气公司成立于1892年，均已有上百年的历史。四是管理效率高。公司制企业的所有权与经营权分离，公司的经营管理工作均由各方面的专家负责，公司能更好地适应市场多变、竞争激烈的经营环境。

(2)公司制企业的缺点

一是创办公司制企业手续繁杂，组建费用高昂。二是政府对公司制企业有较多的限制。为了保障中小投资者的利益，政府会对公司制企业的运作严加监管。三是财务报表全部公开。政府要求股份有限公司的财务报表必须定期披露，这可能给竞争对手带来可乘之机。四是双重缴纳所得税。首先，公司制企业的利润在分配前要缴纳所得税；其次，公司制企业用税后利润向投资人支付利润时，股东还要缴纳个人所得税。这使得公司制企业的税负比合伙制企业要沉重。

尽管公司制企业存在这些缺点，但从现代经济发展的角度看，公司制企业所显示出的优点还是其他企业无法比拟的，因此，它作为最适合现代大企业的一种企业制度，受到各国的推崇。

(二)按企业组成的方式分类

企业可以分为工厂制和公司制两种类型。企业组成方式是一定生产力和生产方式的反映，随着生产力的发展，企业的生产组织从无到有，经历了家庭手工业—手工作坊—包买商—手工工场—机器工厂—现代公司等发展阶段。其中，工厂制和公司制是作为企业制度确定下来的两种基本类型。

1. 工厂制企业

工厂是指以机器体系为主要生产手段，不同工种的劳动者进行分工和协作，直接从事工业生产的基本经济组织。从生产手段看，工厂是随着手工工具转变为机器而出现的；从内部组织来看，工厂是在分工协作基础上按产品或工艺要求，由若干车间、工段、班组和职能管理部门组成的。

工厂有两种不同的管理方式：一种是自由经营、自负盈亏、独立核算。这种工厂就是企业，拥有法人资格，叫作工厂制企业。另一种是属于企业的一个组成部分，或是政府机关的附属工厂，这种工厂不是企业，没有法人资格，不是独立经营的经济单位。它在企业或政府机关的统一领导和管理下从事生产经营活动，实行内部生产费用的经济核算。

工厂制也称单厂制，这种组成方式主要表现为一个工厂就是一个企业。如果把单厂制的概念扩展到工业企业以外的其他行业，就表现为由一个业务单位组成的企业。因此，不考虑行业的特点，仅从企业组成方式看，可把一个业务单位组成的企业通称为单厂制，这也是单厂制的广义概念。

由一个业务单位组成的企业往往是小企业，小企业在某些行业中有较强的生命力，在小型加工业、商业、服务业等领域数量较多。这些由一个业务单位组成的企业，既有优势也有劣势。其优势是：专业性强，便于创造出局部优势，为专门用户制作某些产品；应变能力强，便于洞察用户需求，做出快速反应；为造就企业家提供了广阔的空间，许多企业家往往是从创办小企业起家的。其劣势是：企业势单力薄，难以抵御较大市场风险；企业技术力量有限，难以形成技术群体；企业资金筹措不易，难以拓展更大的经营范围；企业缺乏足够信息，难以形成综合性的信息网络系统。

2. 公司制企业

公司是由两人或两人以上集资联合组成经济实体的经济组织。这里的"人"，既可以是自然人，也可以是法人；这里的"集资"，既可以是资金的联合，也可以是财产或其他无形资产的联合。联合组成公司的具体组织形式可以是多种多样的，但作为联合体而存在的公司，有着下面两个共同特征：

(1)集资联合组成的公司资金和财产，是由公司支配的独立资金和财产，用于公司统一的经营活动，并承担着公司自负盈亏的经济责任。

(2)集资联合组成的公司具有独立的法人地位，公司法人依法享有民事权利并承担相应的民事责任。

(三)按企业的经营管理方式分类

从经营管理方式来考察，企业制度可分为传统国有制、承包制、股份制等。

1. 传统国有制

建立在传统计划经济基础上具有典型性的企业制度便是传统的国有制企业。其根本特征是企业生产资料的国有化以及与此相应的企业行政化。其具体特点有以下三个方面：企业全部资产归国家所有；国家既是生产资料的占有者，又是企业的直接管理者；国家实行统一的劳动人事管理。我国原有的国有企业制度是在高度集中的经济体制下建立起来的。其主要缺陷是：财产组织形式单一化；产权封闭化；组织形式非法人化。在这种存在诸多弊端的企业制度下，企业既没有财产权，也没有真正的经营自主权，当然也没有独立的经济利益。因此，严格地说，传统的国有企业不是商品生产的企业，失去了其作为市场的基本经济单元和竞争主体的应有地位。

2. 承包制

承包制是企业承包经营责任制的简称。我国从1987年开始广泛实行这种制度，一些小型企业实行租赁制。承包制是按两权分离原则，以承包经营合同方式，确定国家与企业间责、权、利的关系，在承包合同范围内，使企业自主经营、自负盈亏的经营管理制度。承包制的核心是"包"，它的基本原则是：包死基数、确保上交、超收多留、歉收自补。

承包制具有灵活性、适应性和非规范性的特点，在一定的条件下是一种可行的分配制度，体现了兼顾国家、企业和职工三者利益的原则。承包制既有激励作用，也有制约作用，主要表现在："包死基数、确保上交"可以保证上缴利润的适度增长；"超收多留"是运用以新增利润中增加边际收益的原理，给企业以动力，鼓励企业通过技术改造和改善经营管理，从增产增收中增加留利；"歉收自补"使企业承担一定的风险，又给企业以压力。

但是，无论承包制本身还是其执行，都存在不少问题，主要有：实行税前承包和税前还贷，在理论和实践上都是有问题的。承包基数和分成比例是非规范化的分别核定，一户一率，难免出现讨价还价等扯皮现象，执行中也缺乏严肃性，只包盈、不包亏的现象时有发生。这些问题说明，承包制只是阶段性改革的产物，随着客观形势的变化，它已不能适应新的情况，需要再改革。

3. 股份制

股份制是指由股东出资创办企业，交由专家进行经营管理，实行自主经营、自负盈亏，最后由投资者按出资比例分享投资收益和承担投资风险的企业制度。

二、明确岗位职责的意义与价值

有效明确的职责分工、合理清楚的岗位设置，对于一个企业的发展来说是至关重要的。若是没有明确具体的岗位职责，不仅会造成部门岗位设置不合理，还会使企业的人力资源配置出现问题。岗位职责不规范、不清晰，员工担当的责任与权利也会不清晰。就算企业拥有卓越的管理理念，可是如果员工职责不规范，也会出现执行力不强、计划滞后等问题，这就需要企业重视明确岗位职责这一问题。企业决策执行的效果与每个部门、每个员工的工作效率有关。只有明确自身的岗位职责，才能充分发挥自身的岗位职能，提高工作效率。所以员工须明确自己的岗位职责是什么，该承担什么样的工作和责任，如何更好地去做，什么是不该做的，等等。只有培养员工的主人翁意识，督促员工认真负责地干好工作，履行岗位职责，让员工在岗位上充分发挥其工作能力，有质量、有保障地完成工作任务，才能够真正提高工作效率，发挥其岗位职能。

（一）明确岗位职责的管理意义

让员工知晓和掌握岗位职责，不仅能够最大化地进行劳动用工管理，科学地进行人力资源配置，做到人尽其才、人岗匹配，优化企业的人力，使企业的人力资源配置得到合理、充分的发挥，同时，能够有效地防止因为职位分配不合理而导致部门之间或是员工之间出现工作推脱、责任推卸等现象的发生。岗位职责不仅有利于规范员工的行为，同时也是企业进行员工绩效考核的重要依据，是帮助员工提高工作效率以及质量的重要手段。

（二）明确岗位职责的法律意义

1. 岗位职责与录用条件的关联

依据《劳动合同法》第三十九条，员工在试用期间被证明不符合录用条件的，用人单位可以直接解除劳动合同。一般而言，广义上的录用条件既包括招聘面试时的录用条件，也包括入职后试用期内的岗位职责要件。既然法律赋予了用人单位可在试用期内以员工不符合录用条件解除劳动关系的权利，则录用条件必然与入职后试用期内的用工活动有关，与履职有关。否则，如若录用条件的范围仅仅涉及招聘录用入职环节，则上述条款的设置毫无法律意义。录用条件在劳动关系建立中具有普遍性，所有企业的录用入职环节中都会涉及对应聘者入职条件的审查，这也是用人单位决定是否录用应聘者的基础要件，包括学历、履历、职业资格等。工作要件层面，因录用入职环节中应聘者尚未展现其工作能力，试用期制度设立的目的就在赋予劳资双方在一定期限内相互了解、相互考察的机会。所以，对于用人单位来说，试用期内对员工的“工作”考察相当重要。用人单位既可通过劳动活动考察员工的工作能力与应聘就职时的陈述是否相符，也可以考核员工是否与岗位职责相匹配和契合，能否全面实现用人单位的招聘目的。从这个角度来说，试用期内员工岗位职责的明确就显得格外重要。只有明确岗位职责的内容、目标、周期，才能实现《劳动合同法》关于试用期的立法价值。鉴于用人单位解除劳动合同纠纷的诉讼高发性，岗位职责的明确也有助于用人单位在诉讼活动中对“员工不符合录用条件”进行举证。

2. 岗位职责与不能胜任工作的关联

依据《劳动合同法》第四十条，对于不能胜任工作的劳动者，用人单位享有调岗的权利。劳动者如仍不能胜任新岗位工作的，用人单位可以解除劳动合同。虽然法律赋予了企业一定的自主用工权利，但不能胜任工作依然是企业在处理此类纠纷时不可回避的难点。如何界定员工“是否能胜任工作”，如何判断员工“不能胜任工作”，“不能胜任工作”如何举证，岗位职责自然是核心标准。员工不能胜任工作，不能胜任的其实是企业安排的岗位职责。如此推论，企业就可明显看出岗位职责在证实员工“不能胜任工作”中的地位和作用。尤其是企业的中层和高级管理人员，他们较一般员工相比享有更大的管理权限，也负有更多的职责义务，对企业的重要性不言而喻。如他们制定的关于岗位职责的描述和定义不恰当，轻者会造成目标任务流于表面、阳奉阴违、职责交叉、分工凌乱、以权代法、效率低下、无责可追，严重者会造成企业经营发展的停滞落后、人才流失、竞争无力。

3. 岗位职责与严重违纪和严重失职的关联

岗位职责与“不能胜任工作”存在着很大的关联，而“不能胜任工作”与“严重违纪和严重失职”相比较存在性质上的明显区别。前者更多强调的是身体健康因素和工作能力因素，客观性较强。而后者是强调员工的主观意识因素，主观性更强，是员工在明知或应知状态下依然选择实施违纪失职行为的一种后果认定。虽然“不能胜任工作”和“违纪失职”在性质上存在本质区别，但两者的结论基础都依赖于岗位职责的明确，这是两者的共同点。

4. 岗位职责与离职工作交接的关联

离职工作交接中同样涉及与岗位职责有关的内容。员工拒不办理或拖延办理工作交接，企业可依法主张员工履行交接义务。但司法程序中工作交接内容的明确需企业举证，企业既要举证工作交接的内容，也要举证该工作交接的内容与员工的岗位存在关联，否则企业诉求的合理性无法得知。例如，企业需要某员工办理商事合同的交接义务，但一般来说企业是无法证明有多少份商事合同存放在该员工处的。但鉴于商事合同的重要性，为了实现交接目标，企业可以通过岗位职责之路径实现证明目的。如果企业可证明该员工的岗位职责有关于企业合同保管职责等表述，就可获得法律的保护和支持。

5. 岗位职责与保密义务的关联

如果用人单位未与员工订立书面保密协议，但希望员工遵守保密义务或者期望在员工违反保密义务时成功追究其泄密责任，可通过岗位职责协助实现证明目的。

（三）如何明确岗位职责

方法一：编制岗位职责告知书，让员工学习和掌握与工作岗位职责有关的全部内容以及在整个工作环节中的位置及作用。岗位职责告知书一般应包括以下内容：①工作内容和工作范围的详细陈述和列举；②工作记录和流程的详细陈述和细化；③工作纪律和违纪违规的后果和处理。关于工作内容和工作范围的陈述和列举，应尽可能详细和详尽。对于管理人员的岗位职责，应着重于权限行使、审批执行和管理责任等方面。切实落实管理主体责任，实行管理主体负责制度，调动、强化其工作积极性和主动性。对于需要实施绩效考核的员工，应将考核事项与岗位职责有效衔接，分类排序，促进考核实施，实现考核目的。

方法二：完善规章制度，让员工遵守企业的规章细则，明白什么是工作范围内可以做的、什么是不能做的，有秩序地抓好管理。

方法三：建立岗位职责培训制度，提升员工岗位职责胜任能力，培养员工间的工作协调能力，使其在完成本职工作的同时也可实现与其他员工的相互协助和合作。

职业课堂

完善中国特色现代企业制度

党的十九届四中全会明确提出，深化国有企业改革，完善中国特色现代企业制度。要认识到，坚持党对国有企业的领导是重大政治原则，必须一以贯之，建立现代企业制度是国有企业改革的方向，也必须一以贯之。完善中国特色现代企业制度，关键是要抓住党的领导与公司治理相结合这个关键，通过强化制度建设，使党的领导与公司治理高度统一、有机融合。

（一）

公司治理是相伴公司制而来的，有效的公司治理是现代企业制度建设的重点所在。我国国有企业从20世纪90年代开始公司制改革，学习借鉴当今世界企业经营管理的先进经验和成功实践，结合中国实际，积极进行探索，不断深入推进。在现代企业制度建设方面，借鉴国际上现代企业制度建设的通行做法，并结合中国实际适当进行了中国化改造，使中国的企业制度模式具有了中国特色。正如习近平总书记所指出的，中国特色现代国有企业制度，“特”就特在把党的领导融入公司治理各环节，把企业党组织内嵌到公司治理结构之中，明确和落实党组织在公司法人治理结构中的法定地位，做到组织落实、干部到位、职责明确、监督严格。应该说，这种制度安排是中国所独有的，是与国外现代企业制度的重要区别，也是对现代企业制度的重大创新。

对中国的企业来说，在探索建立现代企业制度的过程中，既要借鉴国际上成熟先进的现代企业制度的一般准则和规范，又要根据自身经济、文化等特点，把现代企业制度的一般原理与我国企业的具体实际相结合，探索一个具有自身特色的现代企业制度模式。把党的领导引入国有企业公司治理中，是符合我国基本国情和国有企业的具体实际的，是现代企业制度中国化的有益探索。

一方面，把党的领导引入国有企业的公司治理是坚持党的全面领导的具体体现。党政军民学，东西南北中，党是领导一切的。把党的领导引入国有企业的公司治理，就在于把党统揽全局、协调各方与企业的董事会、监事会和经营管理层等依法依章履行职能、开展工作统一起来，使党的主张通过法定程序成为企业的经营策略、政策、制度，使党组织推荐的人选通过法定程序成为企业的领导和管理人员。

另一方面，把党的领导引入国有企业的公司治理是国有企业更好发展的必然选择。国有企业是中国特色社会主义的重要物质基础和政治基础，是我们党执政兴国的重要支柱和依靠力量。必须将党组织的地位和作用在公司治理结构中明朗化和制度化，通过合理制度设计，最大限度地发挥党组织在推动国有企业发展中的作用，使国有企业坚持正确的政治方向，全面贯彻落实党和国家的基本路线方针政策，使国有企业真正成为党执政兴国的重要支柱和依靠力量。

中国特色现代企业制度把党的领导引入国有企业的公司治理中，根本目的是要发挥党组织在国有企业中的领导核心和政治核心作用。根据党章的规定，党组织在国有企业中发挥领导核心和政治核心作用，主要体现在：国有企业党委（党组）发挥领导作用，把方向、管大局、保落实，依照规定讨论和决定企业重大事项。保证监督党和国家的方针、政策在本企业的贯彻执行；支持股东会、董事会、监事会和经理（厂长）依法行使职权；全心全意依靠职工群众，支持职工代表大会开展工作；参与企业重大问题的决策；加强党组织的自身建设，领导思想政治工作、精神文明建设和工会、共青团等群团组织。

总的来看，把党的领导引入国有企业的公司治理中，不仅更加有利于平衡兼顾利益的多元性，更加有利于增强激励约束的有效性，而且更加有利于增强监督的全面性和实效性，我们要一以贯之地坚持下去。

（二）

近年来，随着深化国有企业改革的不断推进，国有企业在建立和完善现代企业制度方面进行了积极的探索和实践。国有企业努力把党的领导融入公司治理各环节，坚持在融入上下功夫，在探索建立中国特色现代企业制度方面取得了积极进展。一是落实“党建进章程”，夯实了党组织发挥领导作用的制度基础。在章程中明确党建工作总体要求，将党组织的机构设置、职责分工、工作任务纳入企业的管理体制、管理制度、工作规范。二是落实党委（党组）书记和董事长“一肩挑”、党员总经理兼任副书记，符合条件的党组织领导班子成员通过法定程序进入董事会、监事会、经理层，从领导体制上确保党的领导与董事会决策的深度融合。三是落实“三重一大”决策制度，把党组织研究讨论作为董事会、经营管理层等决策重大问题的前置程序，从运行机制上保障党组织意图在重大决策中得到充分体现。

当然我们也要看到，在坚持党的领导与公司治理有机统一的实践中，仍存在不少需要研究解决的问题，比如，对党组织在公司决策、执行、监督各环节的权责和工作方式以及党组织和其他治理主体的关系、权责边界，还没有具体的制度规定；由于层级多、治理主体多，在对各治理主体之间的关系与职责缺乏明确界定的情况下，容易出现重复决策、多余审批问题，导致国有企业决策效率不够高；等等。

当前和今后一个时期，完善中国特色现代企业制度，要认真贯彻落实好习近平总书记关于国有企业改革和国有企业党的建设工作的重要论述，一以贯之坚持党对国有企业的领导，一以贯之建立现代企业制度，明确党组织在决策、执行、监督各环节的权责和工作方式，使党组织发挥作用组织化、制度化、具体化。

第一，加强制度建设，明确党组织与其他公司治理主体的关系与职责边界。在不断完善股东（大）会、董事会、监事会、经营管理层的关系与职责边界的基础上，依据相关法律法规，制定国有企业党组织工作规则，对党组织在公司治理中发挥什么作用以及怎样发挥作用进行明确和规范。按照“国有企业党委（党组）发挥领导作用，把方向、管大局、保落实，依照规定讨论和决定企业重大事项”的要求，明确国有企业党组织对贯彻落实党中央决策部署、党的建设、干部队伍等重大事项进行决策。同时，要认识到，党组织在公司治理中的法定地位是中国特色国有企业董事会建设的特色所在，在决策程序上，要明确党组织研究讨论是董事会、经理层等决策重大问题的前置程序，重大经营管理事项必须经党组织研究讨论后，再由董事会或经理层做出决定。

第二，完善治理主体的构成，增强制度的有效性。要合理确定党委（党组）领导班子成员和董事会、监事会、管理层双向进入、交叉任职比例，积极推行职业经理人制度。同时，还要坚持党管干部原则与董事会依法产生、董事会依法选择经营管理者、经营管理者依法行使用人权相结合，不断创新实现形式。

第三，明确职责范围，提高公司治理的效率。在保证相互制衡、相互协调的同时，要尽量减少重复决策，修订不合理的制度规定。

（资料来源：周万阜. 完善中国特色现代企业制度. 2019-12-12.）

任务打卡

职业故事

海尔创始人张瑞敏观念革命让他创造奇迹

➤课堂讨论：有的人工作一年一换，如何看待大学毕业生频繁跳槽？

➤能力养成：梳理你所学专业对应就业岗位的工作职责和基本要求。

任务二　学会换位思考　做好本职工作

任务知识点

一、换位思考的概念

换位思考是指站在对方的角度，设身处地地考虑问题，理解对方的感受和立场。在组织中培养换位思考的意识可以促进员工之间的理解和协作，有助于解决问题、提升团队凝聚力和推动组织发展。

换位思考是人对人的一种心理体验过程。它客观上要求人们将自己的内心世界，如情感体验、思维方式等与对方联系起来，站在对方的立场上体验和思考问题，从而与对方在情感上得到沟通，为增进理解奠定基础。它既是一种理解，也是一种关爱。

人与人之间要互相理解、信任，并且要学会换位思考，这是人与人交往的基础。

换位思考，首先要做到对人对己同一标准，再就是宽人严己。

二、换位思考的重要性

1. 提高团队合作效率

在团队工作中，每个人都有自己的角色和职责。通过换位思考，可以更好地理解其他成员的需求和期望，从而更好地协调合作。这不仅可以减少冲突和误解，还可以提高团队合作的效率和质量。

2. 增强沟通效果

沟通是职场中的关键技能之一。通过换位思考，可以更好地理解他人的观点，从而更有效地传达信息和解决问题。这不仅可以减少沟通障碍和误解，还可以增强沟通的效果和效率。

3. 促进个人职业发展

在职场上，换位思考也是个人职业发展的关键。通过理解他人的需求和观点，可以更好地适应不同的工作环境和挑战。这不仅可以提高自己的适应能力和应对能力，还可以促进自己的职业发展，并增加晋升机会。

4. 促进问题解决

换位思考的意识有助于促进问题的解决。员工能够更全面地考虑问题，从多角度思考，更容易找到解决问题的方法和途径。

5. 提升领导者能力

培养换位思考的意识有助于提升领导者的能力。领导者能够更好地理解员工的需求和困难，更好地引导和激励团队，推动团队的发展。

6. 增强员工情感认同

换位思考的意识有助于增强员工对组织的情感认同。员工感受到组织对他们的关心和理解，更容易产生归属感，更愿意为组织努力工作。

7. 促进创新

培养换位思考的意识有助于促进创新。员工能够更好地理解用户需求和市场变化，更容易提出创新性的想法和方案，推动组织不断创新与发展。

三、如何培养换位思考能力

1. 增强自我认知

要培养换位思考能力，首先需要了解自己的认知偏差和偏见。通过反思自己的行为和反应，可以更好地理解自己的立场和观点，从而更好地进行换位思考。

2. 积极倾听他人的观点

在交流中，要积极倾听他人的观点。通过倾听他人的观点，可以更好地理解他人的立场和需求，从而更好地进行换位思考。

3. 主动询问

当面对不同的人或环境时，要主动询问。通过主动询问，可以更好地理解他人的立场和需求，从而更好地进行换位思考。

任务打卡

职业故事

唐骏：职场新人的换位思考法

➤课堂讨论：如何看待“向上社交”？大学生应该怎样进行“向上社交”？

➤能力养成：分析从大学到职场，当面对不同环境、不同对象时，应当如何换位思考、如何做事。

任务三 融入企业 提升个人胜任能力

任务知识点

一、转变思维，从学生思维到职场思维

职场思维是在工作环境中形成的一种思考方式和态度，它对个人的职业发展和工作表现有重要影响。正确的职场思维能够帮助个人适应工作环境，提高工作效率，实现个人职业目标。

（一）职场思维的重要性

(1)指导行为：职场思维是指导人们在工作中的决策和行为的核心理念和原则，它影响人们对工作任务的理解和应对方式。

(2)影响职业发展：正确的职场思维有助于人们树立正确的职业目标，制定合理的职业规划，并为个人的职业发展打下坚实的基础。

(3)打造职业形象：职场思维能够帮助人们树立良好的职业形象，建立良好的工作关系，并获得同事和上级的认可与信任。

（二）学生思维和职场思维的区别

学生思维和职场思维是有很大不同的，学生思维更注重知识的获取和理解，职场思维更注重实践能力、解决问题的能力以及组织和个人目标的实现。二者的区别见表12-1。

表 12-1　学生思维和职场思维的区别

学生思维	职场思维
毕业了就不用学习了	坚持学习、投资自己
找工作不好意思谈待遇	大大方方谈待遇
我有一个很棒的点子	我会把点子实现
我工作经验为零	我如何做才能获得工作经验
公司太糟了，我要跳槽	公司请我来是解决问题的
能力取决于工作经验	能力取决于“刻意练习”的时间
哪个行业前景最好，哪个岗位赚钱多	热爱所做的事，工作本身就能获得报酬

从表12-1可以看出，学生思维和职场思维一个很重要的区别在于，学生思维是被动型思维，而职场思维是主动型思维。

1. 学生思维被动等待，职场思维靠主动争取

具有学生思维的人，在职场中习惯一切随缘，认为如果有好机会自然会来临，好的工作经验靠长时间积累，自己是一个刚大学毕业的人，不大可能掌握太多工作经验。

而具有职场思维的人明白，没有人会主动教自己，想要学好就要主动出击，只有多问、多看、多学，才能精进自己。

2. 学生思维充满理想，职场思维脚踏实地

学生在学校学习时，会对职场充满幻想，这种幻想是美好的，觉得自己毕业后凭着能力一定可以做出一番事业。

一些新人怀揣着远大的理想，目光只盯着远方，却没有好好想过如何走好现在脚下的第一步，好高骛远，结果刚踏出第一步就摔了一跤。

而具有职场思维的人，却能认真分析自己的能力与优势，选择与自己相匹配的工作，脚踏实地，从现在开始做起，一步步向上攀升，为自己的人生履历增添一道又一道亮色。

3. 学生思维容易抱怨，职场思维会寻找解决办法

具有学生思维的人，遇到问题容易抱怨。一入职场，工作稍有不顺，就会抱怨公司环境差、同事不好相处、领导太挑剔等。而具有职场思维的人在工作遇到困难时，会想办法解决，成熟的职场人都知道，抱怨解决不了任何问题。

4. 学生思维易受挫，职场思维精进自己

在学生时代，经常受到老师、家长的称赞，一点小成绩也可能获得奖励，可能导致受挫感差。这种学生思维延伸到职场中，遇事就容易"玻璃心"。

职场思维则是遇到挫折就想办法努力学习，精进自己。这次被领导批评了，指出了不足，就努力去对比不足之处，改进它，争取下次做好。

由以上对比可以看出，在职场中，学生思维将极大地阻碍个人的职业发展。一个常年没有得到晋升，未获得发展的职场"老人"也可反思一下自己，是否自己一直处于学生思维的圈子中走不出去，才造成事业停滞不前，如果有就马上改正，争取实现事业突破。否则不管多少年，将依然在原地打转，这也是很多人混迹职场多年依然没做出成绩的原因之一。

二、融入团队，建立良好的人际关系网络

与同事建立良好的关系对于职场中的每个人来说都非常重要。职场上，如果上司或者同事愿意带着你，很多事情将事半功倍。

1. 学习公司文化

了解公司的文化和价值观可以帮助毕业生更快地适应公司的工作方式和氛围。可以通过公司活动和规则来了解公司文化。

2. 主动融入团队

尽快地融入团队，并努力成为团队的一员。尊重他人是建立良好关系的基础。要尊重同事的意见和个人空间。可以主动向同事介绍自己，主动参加公司的活动，以便更好地了解公司文化，体验团队氛围。积极沟通是建立良好关系的基础，要保持开放的沟通，并尝试倾听他人的想法和意见。

3. 建立工作网络

与同事和领导建立良好的关系和工作网络，可以帮助毕业生更好地了解公司的运作和自己的职业发展机会。信任是建立良好关系的基础，要遵守承诺，保持诚信。在工作中互相支持有助于建立良好的关系，以便更好地完成工作。

4. 寻求反馈

在工作中，可以向同事和领导寻求反馈，以了解自己的工作表现和不足之处。这可以帮助毕业生更快地了解公司的要求和期望，并提高自己的工作表现。

三、主动学习，提升个人能力

1. 规划自己的时间

工作以后，时间的安排靠个人自觉，如何安排自己的时间是非常重要的。把时间投入到哪里，哪里就可能有产出。

(1)设置目标：设置目标有助于更好地管理时间和任务。可以根据工作的要求和期限设置目标，并通过逐步达成目标来完成任务。

(2)制订计划：制订计划有助于更好地管理时间和任务。可以制定日程安排、待办事项清单和优先事项列表，并根据工作的紧急程度和重要性进行排列。

(3)分解任务：将大的任务分解成小的任务可以更好地管理时间和任务。可以将大的任务分解成多个小的任务，然后分别安排时间来完成每个小任务。

(4)保持专注：保持专注可以更好地管理时间和任务。可以通过关闭社交媒体、关闭通知或使用专注工具等方式来保持专注。

(5)避免拖延：拖延会浪费时间和影响工作效率。避免拖延的方法包括优先完成重要任务、制订计划和设定目标、设定时间限制等。

(6)寻求帮助：工作不是考试，工作的目标是结果，在工作中遇到问题时，可以寻求同事或上级领导的帮助和指导，以便更好地完成任务。

以上的实践有助于提高工作效率和工作质量，提高自我管理能力和职业能力。

2. 提升自己的业务能力

工作的考核是以业务为核心的，提升自己的业务能力是重中之重。对于刚踏入职场的新人来说，提高工作能力是非常重要的。

(1)学习基础知识：应该尽快学习自己所在领域所需要的基础知识和技能。可以通过参加内部培训、外部课程、自学等方式来学习。

(2)寻求指导：在工作中，要积极寻求同事、领导的指导和支持，以便更好地了解工作要求和处理工作问题。很多大型公司有导师制度，华为公司一直注重新员工的培养和发展，在公司内部推行导师制度，为新员工提供指导和支持。

(3)提高自己的技能:要不断提高自己的技能,以适应公司的工作要求。遇到的每个问题和出现的每个错误都是提高技能的好机会。

(4)接受挑战:勇于接受挑战,尝试新的工作项目。这有助于新人更好地了解公司的业务和工作要求,提高自己的工作能力。

(5)寻求反馈:在工作中,要主动向同事和领导寻求反馈,以了解自己的工作表现和不足之处。这有助于更好地了解公司的要求和期望,并提高自己的工作能力。

以上的实践有助于更好地适应公司的工作环境和文化,并提高自己的职业能力和发展机会。

职业课堂

当前就业形势下,企业需要什么样的大学生?

正值就业季,记者走访多家用人需求紧缺的企业,了解当前就业形势下用人单位的招聘需求和对高校毕业生的求职建议。

岗位需求量逆势上扬

近期,部分行业企业存在缩招停招现象。中国人民大学中国就业研究所与智联招聘联合推出的《高校毕业生就业市场景气报告》显示,2022 年一季度,高校毕业生招聘需求人数同比下降 8%。

但是,也不乏新的就业亮点。

“我们对门店连锁运营相关的岗位需求有一定程度下降。”江苏红豆集团人力资源部部长浦卓雅说,与往年相比,集团的招聘需求有减有增,其中仓储物流等传统岗位保持稳定,电商主播、新媒体运营、视觉营销、文案策划等相关岗位招聘需求则大幅增加。

一些企业“逆势而上”,广发“求贤令”。凤麟核集团是一家从事核系统研发及技术应用的高新技术企业,今年的招聘计划比去年增加 30%,面向高校毕业生招聘 200 多名工程师,需求涵盖核科学、计算机、机械工程等专业的本硕博人才。集团负责人介绍,扩招既是出于自身发展需求,也是兼顾社会就业责任。今年以来,该集团已收到数千份求职简历,应聘的毕业生质量处于较高水平。

与此同时,包括制造业在内的部分行业人才相对紧缺,求贤若渴。“我们的工程师、操作工、设备维修、储备管理等多个岗位都急缺人才。”重庆美的制冷设备有限公司招聘专员杨荣誉表示,公司主要从事空调生产制造,非常需要有知识、有能力的青年大学生。

中国企业 500 强之一的徐州矿务集团是一家综合性跨国公司,去年 10 月启动 2022 年校园招聘,面向高校毕业生提供技术、管理岗位近 700 个,目前仍未招满。“作为一家煤炭企业,我们对采矿、地质、电气等专业的毕业生需求较大,但相关煤炭院校培养规模较小,供不应求。”集团人力资源部工作人员李丽娜说,还有部分大学毕业生出于种种原因不愿来煤炭企业,使人才更紧缺。

不少企业反映,线下校园招聘大量取消,导致企业用人挑战不小。“以往面对面招聘,十余位候选者中就能选中一位;现在线上招聘,二三十位中才能选中一位。”山东中海医药科技有限公司总经理董军义说,公司希望多招一些高校毕业生,但线上面试沟通交流看不到更多细节,招聘效率和质量都受影响。

软实力更受青睐

记者在走访中还发现，企业在校招中注重专业能力的同时，更看重学生软实力、与企业价值观融合度等因素，有潜力、可塑性强的高校毕业生更受青睐。

“专业能力是基础，态度和品质更重要。”华润微电子有限公司制造中心党委副书记、人力资源总监高鹏飞说，公司2022年校园招聘需求约300人，招聘过程中除了考察专业能力，还会通过面谈等方式，重点观察大学毕业生的性格品质与自身素养。

众多品质素养中，企业反复提及的高频词是学习能力。“在企业完善的培训体系及晋升制度下，大学毕业生的工作经验不足可能只是时间问题，学习能力往往更关键。”河南能源化工集团招聘经理常营说，大学生工作后对于未接触的知识也要主动学习掌握，以保持快速成长。

心理抗压能力也是企业关注的重点。多家企业人事部门反映，招聘中发现一些高校毕业生不够踏实沉稳，遇到挫折容易放弃，心理抗压能力有待加强。在适应职场中，应届生可能面临来自生活、工作及情感上的一些困惑，要实现从校园到社会的顺利过渡，离不开心理和情绪方面的自我疏导调节。

“我们在识别和选拔人才时，还特别强调考察学生的奋斗精神，拒绝‘躺平’心态。”凤麟核集团人事部部长齐琮说，任何技术创新和突破都离不开持之以恒和脚踏实地的努力。集团更加青睐敢于创新、勇于突破的应届生，鼓励他们投身项目攻关前沿，为国家和社会贡献硬核科技力量。

智联招聘集团执行副总裁李强分析，经济增速放缓，企业招聘变得更加精准务实，力求以同等薪酬寻找到更具价值的人才。此外，在产业调整、数字化趋势等特殊外部环境影响推动下，传统工作模式进一步被打破，组织形式更加多元化，这种新型职场状态对高校毕业生应变和适应能力都提出新要求。

适合的才是最好的

记者观察发现，当前高校毕业生求职趋于保守、求稳，有的选择考研深造、“慢就业”，有的选择考公考编、求职国企，以求对冲眼前的就业环境变化。还有部分毕业生陷入“大公司不要我，小公司我不要”的就业困境。

“就业不是只有一种选择，适合自己职业发展的才是最好的。”首都经济贸易大学劳动经济学院副教授毛宇飞建议，高校毕业生要根据就业形势和企业需求，及时转变就业观念，合理调整就业预期，找到适合自己的职业发展路径。互联网“大厂”校招机会缩减，可以考虑通信电信、生物医药、工业自动化等政策支持的产业行业，发展潜力可观；与其在北上广深“扎堆”，不如到正在崛起的新一线城市发展，未来也能得到良好的发展机会。

“不同时代有不同的发展特点，对人才的需求也不尽相同。”齐琮建议，高校毕业生在择业时少一些眼前得失计较，多一些行业前景、企业文化与价值观分析和国家政策与需求研判。只要能够紧扣国家与时代发展脉搏，结合自己特点与职业目标，就能更好地实现人生价值。

社会实践和项目经验是就业竞争力的重要组成，也是就业市场上的“硬通货”。多位企业校招负责人建议，大学生在校期间除了关注专业成绩外，还应注重提升学习能力、实践能力，根据职业方向有针对性地储备多种能力与技能，在实践中经风雨、见世面、长见识、增才干，加深对行业、企业的了解，为就业做好准备。

此外，企业建议，高校的专业设置、招生规模、培养方案要及时反映社会和市场需求，从源头上避免出现“人岗不匹配”的情况。同时加强校企合作，与企业建立双向联系机制，利用企业资源安排岗位实习和技能实训，在帮助学生积累实践经验的同时，实现创新能力和综合素质提升，为高质量就业打下坚实基础。

（资料来源：柯高阳，萧海川，陈席元. 瞭望. 当前就业形势下，企业需要什么样的大学生. 2022-05-09.）

任务打卡

职业故事

专科生曹晓洁的奋斗之路

- 课堂讨论：职场中常见的学生思维有哪些？
- 能力养成：作为职场新人要融入企业，有哪几个必须完成的步骤？
- 实践拓展：设计提高自身职场能力的目标、措施。

参考文献

[1] 王真文,向艳. ICT 职业素养训练(基础篇)[M]. 北京:电子工业出版社,2021.

[2] 王真文,向艳,涂智. ICT 职业素养训练(职场篇)[M]. 大连:大连理工大学出版社,2022.

[3] 王真文,向艳,秦时月. ICT 职业素养训练(心态篇)[M]. 大连:大连理工大学出版社,2021.

[4] 王真文,向艳,冯正中. ICT 职业素养训练(出道篇)[M]. 大连:大连理工大学出版社,2023.

[5] 王琦.职业教育办学模式和人才培养模式改革探索[J].教书育人(高教论坛),2022(30):74-77.

[6] 徐露.基于工匠精神的职业教育人才培养实践探索[J].品位·经典,2022(19):71-73.

[7] 李海莉.国内外建设产教融合型城市的经验与启示[J].黑龙江科学,2022,13(17):49-51.

[8] 周桐,刘宇,伍小兵,李同同,林涛.我国高职院校产教融合的现状、困境及创新路径[J].实验技术与管理,2022,39(09):228-234. DOI:10.16791/j.cnki.sjg.2022.09.038.

[9] 刘飞.基于产教融合背景的高职院校人才培养模式[J].科技风,2022(26):50-52.

[10] 廖喜凤,陈玲霞.产教融合型城市建设驱动的职业教育共同体内涵与建设路径[J].职业技术,2022,21(10):40-46.

[11] 黄忠.百年变局下第四次工业革命的发展与国际关系的走向[J].当代世界与社会主义,2022(04):30-41.

[12] 周妮娜,盛华,王雁.具身视角下数字经济技能人才培养的产教融合实践——以贵州盛华职业学院为例[J].广西职业技术学院学报,2022,15(02):89-94.

[13] 影响个人职业生涯规划的因素主要有三个方面:个人因素、环境因素、社会因素[J].金融经济,2021-07-28.

[14] 侯丽萍,张慧全. 大学生职业发展与生涯规划[M]. 北京:中国传媒大学出版社,2010.

[15] 约翰·麦克斯韦尔.领导力的 5 个层次.[M].北京:金城出版社,2017.

[16] 廖建明.提高领会意图抓贯彻落实的能力[J].政工学刊.2023:78-79.

[17] 武承泽.简历写作与求职通关一册通[M].北京:人民邮电出版社,2020.

[18] 洪紫如.电子商务专业职业素养训练教学改革探究[J].创新创业理论研究与实践.2019:52-53.

[19] 韦婷.职业生涯规划在高职院校学生就业指导工作中的运用[J].人才教育理论.2023:113-116.

[20] 张淑萍 . 拓展训练在高职院校职业素养全程化培养中的实践研究 [J]. 教育现代化,2019,6(63):154-157.

[21] 韦妙,张启迪.智能时代的技术技能型人才培养:应然定位、实然困境与必然选择——基于人力资本理论的视角[J].职业技术教育,2021,42(13):12-18.

[22] 宋绍卫,田密.大学生职业生涯规划与就业指导[M]. 北京:高等教育出版社,2021.